Grand Atlas 2023

Auteur

Frank Tétart
Docteur en géopolitique et diplômé en relations internationales, Frank Tétart est enseignant dans le secondaire ainsi qu'à l'université Paris 1.
Co-auteur de l'émission « Le Dessous des cartes » pendant de nombreuses années, il a aussi participé au lancement en tant que rédacteur en chef des revues *Moyen-Orient* et *Carto*. Outre de nombreux articles sur Kaliningrad, sujet de sa thèse, il a notamment publié *La Péninsule Arabique, cœur géopolitique du Moyen-Orient* (Armand Colin, 2017) et différents atlas chez Autrement, dont l'édition annuelle du *Grand Atlas*, l'*Atlas des religions* (2015), *Une carte par jour* (2018), *Drôle de planète* (2019) et l'*Atlas de l'Europe* (2021).

Cartographe

Cécile Marin
Cécile Marin est géographe-cartographe. Elle travaille au *Monde diplomatique* et a réalisé de nombreux atlas pour les éditions Autrement depuis 2002.

Avec les équipes de *Courrier international* et de franceinfo.

Cet ouvrage a été réalisé en partenariat avec *Courrier international* (www.courrierinternational.com) et franceinfo (www.francetvinfo.fr).

Maquette : Twapimoa
Coordination éditoriale : Anne Lacambre
Lecture-correction : Hélène Gronier
Fabrication : Chloé Brossard

ISBN : 978-2-0802-8719-9

82, rue Saint-Lazare, 75009 Paris
www.autrement.com
Dépôt légal : août 2022
Imprimé et relié en juillet 2022 par l'imprimerie Pollina, France

Grand Atlas 2023

Sous la direction de Frank Tétart

Cartographie adaptée par Cécile Marin

Autrement
Collection Atlas pour tous

Grand Atlas 2023

« Les frontières de la Russie ne se terminent nulle part. »

V. Poutine,
(cérémonie à la Société russe de géographie, novembre 2016)

Édito

Dix ans déjà que le *Grand Atlas* vous donne rendez-vous tous les ans pour vous proposer des clés de lecture et d'analyse de l'actualité internationale, tant celle qui fait la une de la presse que celle qui s'inscrit progressivement dans le temps.
Lorsqu'en 2013, les éditions Autrement, en la personne de Laure Flavigny, m'ont demandé de réfléchir à un projet d'atlas annuel qui permettrait de valoriser la richesse de la collection de cartes et des analyses contenues dans ses éditions d'atlas, nous ne savions alors pas quelle matière privilégier ni quel public cibler. Le choix de rubriques thématiques plutôt que géographiques a guidé ma réflexion première. À l'heure de la mondialisation, il m'est paru judicieux de partir d'échelles globales pour aller vers le local, à travers des cas d'études de pays, régions, villes, voire de phénomènes sociaux. Au fil des années et du succès grandissant du *Grand Atlas*, nous avons enrichi les rubriques, notamment en proposant une rubrique histoire, envisagé comme un moyen de mettre en perspective le présent. Face au flux d'informations en continu, il n'est pas toujours simple de saisir les enjeux et les racines d'un conflit, inscrit dans un temps parfois court, parfois long, mais souvent marqué par des « contrecoups » de l'histoire ou des représentations venues du passé.
Pour ce dixième volume, en plus des rubriques habituelles, nous avons fait le choix de revenir sur ce qui nous a semblé être les dix faits marquants de la décennie passée. Nous les avons soumis à l'œil aguerri de géographes, politistes, sociologues, historiens, pour en souligner la portée aujourd'hui. Leur éclairage redonne du sens et éclaire notre présent et le monde qui vient. Je tiens ici à les remercier chaleureusement pour leur gracieuse participation à cette édition anniversaire.
Quant au thème du dossier, la Russie, il tend à donner quelques clés de compréhension de la politique étrangère de cette puissance, héritière de l'Union soviétique, au-delà de la guerre en Ukraine. Ce dossier ouvre à la réflexion grâce à une cartographie aux échelles variées.
Je vous en souhaite une bonne lecture.

Frank Tétart

INTRODUCTION

L'Ukraine, la Russie et le monde

Le 24 février 2022, au matin, le monde a basculé. Vladimir Poutine ordonnait l'invasion de son voisin, un État souverain, l'Ukraine. Cette « opération spéciale », comme l'impose la terminologie officielle en vigueur en Russie, a pu nous sembler soudaine, brutale. Elle l'était. Mais elle n'était pas inattendue. Ses prémices étaient visibles depuis des années déjà.

Le renversement du président prorusse Viktor Ianoukovitch, en 2014, à la suite du mouvement de contestation Euromaïdan, le conflit qui fait rage depuis lors dans le Donbass entre les séparatistes russophones, soutenus par Moscou, et le nouveau régime ukrainien ont été les premières étapes de ce conflit.

La « libération » du Donbass vient justifier, aux yeux du président russe et d'une partie de ses concitoyens, cette « opération spéciale ». Mais au-delà, c'est dans les ambitions profondes que Vladimir Poutine a pour son pays qu'il faut chercher les racines du conflit. Sa rhétorique depuis qu'il est au pouvoir tend vers un clivage de plus en plus grand entre la Russie et l'Occident. L'Ukraine, dans ce schéma, appartient *de facto* au « monde russe » et n'est pas censée le quitter. De fait, l'Ukraine n'a jamais eu droit de cité, au sens premier du terme, dans l'imaginaire poutinien.

À bien des égards, cette invasion constitue, en Europe, un retour en arrière : le retour de la guerre sur le territoire européen, le retour de la menace nucléaire, brandie par le président russe et ses généraux, le retour de l'Otan, également, dans le jeu géopolitique européen, et le retour d'une presse totalement muselée en Russie. Il faut nous préparer à une nouvelle guerre froide, nous dit le quotidien néerlandais *De Groene Amsterdammer*.

Mais si cette crise a révélé les limites du jeu diplomatique face à un Vladimir Poutine déterminé, elle a aussi mis en lumière la capacité de cohésion de l'Union européenne, qui a su agir vite et dans l'urgence pour accueillir les réfugiés ukrainiens.

Pourquoi nous étendre sur cet événement dans la préface de ce grand atlas mondial ? Parce qu'il a une envergure mondiale, précisément. L'invasion de l'Ukraine, les sanctions qui ont suivi, la réaction vigoureuse des États-Unis créent une onde de choc à l'échelle de la planète. Que l'on parle d'un retour à la guerre froide, de la position de non-alignement de nombreux pays d'Afrique et du Moyen-Orient, de la Chine, qui observe ce conflit dans une apparente neutralité tout en lorgnant Taïwan…, ce conflit trouve une résonance particulière partout dans le monde.

Ses conséquences touchent tous les continents : les prix du pétrole et du gaz s'envolent, le gaz est utilisé comme une arme, le blé comme un levier de chantage, et l'inflation impose sa loi. Le spectre de la famine menace désormais les pays les plus défavorisés.

Enfin, cette guerre signe sans doute la fin des illusions occidentales : la fin d'une certaine idée de la mondialisation – encore que, combien de fois ne l'a-t-on annoncée ? – et la fin d'un monde que l'on a pu croire en chemin vers la paix, après la chute du mur du Berlin, en 1989.

Depuis la pandémie de Covid-19, en 2020, nous nous sommes habitués à vivre dans l'ère de la « permacrise ».

Crise environnementale : les conséquences du réchauffement climatique sont spectaculaires et violentes, marquées par des inondations, des incendies, des canicules… Sans que l'humanité parvienne encore à changer la donne.

Crise démographique annoncée, avec la croissance et le vieillissement de la population.

Crise des démocraties mises à mal par l'accession au pouvoir de dirigeants populistes.

Crise sociale, enfin, avec la hausse des inégalités partout dans le monde.

C'est ce que décrypte cet atlas. Qui explore non seulement les problématiques d'aujourd'hui, mais aussi les solutions de demain.

Bonne lecture !

Virginie Lepetit,
rédactrice en chef de *Courrier international*

Les grands enjeux de 2023

Sommaire

Vers la fin du Covid-19 ?

Si la vaccination massive dans les pays développés donne aujourd'hui l'espoir de voir l'épidémie de Covid-19 prendre fin, l'apparition de cas en Corée du Nord, pays le plus fermé au monde, et le confinement de grandes villes chinoises, telles Shanghai au printemps 2022, montre que le risque demeure, en particulier pour les personnes les plus vulnérables (personnes âgées, en surpoids ou immuno-déficientes).

Un virus mortel

Érigé en pandémie le 11 mars 2020 par l'Organisation mondiale de la santé (OMS), le Covid-19, coronavirus très virulent, s'est rapidement diffusé depuis la Chine à toute la planète, contraignant les ¾ de l'humanité à des mesures sanitaires strictes et au confinement. Les premiers cas seraient apparus en décembre 2019 dans le marché de la ville de Wuhan (province de Hubei). Personne n'imaginait alors que le virus contaminerait en un peu plus de deux ans (décembre 2019-juin 2022) plus de 530 millions de personnes dans 190 pays et ferait 6,3 millions de victimes, selon les données de l'université américaine John Hopkins. Les seuls États-Unis ont enregistré plus 84,2 millions de cas et le virus a causé le décès de 1 007 058 Américains au 1er juin 2022. La France a enregistré 29,78 millions de contamination depuis son premier cas le 24 janvier 2020, pour 149 366 morts.

Si globalement le nombre de cas est en déclin en 2022, les taux de mortalité diffèrent d'un pays à l'autre : le Brésil, les États-Unis, la Grèce, l'Italie, le Royaume-Uni, la Russie, le Mexique montrent des taux de mortalité dépassant 250 morts pour 100 000 habitants. En divisant le nombre de morts par le nombre de personnes infectées, on constate que la fatalité de mourir du Covid-19 ne dépasse pas toutefois 5 % au Mexique, 2 % en Afrique du Sud, Brésil, Guatemala, Russie, alors qu'aux États-Unis et en Inde les taux sont aux alentours de 1,2 %, et entre 0,5 % et 1 % pour la plupart des pays européens (France, Royaume-Uni, Italie, Espagne, Grèce, Portugal...). À Taïwan, en Corée du Sud et en Australie, le taux est de 0,1 %. En revanche, en Corée du Nord, qui a déclaré ses premiers cas en mai 2022, ce taux atteint 600 %. Ces différences s'expliquent d'abord par la démographie, notamment le

Nombre de décès par pays

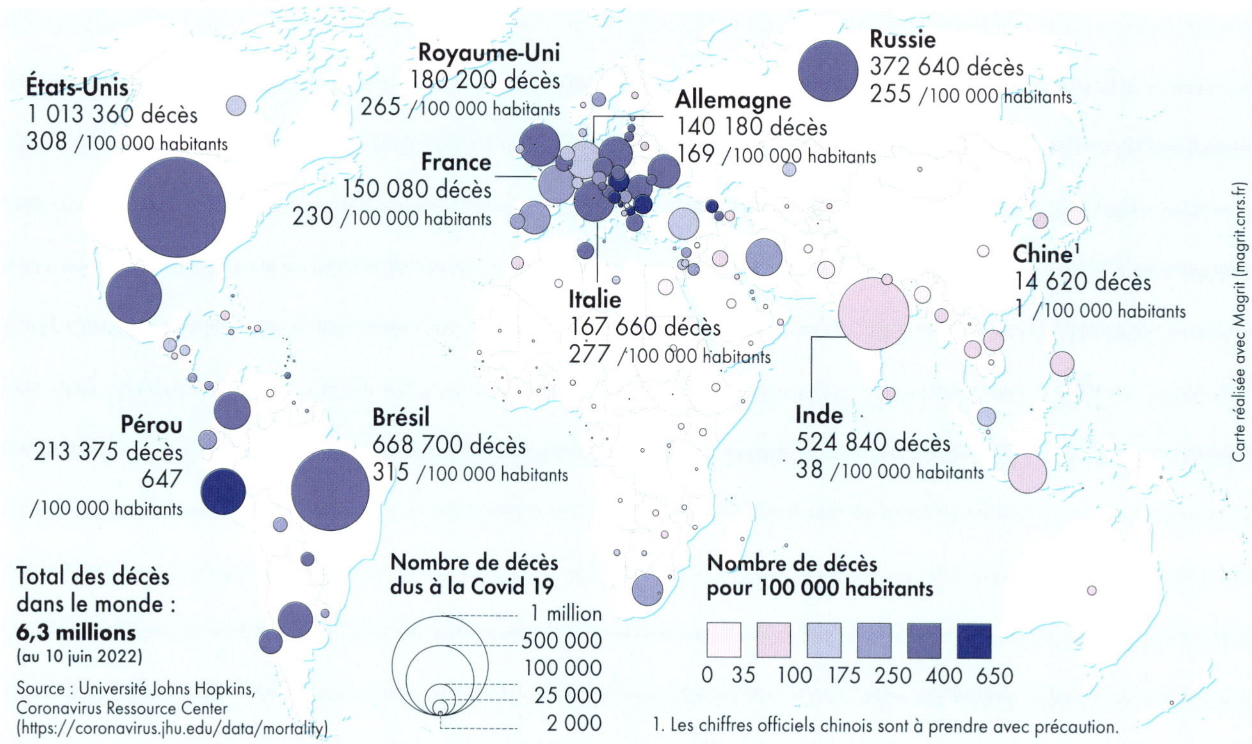

vieillissement des populations, les capacités du système de santé, et ensuite le nombre de personnes testées et vaccinées.

L'espoir d'un vaccin

Le développement et la diffusion rapide et massive de vaccins (24 au total, dont 11 validés par l'OMS) à partir de l'automne 2020 ont sans conteste permis de juguler la pandémie et ont favorisé le retour à une vie presque normale dans la plupart des pays du monde. Il suscite aussi des rivalités entre les États producteurs. À la mi-juin 2022, presque 61 % de la population mondiale était vaccinée contre le Covid-19, pour 4,7 milliards de doses injectées selon l'OMS. Les taux diffèrent d'un pays à l'autre, les pays développés ont le plus souvent vacciné environ les trois-quarts de leur population, à l'exception des États-Unis (60,7 %), tandis que seuls 16 % des habitants des pays à faible revenu ont reçu une dose de vaccin. Les pays en développement d'Afrique sont particulièrement à la traîne : seuls 5,5 % des Maliens, 6,2 % des Sénégalais, 12,2 % des Tchadiens, 31 % des Sud-Africains ont reçu au moins une dose. Les pays d'Amérique latine ont vacciné une personne sur deux ou trois (entre 50,2 % au Venezuela et 91,1 % au Chili).

Le dispositif Covax mis en place pour lutter contre cette inégalité a permis l'administration de milliards de doses de vaccins, mais sans parvenir à une égalité totale. Selon l'OMS, les inégalités entre les pays à faible revenu et les pays à revenu élevé continuent de coûter des vies et de prolonger la pandémie en augmentant la menace que représente l'émergence de nouveaux variants du virus, potentiellement plus virulents ou dangereux. L'objectif visé par l'OMS est de protéger 70 % de la population de chaque pays.

16 %

Seuls 16 % des habitants des pays à faible revenu ont reçu une dose de vaccin, contre 80 % dans les pays à revenu élevé. (source : OMS)

Décès en France

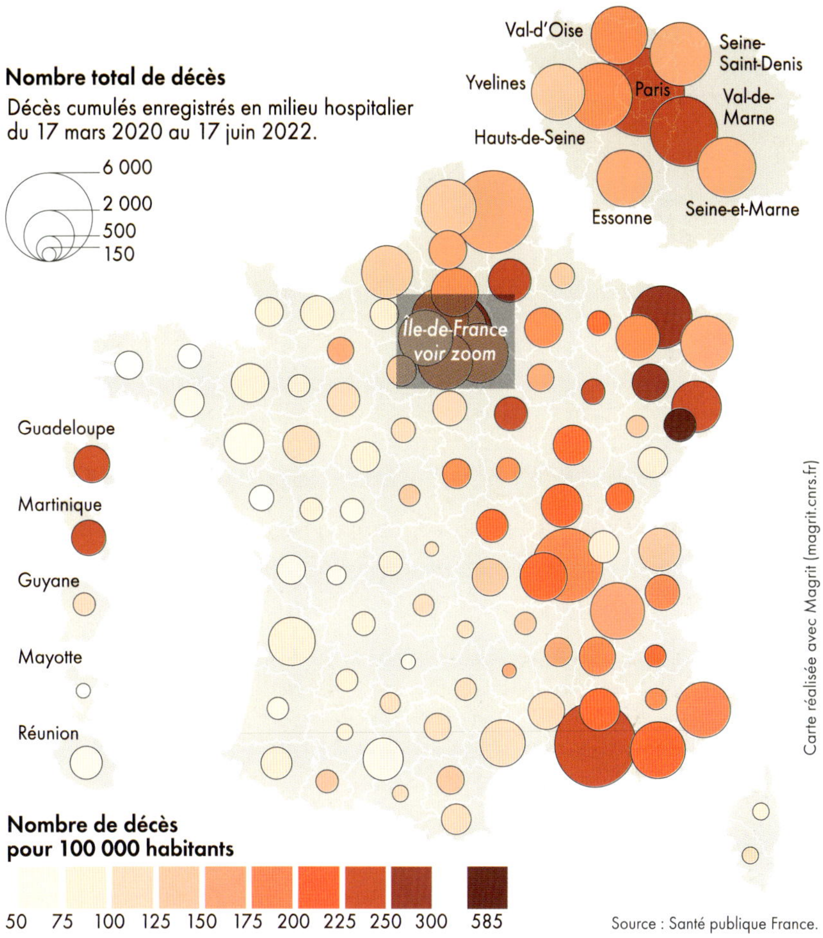

Source : Santé publique France.

Diplomatie du vaccin

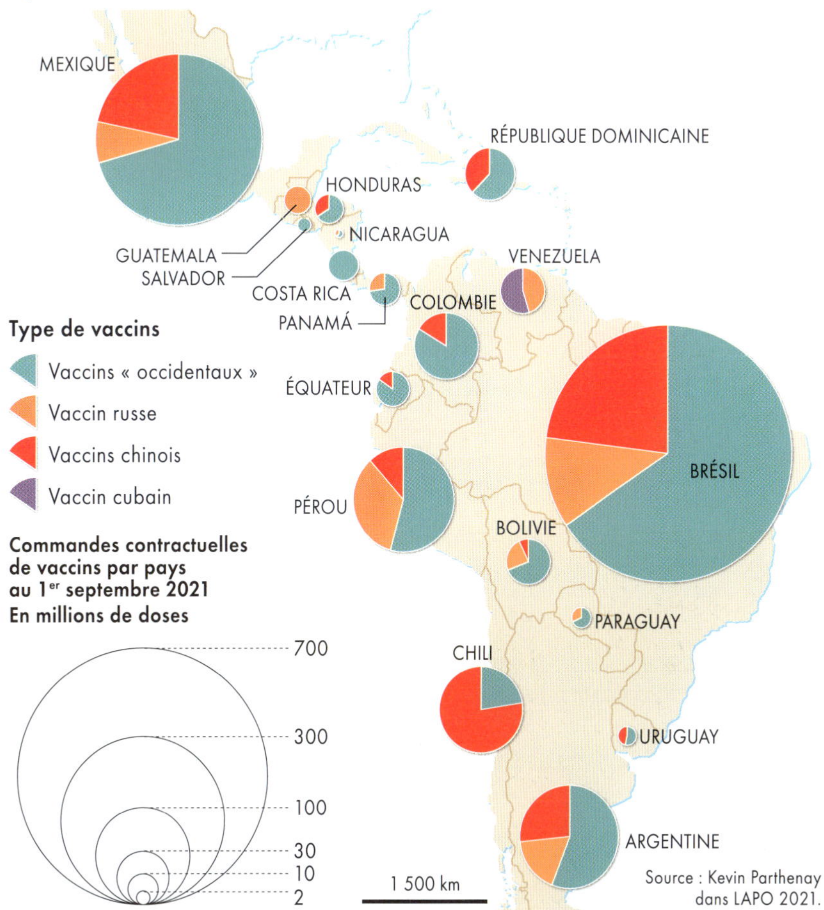

Source : Kevin Parthenay dans LAPO 2021.

Les États-Unis, entre soutien à l'Ukraine et pivot asiatique

Avec le déclenchement de la guerre en Ukraine, les États-Unis se positionnent comme les défenseurs de la démocratie ukrainienne et de l'Europe face à la Russie autoritaire et belliqueuse. Mais ils poursuivent également leur politique du pivot asiatique pour contrer la puissance chinoise, dans un contexte de rivalités croissantes.

L'armée américaine dans le monde

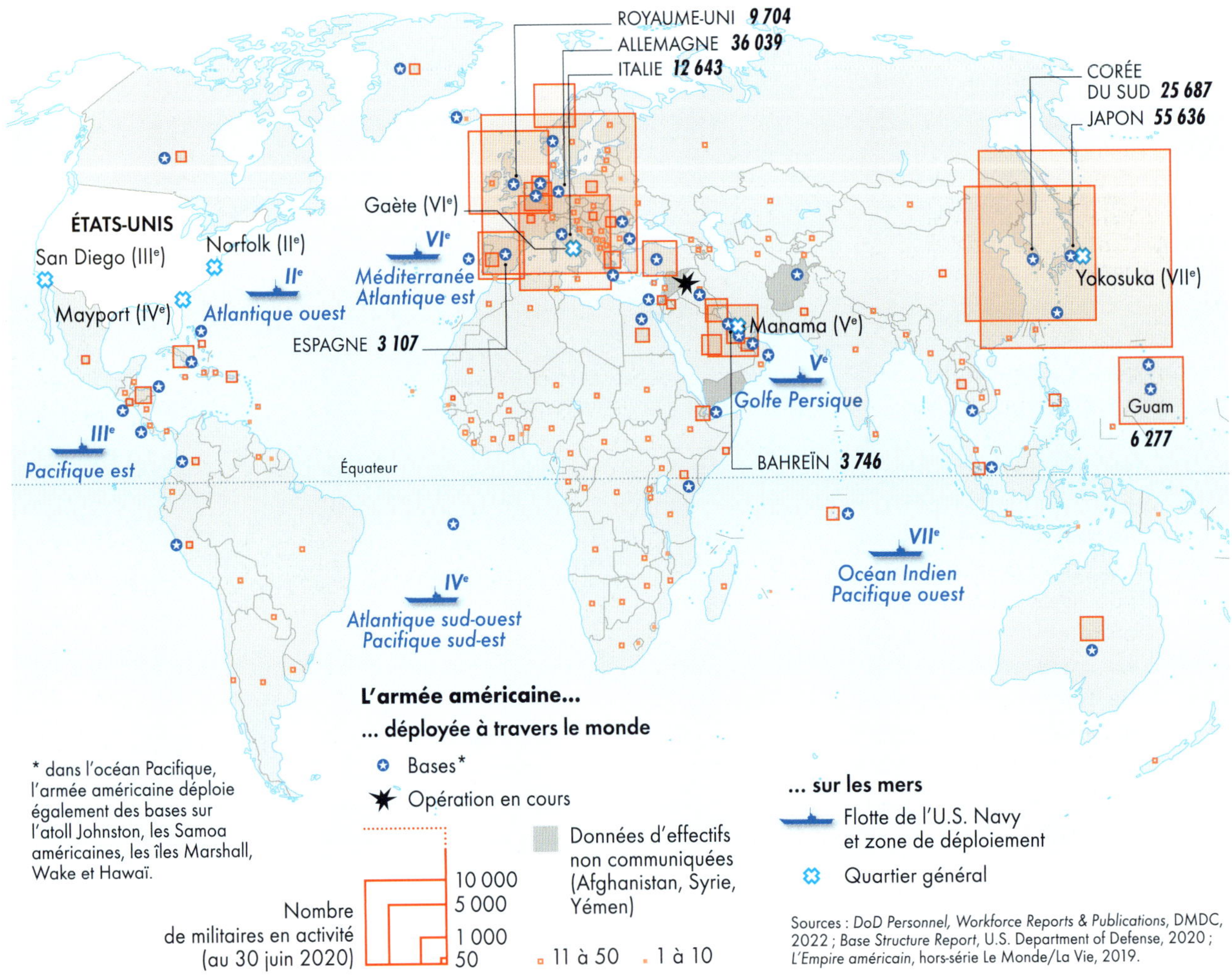

Les Américains, gendarmes du monde ?

En rupture avec la politique étrangère de l'administration Trump (2016-2020) qualifiée de transactionnelle et affranchie des héritages diplomatiques, notamment vis-à-vis de la Russie ou de la Corée du Nord, le président Joe Biden a, dès son arrivée au pouvoir, fait le choix du multilatéralisme et de la cause climatique. Il a ainsi choisi de réintégrer le traité de Paris et d'engager des négociations avec l'Iran pour relancer l'accord de 2015, avant de souligner, lors des sommets du G7 et de l'OTAN en Europe en juin 2021, sa volonté d'« un retour de l'Amérique » dans les affaires du monde et de forts liens transatlantiques, tout en rappelant la nécessité de contrer les influences russe et chinoise dans le monde.

L'invasion de l'Ukraine par la Russie a suscité une réaction immédiate des États-Unis qui s'est concrétisée par la fourniture d'armements très sophistiqués et d'une aide militaire massive

Présence à l'étranger

Nombre de militaires actifs à l'étranger
(en milliers)

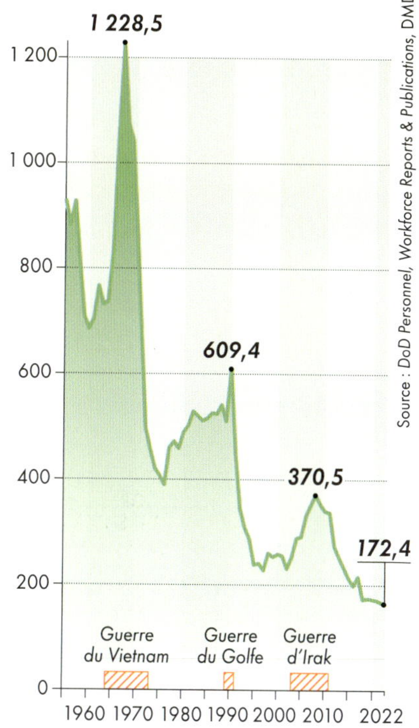

Source : DoD Personnel, Workforce Reports & Publications, DMDC, 2020.

d'un montant de 40 milliards de dollars. En plus de systèmes d'artillerie Howitzer, les États-Unis ont décidé, début juin 2022, de fournir des systèmes de lance-roquettes (Himars) d'une portée de 80 km, pour répondre à une demande du président ukrainien, alors que les combats font rage dans le Donbass. Afin d'éviter que le pays soit considéré comme un belligérant par la Russie, les Ukrainiens ne doivent cependant les utiliser que sur leur propre territoire et ne pas cibler des objectifs en Russie. Cela explique pourquoi Joe Biden a renoncé à fournir à l'Ukraine des systèmes de plus longue portée. Les Américains ne cherchent en effet ni une guerre entre l'OTAN et la Russie, ni à évincer le président Poutine du pouvoir. Le soutien américain à l'Ukraine est envisagé au nom du droit de Kiev à défendre sa souveraineté contre une agression extérieure, et non comme un soutien à un allié.

Cette politique s'inscrit en coordination avec ses alliés européens de l'OTAN et de l'UE, dans la mise en place de sanctions économiques et leur renforcement, et dans la consolidation du flanc oriental de l'Alliance atlantique avec les candidatures récentes de la Suède et de la Finlande.

Une priorité : l'Asie

Malgré ce fort engagement européen, les priorités américaines se concentrent désormais en Asie, dans la zone Indo-Pacifique, dans le cadre de la politique du « pivot asiatique » engagée par le président Obama, face à l'affirmation de la puissance chinoise. En mai 2022, l'administration Biden a ainsi organisé à Washington un sommet spécial avec l'ASEAN, principale organisation régionale d'Asie, avant que le président ne s'envole en Corée du Sud et au Japon pour y rencontrer ses deux alliés régionaux ainsi que les membres du Quad (Inde, Japon, Australie). Ce fort activisme diplomatique vise à rapprocher stratégiquement et économiquement les pays asiatiques de l'Amérique. La Chine, son principal rival stratégique et économique, a réalisé 685 milliards de dollars de commerce avec les pays de l'ASEAN en 2020, soit quasiment le double des États-Unis. À Tokyo, le 23 mai 2022, Biden a ainsi officiellement lancé le Cadre économique indo-pacifique pour la prospérité (IPEF) avec sept États de l'ASEAN, l'Australie, le Japon, l'Inde, la Corée du Sud, la Nouvelle-Zélande et Fidji pour donner du corps au pivot asiatique, après le retrait en 2017 des États-Unis du TransPacific Partnership (TPP) et concurrencer la plus grande zone de libre-échange du monde, le Regional Comprehensive Economic Partnership (RCEP), qui couvre toute l'Asie-Pacifique, de la Chine à la Nouvelle-Zélande, sauf l'Inde.

Reste que la plupart des États asiatiques ne souhaitent pas choisir entre Washington et Pékin, mais préfèrent bénéficier des investisseurs des deux puissances mondiales.

Les États-Unis dans le monde

Personnes interrogées ayant une opinion favorable ou défavorable des États-Unis, en 2017 par pays (en %)

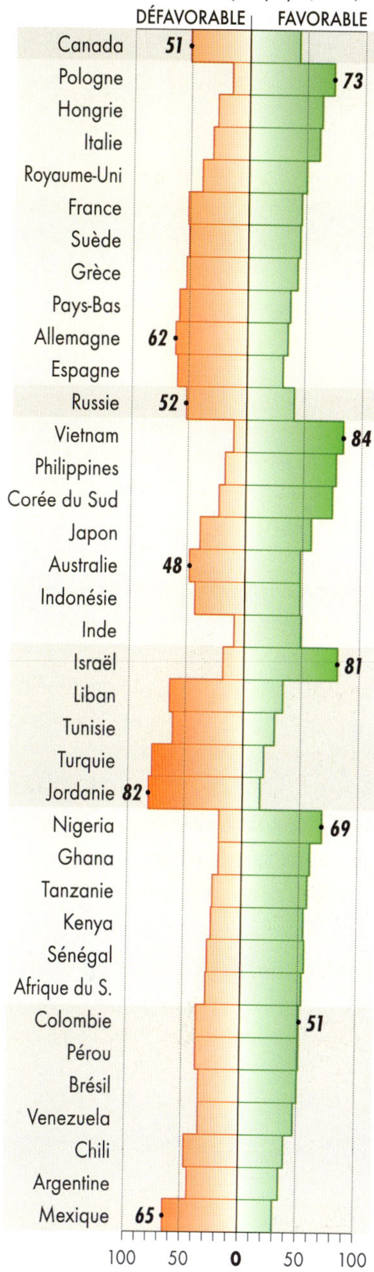

Source : Global Attitudes Survey, Pew Research Center, 2017.

LES ÉTATS-UNIS FACE À LA VIOLENCE INTERNE

- **21 morts dont 19 enfants** dans la tuerie d'Ulvade (Texas) le 24 mai 2022.
- **17 199 morts** en 2022 dont près de 650 mineurs, selon l'organisation Gun Violence Archive, militant pour un meilleur encadrement de la vente d'armes personnelles.
- **111 morts par jour** en moyenne par armes à feu aux États-Unis, soit 40 620 personnes, selon l'organisation Everytown For Gun Safety, qui inclut les suicides dans ce chiffre.
- **692 tueries de masse** enregistrées pour la seule année 2021.

L'Indopacifique, théâtre des rivalités mondiales

Considéré comme un lac américain au lendemain de la Seconde Guerre mondiale, le Pacifique est désormais le principal théâtre de la compétition mondiale entre États-Unis et Chine, sous la forme élargie – comprenant l'océan Indien – d'Indopacifique. Si la France y est également très présente grâce à ses îles et archipels, dont la Nouvelle-Calédonie et la Polynésie, sa politique indopacifique a connu des revers avec l'Australie qui lui a préféré l'allié américain.

L'affirmation chinoise

Au-delà des revendications et des pressions en mer de Chine orientale et méridionale, la Chine cherche à desserrer la contrainte que représentent la puissance militaire américaine et son réseau d'alliances en Asie et Pacifique. La marine chinoise veut assurer sa liberté d'intervention dans une première chaîne d'îles revendiquées en mer de Chine, et diversifie de plus en plus ses routes d'accès vers le Pacifique, avec pour ambition de devenir une des principales puissances maritimes dans le monde. En Océanie, la Chine dispose désormais de plusieurs ports en eaux profondes, dont Luganville au Vanuatu et Honiara aux îles Salomon. Au niveau économique, Pékin n'est pas seulement le premier client de la région dans son ensemble, mais également un partenaire diplomatique et financier majeur. Ainsi, depuis les années 2000, face aux pressions australiennes et néo-zélandaises pour la démocratie et la bonne gouvernance en échange d'une politique d'aide au développement, les dirigeants de certains États océaniens se tournent vers le partenaire chinois, plus souple sur ces questions.

Face aux ambitions chinoises, les États-Unis réaffirment leur engagement dans la zone, en particulier avec leurs principaux alliés, le Japon, la Corée du Sud, les Philippines, Taïwan et l'Australie. Leur stratégie vise prioritairement à la domination maritime. Deux des principales flottes américaines, la 3e flotte, basée à Hawaii, et la 7e flotte, dont le quartier général est au Japon, ont été renforcées pour faire face au défi chinois. L'île de Guam, véritable porte-avions américain ainsi que Diego Garcia, avant-poste américain où sont stationnés plus de 7 000 soldats,

Vision globale de l'Indopacifique

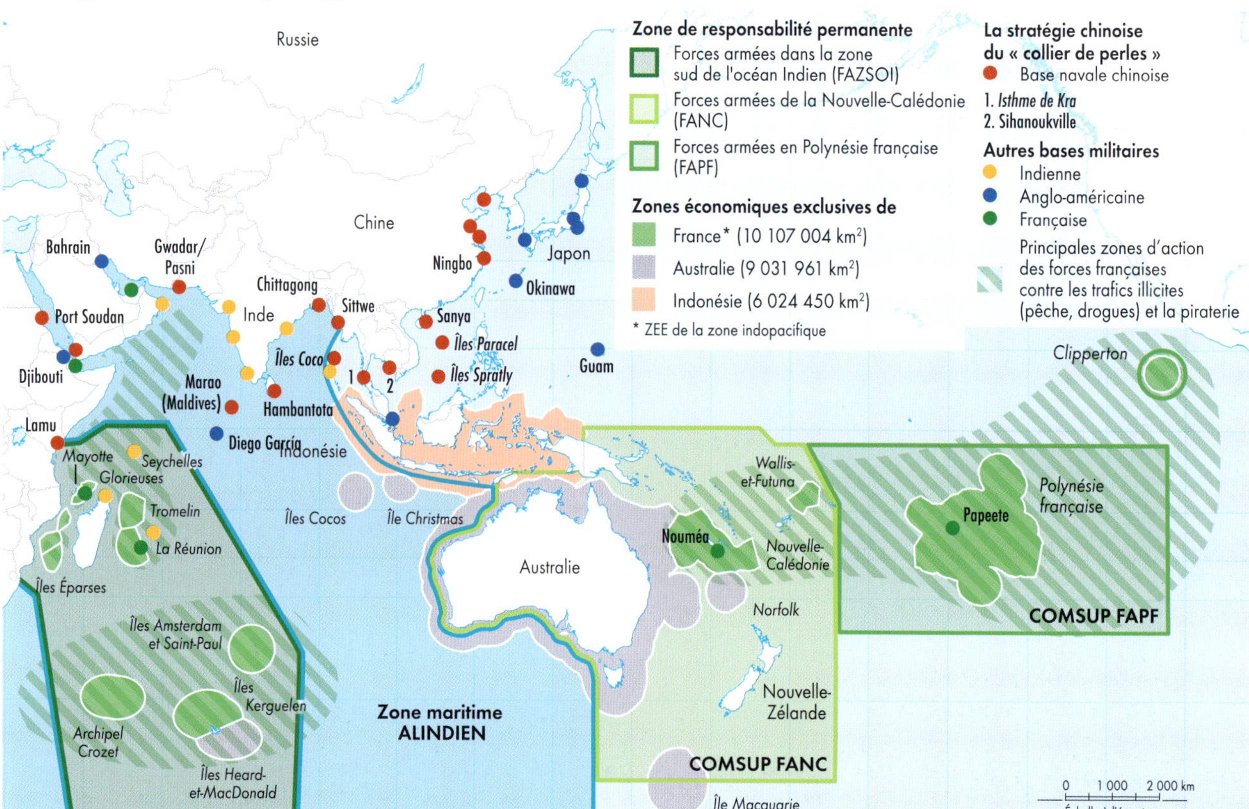

Source : Sea Around Us Project, 2019. Fisheries Centre, University of British Columbia, Vancouver (http://www.seaaroundus.org) ; ministère des Armées, *La France et la sécurité en Indopacifique*, 2019.

L'influence chinoise

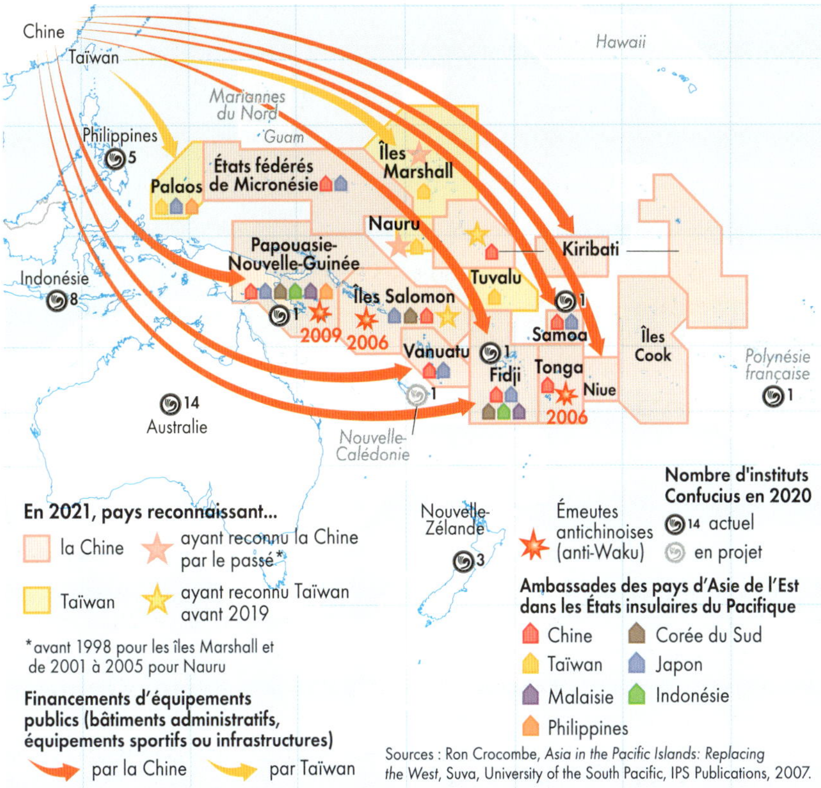

gagnent en importance stratégique, tout comme les bases Andersen et d'Apia aux Mariannes. À travers le Quadrilateral Security Dialogue (États-Unis, Australie, Japon, Inde) Washington multiplie les manœuvres aéronavales d'envergure, tout en renforçant sa présence dans la région par une hausse de son aide au développement et ses relations avec l'ASEAN.

En 2021, la rupture par Canberra du « contrat du siècle », concernant la fourniture de sous-marins, a rappelé qu'avec la montée des tensions entre Chine et États-Unis, l'Australie préférait privilégier l'alliance historique avec les États-Unis. Elle témoigne de la modification des rapports de puissances dans l'Indopacifique.

La France, acteur de ce « grand jeu » Indopacifique?

Au moment du référendum d'autodétermination de la Nouvelle-Calédonie, Emmanuel Macron affirmait la dimension indopacifique de la France. Le pilier de l'insertion de la France dans la région repose sur son immense domaine maritime (9 des 11 millions de km² de sa ZEE). La France s'appuie notamment sur ses forces prépositionnées, comme forces de souveraineté, pour légitimer ses responsabilités dans cette partie du monde, en matière de sécurité de la navigation, de préservation et de gestion des ressources marines. Pourtant, elle reste un partenaire secondaire dans la région.

Le Pacifique, un enjeu pour les Occidentaux

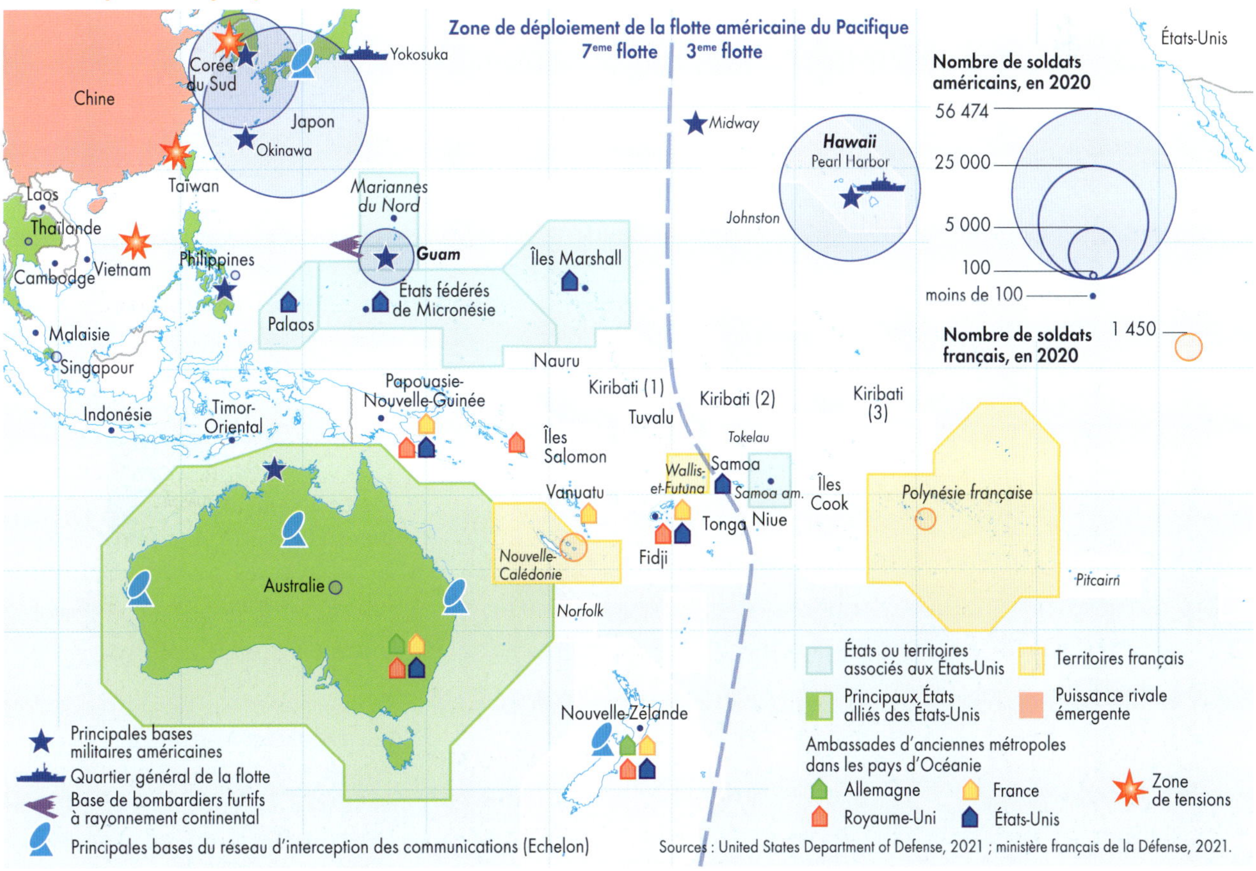

La France est-elle devenue ingouvernable ?

Si Emmanuel Macron a été réélu presque sans surprise à la présidence de la République, face à une gauche désunie et grâce à un front républicain contre la candidate du Rassemblement national, la constitution d'une majorité à l'Assemblée nationale s'est avérée plus périlleuse. En cause, un programme inscrit dans la continuité dans un contexte d'inflation et de guerre, la remise en cause de la démocratie représentative et une abstention record.

Une élection à trois tours ?

Les élections présidentielles de 2022 ont été au second tour un remake de celle de 2017, Emmanuel Macron affrontant de nouveau Marine Le Pen. Le président n'est donc pas parvenu à empêcher les Français de voter pour les extrêmes, comme il le promettait au soir de sa précédente victoire. Le Rassemblement national (RN) a obtenu plus de 40 % des suffrages contre 33,9 % en 2017, et le troisième « homme » du premier tour n'est ni issu de la droite classique, ni des socialistes, mais de la France insoumise, le parti d'extrême gauche de Jean-Luc Mélenchon.

Cette recomposition de la scène politique française autour de trois pôles (centre droit, extrême droite et extrême gauche) semble confirmer la fin du bipartisme instauré par la Ve République. Les élections législatives censées donner une majorité au président apparaissent désormais comme la mise en place d'un contre-pouvoir, initié par Jean-Luc Mélenchon, dans une stratégie de rassemblement de la gauche. Au premier tour, Ensemble ! (majorité présidentielle) devance de peu la Nupes (Nouvelle Union populaire écologique et sociale) avec 25,75 % des suffrages exprimés contre 25,66 %. Au second tour, elle n'obtient certes que 142 sièges, mais empêche la coalition présidentielle Ensemble d'obtenir la majorité absolue de 289 sièges. Avec 246 sièges, les macronistes vont devoir trouver des alliés au cas par cas des textes sur lesquels légiférer et des réformes voulues par le président, et affronter non seulement une opposition de gauche, mais aussi de droite et d'extrême droite (89 sièges pour le RN). À moins que le président ne décide de dissoudre l'Assemblée au bout d'un an, comme le lui permet la Constitution. Le second mandat d'Emmanuel Macron apparaît marqué du sceau de l'incertitude, notamment pour l'engagement de réformes.

Évolution de l'abstention

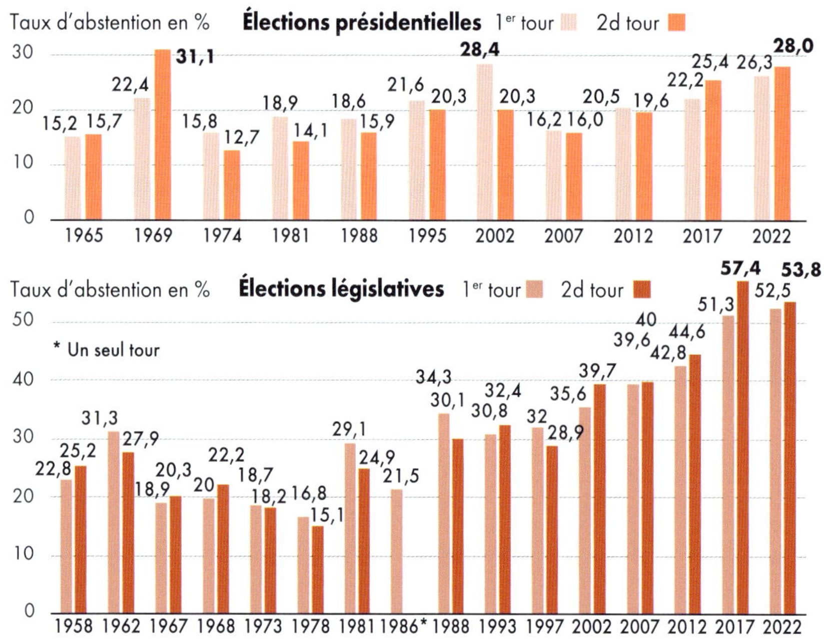

L'abstention, premier parti de France

Avec 52,49 % d'abstention au premier tour des législatives, la participation marque un nouveau recul par rapport à 2017 (51,29 %) et 2012 (42,8 %) et 25 points de plus par rapport au 1er tour de l'élection présidentielle (26,31 %).

Jusqu'aux années 1970, l'abstention était un phénomène mineur en France qui représentait moins de 20 % des électeurs aux élections législatives, les élections présidentielles attirant toujours davantage de votants. En 1980, elle atteint presque 30 %, passe sous la barre des 70 % de votants dans les années 1990, avant de s'effondrer à moins de 60 % de participation à la fin des années 2000. L'évolution des taux de participation marque toutefois une hiérarchisation des scrutins. L'élection présidentielle reste celle qui mobilise le plus de Français, y compris les jeunes.

Une remise en cause de la démocratie participative ?

La première cause de l'abstention est liée à l'évolution des partis politiques au cours des trente dernières années, qui se sont peu à peu professionnalisés, conduisant à la personnalisation du pouvoir. La politique devient dès lors une affaire de professionnels, dont l'objectif est l'accès aux institutions pour les faire fonctionner plutôt que le pouvoir pour changer la société et le monde, éloignant de ce fait de plus en plus de citoyens du système politique. L'abstention incarnerait une forme de délégitimation de l'ordre politique établi, mettant en relief « le caractère anti-démocratique du système électoral » actuel.

La démobilisation des électeurs exprime également une lassitude croissante vis-à-vis de la politique et de manière générale du régime démocratique. Cette tendance s'affirme dans la plupart des démocraties occidentales, qui subissent crises économiques, hausse du chômage et de la précarité depuis le milieu des années 1970, mais dont les citoyens ont le sentiment que leurs gouvernements sont désormais incapables d'améliorer leurs conditions de vie. Ils se détournent alors de la politique et s'auto-excluent, notamment en s'abstenant. C'est la raison pour laquelle la géographie de l'abstention montre qu'elle est plus forte dans les quartiers défavorisés, dans un phénomène d'abstention quasi collectif. Ainsi, en Seine-Saint-Denis, le taux de participation au premier tour des législatives de 2022 affichait un taux record de 38,93 %, soit environ 15 points de moins par rapport au niveau national. Pour autant, l'abstention ne signifie pas un rejet de la politique. Le combat politique passe de plus en plus par de vastes mobilisations ou mouvements ponctuels et hétéroclites, comme le mouvement des Gilets jaunes, les zones à défendre (ZAD) voire la Manif pour tous…

DANS LA CAPITALE

Paris reste coupé entre droite (quartiers ouest) **et gauche** (est), mais sans les LR ni le PS.

Sur les 18 circonscriptions parisiennes :
- 9 pour la NUPES
- 9 pour LREM

Résultats de chacun des «3» tours

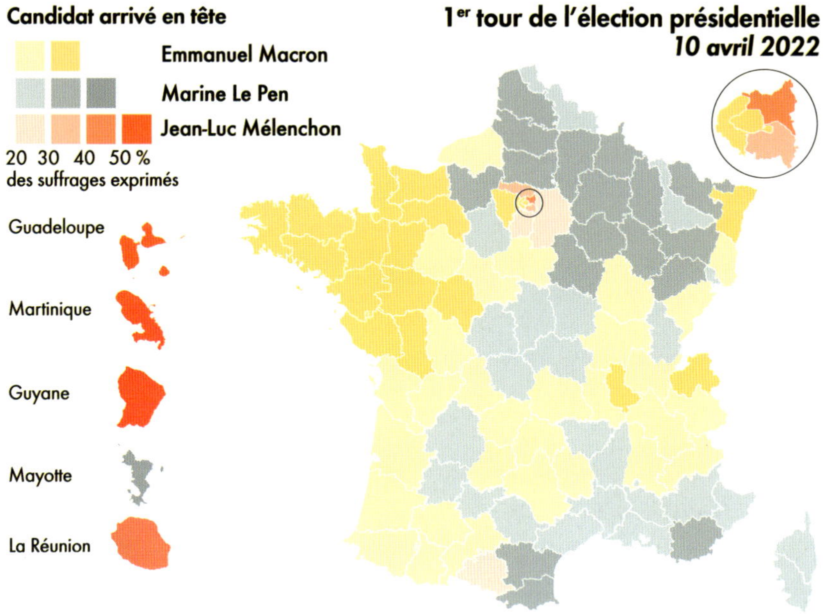

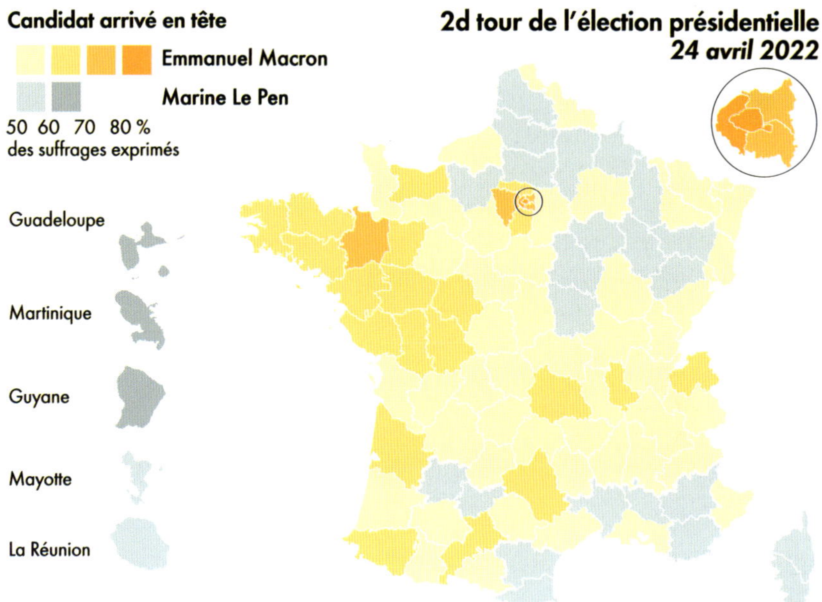

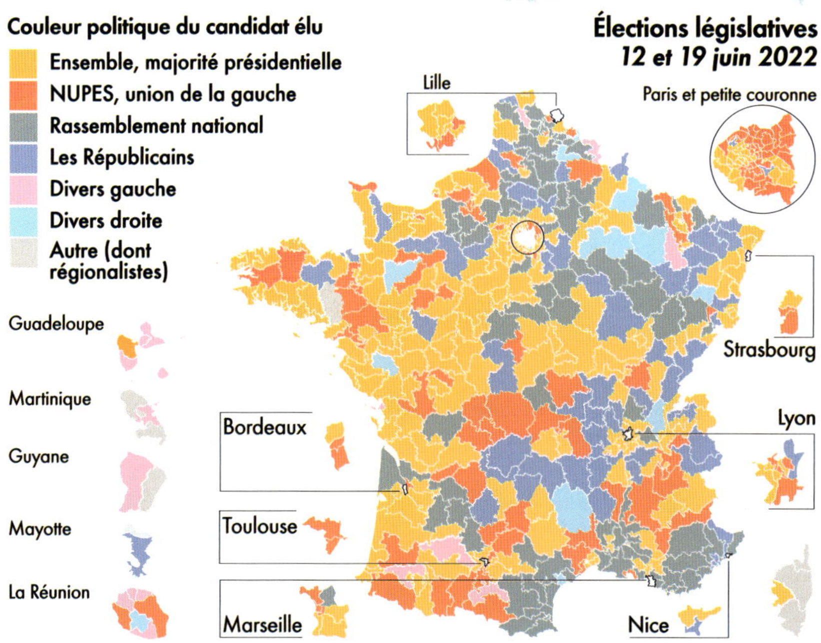

Coupe du monde de football au Qatar, un *soft power* risqué ?

Le 21 novembre 2022 a lieu l'événement le plus médiatisé de la planète avec les Jeux olympiques : la coupe du monde de football. Et cette année, elle a lieu pour la première fois au Moyen Orient, dans un État arabe : le Qatar, un petit État du Golfe qui a fait du sport un moyen d'accroître sa visibilité sur la scène internationale, avec quelques revers.

Les nouvelles naturalisations du sport au Qatar

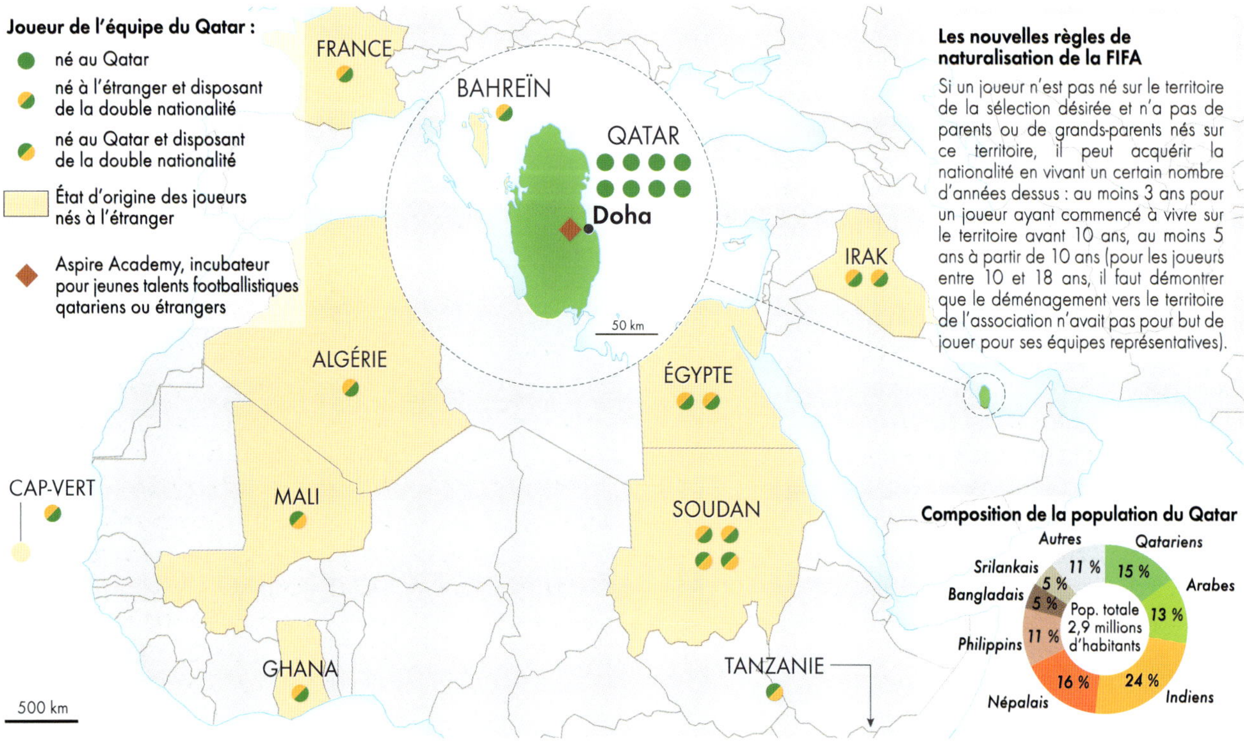

Un précurseur de la diplomatie sportive

Mieux connu pour ces richesses gazières (20 % des réserves mondiales), le Qatar (11 500 km^2 pour 2,8 millions d'habitants) mène aussi une politique étrangère ambitieuse, à travers son rôle de médiateur dans les crises régionales, et dans les domaines des médias, grâce à sa chaîne Al Jazeera, et du sport.

Le pays est sans doute le précurseur de cette « diplomatie sportive » comme moyen d'intégration dans la mondialisation. Après deux échecs à sa candidature aux jeux Olympiques, il obtient en décembre 2010 l'organisation du plus médiatisé des événements sportifs : la coupe du monde de football en 2022. Elle est vue par Doha comme un moyen de changer l'image associée au monde arabe, stéréotypée dans une vision orientaliste ou comme foyer du terrorisme, et de promouvoir une meilleure compréhension de la culture arabe et de ses relations avec l'Occident. Il s'agit également de montrer la capacité d'un petit État arabe à organiser un tel événement et à maîtriser l'innovation technologique pour y parvenir. Le Qatar a également compris qu'il a tout intérêt à mettre à profit ses revenus gaziers pour financer un secteur avide de dollars, tant la mondialisation et la médiatisation du sport en ont fait un véritable business à l'audience planétaire. Les tournois et les championnats internationaux s'y succèdent dans le domaine du golf (Qatar Open Golf Masters), du tennis (Qatar Open Tennis Tournament), du cyclisme (le tour du Qatar), de motocross (MXGP Grand Prix), de l'athlétisme (mondiaux en 2017), du handball (2015 et 2017), du volley-ball et du football par l'organisation de la coupe d'Asie en 2011 et 2021. Il a aussi organisé en 2006 les Jeux d'Asie.

En plus de l'accueil d'événements sportifs, la diplomatie sportive qatarie comprend une dimension internationale basée sur une double stratégie : le rachat de clubs sportifs et le sponsoring de grandes formations internationales et d'événements à l'étranger, notamment dans le football européen. Cet engouement s'explique par une conjonction d'intérêts entre d'un côté des États disposant d'importants moyens de financement, et de l'autre des clubs de football gagnés par la performance et donc aux besoins financiers croissants pour « acquérir » les meilleurs joueurs aux salaires à sept chiffres. Ainsi, le Paris-Saint-Germain (PSG), le club de football de la capitale française, a été racheté à l'été 2011 par Qatar Sport Investment, tandis que celui de Malaga en Espagne a été racheté par Abdullah al Thani, frère de l'ancien roi, en 2010.

En ce qui concerne le sponsoring, la stratégie de la compagnie Qatar Airways porte sur des partenariats à forte exposition médiatique : comme le Tour de France en 2011, en tant que transporteur officiel, ou le FC Barcelone depuis 2013.

Les dessous de la stratégie nationale qatarienne

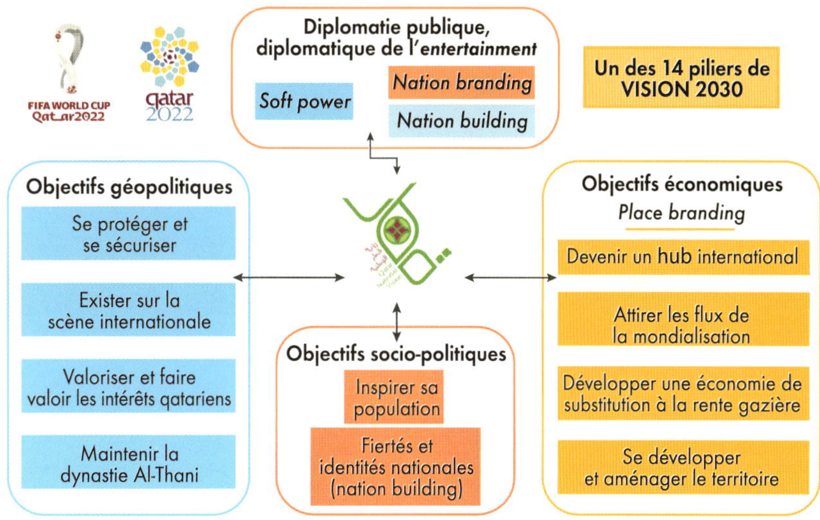

Source : J.-B. Guégan, 2022.

Une médiatisation non sans risque

L'organisation de la coupe du monde de football de 2022 a toutefois suscité plusieurs controverses. La première a concerné la capacité du pays à organiser un tel événement en raison de la chaleur estivale, les températures pouvant frôler les 50 °C l'été. Le Qatar a riposté en soulignant les moyens technologiques mobilisés pour climatiser les stades et les lieux attenants, avant d'obtenir de la FIFA le décalage du championnat de l'été (juin-juillet) à l'automne (novembre-décembre).

Plus grave, le pays est aujourd'hui accusé d'esclavage moderne en raison des conditions de travail déplorables constatées par des ONG, telle Human Rights Watch et Amnesty international, sur les chantiers de construction des grands stades. Les ouvriers, avant tout en provenance d'Asie du Sud, notamment du Népal, ont été victimes d'abus de toutes sortes : non-paiement des salaires, exploitation, confiscation des passeports, accès insuffisant à l'eau et à l'alimentation ; sans même évoquer les 6 500 décès liés aux conditions de travail et à la très forte chaleur. La question d'un boycott du Mondial est aujourd'hui ouverte dans plusieurs pays, notamment européens.

Enfin, le Qatar a aussi été soupçonné d'avoir versé plus d'un million de dollars aux membres africains de la FIFA afin d'obtenir l'organisation de ce Mondial 2022. La justice suisse a d'ailleurs lancé une enquête à la suite d'une plainte de la FIFA déposée en mars 2015, afin d'évaluer les conditions d'attributions du Mondial 2022. Cela a déjà contribué à la radiation à vie de 3 des 24 votants qui avaient participé au scrutin, dont le Qatari Mohamed Ben Hammam.

Les coupes du monde depuis 1930

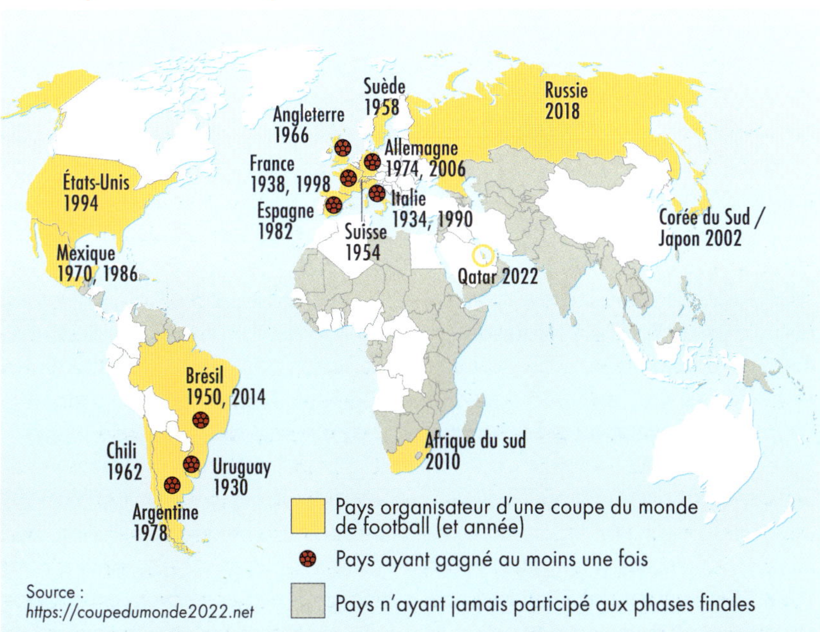

Source : https://coupedumonde2022.net

> « Le football est le stade ultime de la mondialisation. Il n'est pas aujourd'hui de phénomène plus global. Son empire ne connaît ni frontières, ni limites. Phénomène plus rare encore, c'est le seul empire qui soit populaire. »
>
> **Pascal Boniface,** *Football et mondialisation* (A. Colin, 2010)

L'Europe face au retour de la guerre

L'invasion de l'Ukraine par la Russie le 24 février 2022 a suscité un élan de solidarité en Europe et une réponse collective inédite. Comme face à la crise du Covid, l'Union européenne fait montre de sa capacité à réagir collectivement pour venir en aide à l'Ukraine par des sanctions économiques, un soutien humanitaire et des décisions politiques sans précédent, y compris en lien avec la politique de défense européenne.

L'Europe de la défense

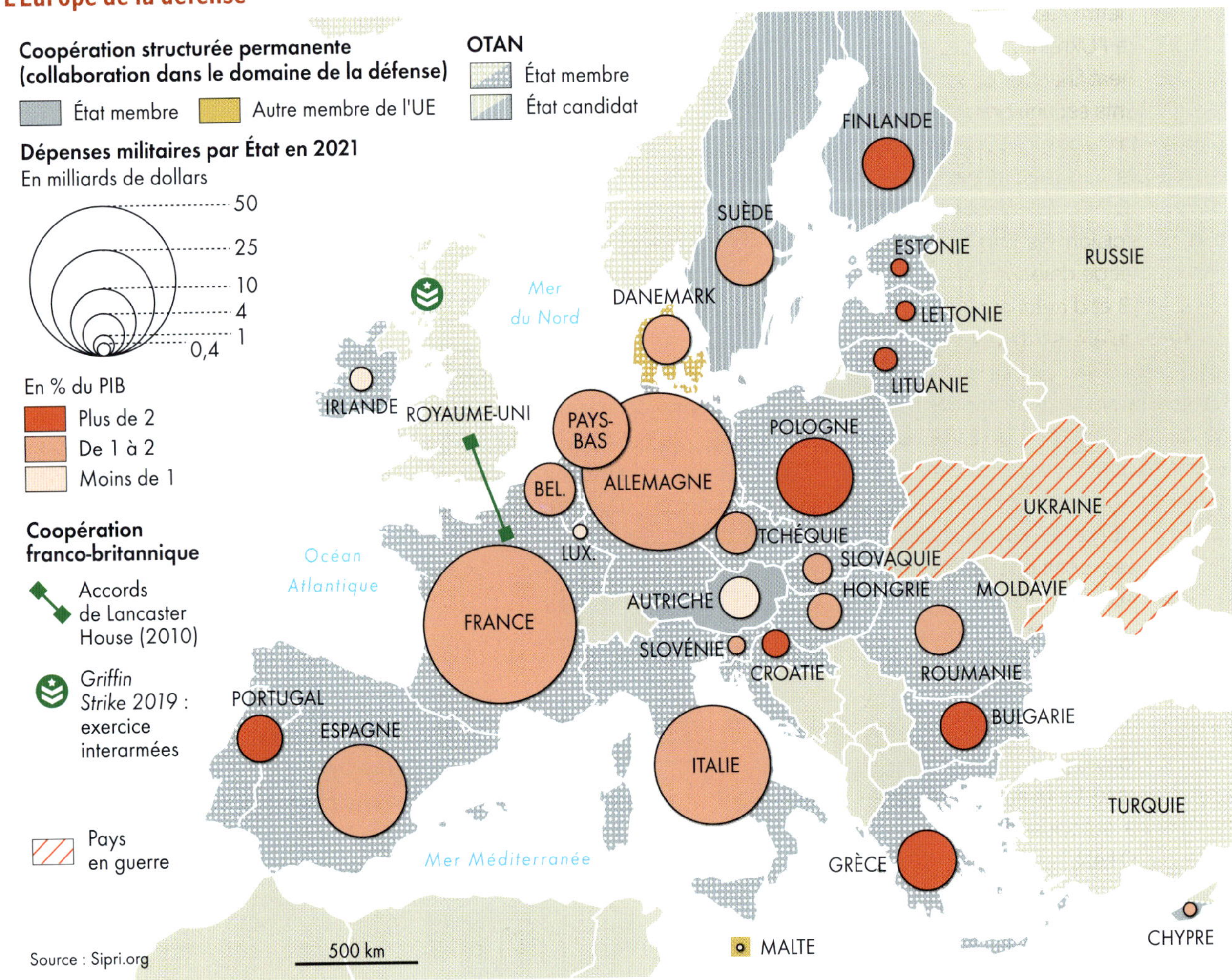

Guerre économique

Pour venir en aide à l'Ukraine, sans risquer de basculer dans une guerre frontale avec la Russie, puissance nucléaire menaçante, les Européens, pour reprendre la formule d'Emmanuel Macron doivent « gagner cette guerre sans faire la guerre ». Cela passe d'abord par la mise en place de sanctions économiques et financières (six paquets depuis février 2022), visant à affaiblir et isoler l'économie russe et la priver d'un accès aux marchés financiers européens et aux technologies. Ces mesures s'accompagnent d'un plan européen – baptisé « RePowerEu » –, pour sortir de la dépendance énergétique, à travers un embargo sur les importations de charbon de Russie à compter d'août 2022, et d'un arrêt des livraisons d'ici six mois pour le pétrole brut et d'ici la fin 2022 pour les produits raffinés. Pour le gaz, dont les États européens sont plus dépendants (49,6 % de leur fourniture vient de Russie), une suspension des livraisons reste plus difficile à mettre en œuvre. Certains États ont déjà diminué leur consommation, comme l'Allemagne, dont les importations ont baissé de 20 points en trois mois, tandis que d'autres négocient des exemptions comme la Hongrie, qui a demandé quatre ans et des subventions pour adapter ses infrastructures et pouvoir arrêter d'importer du pétrole russe. L'enjeu est pourtant de taille : stopper le financement de la guerre menée par Poutine en Ukraine (l'UE versant 700 millions d'euros par jour pour payer ses importations énergétiques), tout en évitant une récession.

Achat d'armements

Mais c'est sans doute au niveau militaire et stratégique que l'UE apporté une réponse inédite. Elle a en effet dégagé un crédit d'un milliard d'euros pour permettre l'achat d'armes à destination de l'Ukraine. Mettre en place un instrument financier pour la livraison d'armements est une première et complète les initiatives des États membres dans leurs livraisons dans un cadre bilatéral. Quant à l'Allemagne, elle a pris la décision historique de porter son budget de défense de 1,53 à 2 % de son PIB et d'autoriser les livraisons d'armes qu'elle s'interdisait depuis la Seconde Guerre mondiale.
La guerre en Ukraine redonne aussi sa raison d'être à l'OTAN, que le président Macron avait qualifié de « morte cérébrale », et accélère sa transformation. L'organisation atlantique a renforcé ses positions sur son flanc est, en déployant 40 000 soldats en Bulgarie, en Hongrie, en Roumanie et en Slovaquie, tandis que la Finlande et la Suède ont remis en cause leur politique de neutralité et se sont portées candidates pour se protéger de la menace russe. La guerre relance aussi la défense européenne, en complément de l'OTAN.

Défense européenne

Devenue une priorité politique avec le conseil européen de décembre 2013, la création d'une « Europe de la défense » reste encore un projet en construction depuis le lancement d'une Politique étrangère et de sécurité commune (PESC) en 1992. Les objectifs sont alors de sauvegarder l'indépendance de l'UE, de renforcer la sécurité « sous toutes ses formes » et d'œuvrer au « maintien de la paix et de la sécurité internationale ». Ils sont prolongés par le sommet franco-britannique de Saint-Malo en 1998, puis par la création de la politique européenne de sécurité et de défense (PESD) l'année suivante. Mais ces débuts restent fragiles. Entre 1993 et 1995, les États membres se révèlent incapables de coordonner une intervention dans le conflit yougoslave. En 2003, alors que les États-Unis décident d'une intervention unilatérale en Irak contre Saddam Hussein, ils se divisent, les Britanniques et les Espagnols s'engageant aux côtés des GI alors qu'Allemands et Français s'y refusent. Seuls succès : l'envoi en 2003 en République démocratique du Congo de 2 300 militaires européens dans le cadre de l'opération EUFOR Artémis, suivie en 2004 par une opération de maintien de la paix en Bosnie-Herzégovine (EUFOR ALTHEA).
Ce nouveau volontarisme politique est perceptible dans la multiplication des opérations : intervention dans le golfe d'Aden contre la piraterie en 2008, pour la formation militaire en Somalie (2010) mais aussi au Mali (2013). Avec le Conseil européen de 2013 s'est aussi développé un nouveau cadre politique, avec la création d'un fonds européen de défense de 500 millions d'euros.
La guerre en Ukraine semble donc engager un tournant, puisque la conférence sur l'avenir de l'Europe a proposé, début mars 2022, la mise en place d'une force armée commune de l'UE à déployer dans le cadre d'un mandat de l'ONU. Elle révèle également la nécessité d'une plus grande mise en commun des investissements en matière de défense comme l'a rappelé le Conseil européen de fin mai 2022.
L'ensemble de ces décisions montre l'unité de l'UE face à l'invasion de l'Ukraine, tout autant que la mobilisation des sociétés, qui s'est traduit par l'accueil de plusieurs millions de réfugiés dans de nombreux pays européens.

> **« Nous, Européens, avons tendance à ne prendre de décisions difficiles que lorsque nous avons essayé tout le reste et que nous sommes confrontés à une crise aiguë. »**
>
> **Josep Borrell**, Haut-représentant de l'Union européenne pour les affaires étrangères (8 juin 2022, *Le Monde*).

Interventions militaires de l'UE

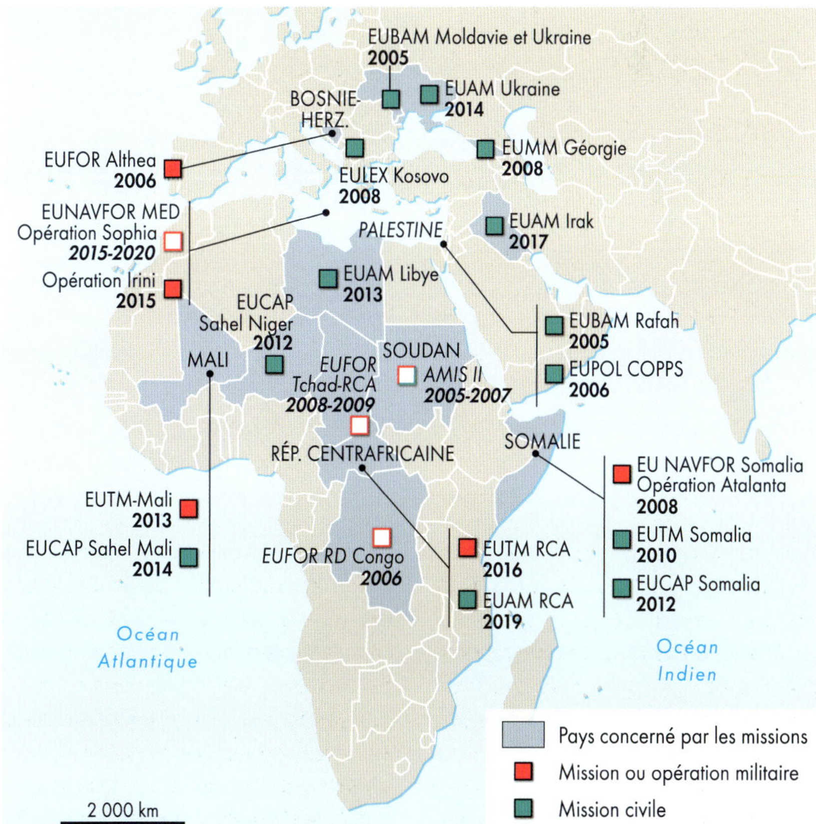

Source : European External Action Service, 2021.

L'Afghanistan aux mains des talibans

Le 15 août 2021, la prise de Kaboul par les talibans a surpris l'ensemble du monde : d'abord par sa rapidité, puis sa facilité, le pouvoir en place ayant montré peu de résistance et le président afghan Ashraf Ghani prenant la route de l'exil. Au-delà de l'émotion suscitée se pose la question de la stabilité régionale et de la situation sociale et humanitaire de ce pays parmi les plus pauvres de la planète.

Populations afghanes

La fin de la domination étrangère

La prise de Kaboul par les talibans, avant même la fin du retrait américain prévu pour le 31 août 2021, représente pour les États-Unis une humiliation qui rappelle l'évacuation de Saigon en avril 1975, mais elle marque pour beaucoup d'Afghans la fin de la domination étrangère. Cela explique le peu de résistance de la population en zone rurale et dans la plupart des villes afghanes.

Située en Asie centrale, l'Afghanistan est un pays enclavé de 652 230 km^2, une superficie quelque peu supérieure à la France pour une population estimée à quelque 35 millions d'habitants ; l'absence de stabilité politique ayant empêché tout recensement depuis 1979. Cette position en a fait un objet de rivalités dès le XIXe siècle entre les puissances russe et britannique (depuis l'Empire des Indes). Ce fameux « grand jeu », auquel les Afghans opposèrent une résistance féroce, les obligea

Aide humanitaire

Financement du plan de réponse humanitaire des Nations unies, appel de janvier 2022

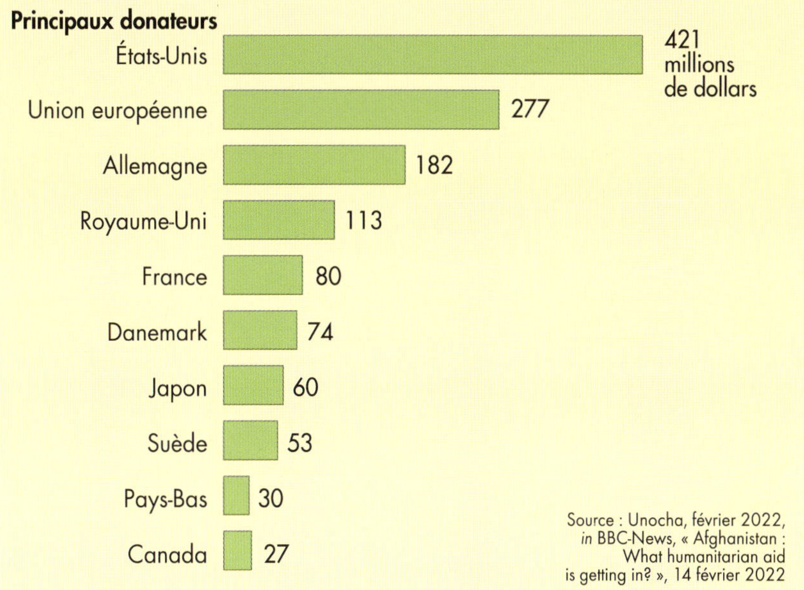

Source : Unocha, février 2022, *in* BBC-News, « Afghanistan : What humanitarian aid is getting in? », 14 février 2022

à accepter une frontière avec les Britanniques. Or, cette ligne Durand fixée en 1893 annexe des territoires peuplés de Pachtounes, qui forment la majorité de la population afghane et l'ethnie dominante du mouvement taliban. Aussi, en 1947, lors de l'indépendance de l'Inde britannique et la création du Pakistan, le gouvernement afghan s'oppose-t-il à l'adhésion du Pakistan aux Nations unies, exigeant auprès des Britanniques et Pakistanais l'autodétermination des zones peuplées de Pachtounes, avant de dénoncer la frontière et de revendiquer ces territoires. Se met alors en place un jeu d'alliances dicté par le contexte du conflit indo-pakistanais. Alors que Kaboul reçoit le soutien de l'Union soviétique puis de l'Inde, le Pakistan s'allie aux États-Unis, avant de signer en 1953 le pacte de Bagdad créé sur le modèle de l'OTAN pour assurer la sécurité et les intérêts américains au Moyen-Orient.

Ce rapprochement de l'Afghanistan avec l'Union soviétique contribue à la suite des événements : modernisation et industrialisation du pays, certes, mais aussi influence communiste croissante qui mène au coup d'État contre le président Daoud Khan, le 27 avril 1978, et à la mise en place d'un régime communiste dirigé par Nour Mohammad Taraki. Sa répression sanglante de toute forme d'opposition provoque des soulèvements en zone rurale et des mutineries dans l'armée. L'Union soviétique décide d'intervenir militairement en décembre 1979 pour aider le régime allié, engendrant un cycle de violences qui dure jusqu'à aujourd'hui.

L'invasion soviétique suscite une résistance de combattants afghans, les moudjahidines, qui reçoivent un soutien du Pakistan, qui cherche ainsi à mettre en place un gouvernement ami, favorable à ses intérêts stratégiques face à l'Inde, et des financements et des armes d'Arabie saoudite et des États-Unis. Le retrait soviétique, dix ans plus tard, ne met pas fin à la guerre tant les rivalités sont grandes entre les chefs de guerre, souvent instruments des acteurs régionaux, et c'est finalement les talibans, des étudiants en religion pachtounes formés dans les madrassas pakistanaises, qui prennent le contrôle du pays en 1996.

La guerre ne prend pas fin pour autant en Afghanistan : en hébergeant l'organisation terroriste Al Qaïda, le régime taliban devient la cible des États-Unis et de ses alliés occidentaux dans sa guerre « contre la terreur », riposte des attentats du 11 septembre 2001. Si le régime taliban tombe, le mouvement ne disparaît pas, bénéficiant de soutiens tant à l'intérieur qu'à l'extérieur du pays. Sa stratégie de guérilla affaiblit les troupes américaines et de l'OTAN, contribuant au désengagement des États-Unis amorcé à partir de 2014.

Le règne de l'incertitude

À l'exception du Pakistan qui a largement soutenu les talibans depuis leurs débuts, leur retour au pouvoir à Kaboul inquiète les pays voisins. L'Iran, comme la Chine et la Russie, craignent pour la stabilité de l'Asie centrale et de l'influence que le nouveau régime pourrait avoir sur les mouvements islamistes de ces États, ou encore sur les minorités musulmanes en Chine ou en Russie. À l'échelle internationale, l'on redoute de voir l'Afghanistan redevenir la plaque tournante du terrorisme international.

Au niveau intérieur, l'arrêt de l'aide internationale, qui finançait environ 80 % du budget afghan, menace la situation humanitaire. Selon l'ONU, près de 95% de la population ne mange pas assez, et ce pourcentage atteint presque 100 % pour les ménages dirigés par des femmes, et 3,5 millions d'enfants souffrent de malnutrition. Si aucun État n'a reconnu le régime des talibans et si la communauté internationale reste attentiste, c'est que les droits humains, notamment ceux des femmes, sont largement baffoués, malgré les promesses des talibans. Les femmes sont progressivement exclues de l'espace public. Depuis le 7 mai 2022, elles sont incitées à rester à la maison et à porter la burqa. Elles sont également exclues des emplois publics et les filles ne peuvent plus étudier, les écoles secondaires et lycées leur sont fermés.

23 MILLIONS D'AFGHANS SOUFFRANT DE FAIM AIGUË EN MARS 2022

contre 14 millions en juillet 2021, représentant un bond de 9 millions en moins d'un an, selon la mission de l'ONU dans ce pays.

Le Brésil aux urnes

Les 2 et 30 octobre 2022 ont lieu les élections présidentielles au Brésil. Jamais dans l'histoire du pays, un scrutin est attendu avec une telle impatience. Le président sortant, Jair Bolsonaro, a non seulement perdu sa popularité en raison de sa gestion déplorable de l'épidémie du Covid, mais également toute crédibilité au niveau national et international.

Un géant aux pieds d'argile...

Le Brésil, c'est la première puissance de l'Amérique latine, tant au niveau territorial, démographique, politique qu'économique. Avec ses 8,5 millions de km² aux innombrables ressources naturelles, une population dynamique de 213 millions d'habitants, un tiers de la richesse produite dans la région, le Brésil a pu se hisser parmi les économies émergentes, les fameux BRICS. Ses produits agricoles (café, soja, jus d'orange) inondent le monde, le secteur agroalimentaire représentant 20 % de son PIB. Le pays est également un important producteur de pétrole grâce à sa compagnie Petrobas et dispose d'un secteur aéronautique performant avec Embraer, à dimension internationale. Mais il connaît d'importants déséquilibres régionaux, les États du sud-est étant les plus productifs (Rio, Sao Paulo, Rio Grande do Sul...).

Comme la majorité des économies latino-américaines, le Brésil a été touché dans les années 2010 par un ralentissement causé par la baisse des cours des matières premières, notamment agricoles, le plongeant en 2015-2016 dans la récession la plus importante depuis plus de trente ans. Alors que le pays avait déjà une croissance négative (-3,5 % en 2015), la pandémie de Covid a contribué à l'augmentation du chômage et de l'inflation qui atteint 12,6 % en 2021, avec pour effet l'aggravation des conditions de vie des plus modestes et de la précarité.

Les principales conséquences en sont l'augmentation notable de la pauvreté et le creusement des inégalités. Entre 2019 et 2010, l'extrême pauvreté est ainsi passée de 5,5 % à 9,5 % de la population, tandis que l'indice de Gini, qui va de 0 pour une situation égalitaire à 1 pour une situation parfaitement inégalitaire, est retombé à 0,519 en 2020, après être passé de 0,639 à 0,552 entre 2010-2013 mettant à mal les effets de la politique sociale engagée sous le gouvernement Lula (*Bolsa Familia*).

Conflits meurtriers pour la terre

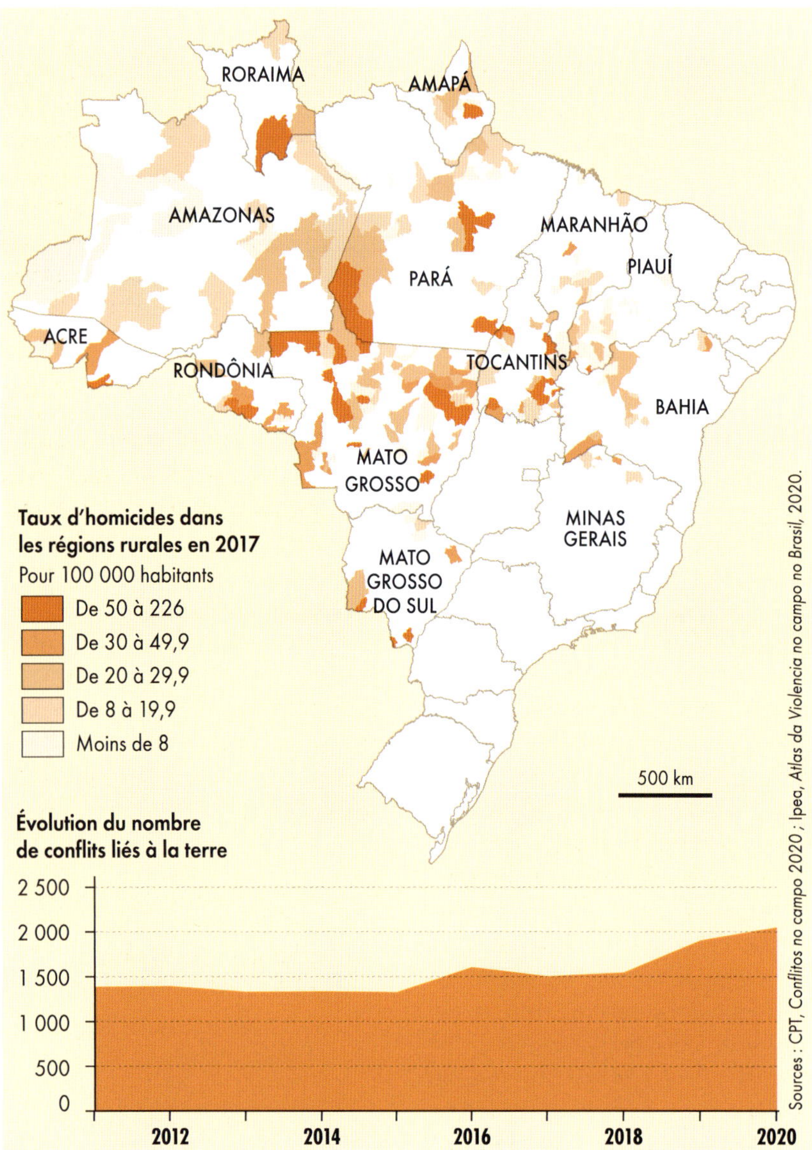

Les disparités interrégionales

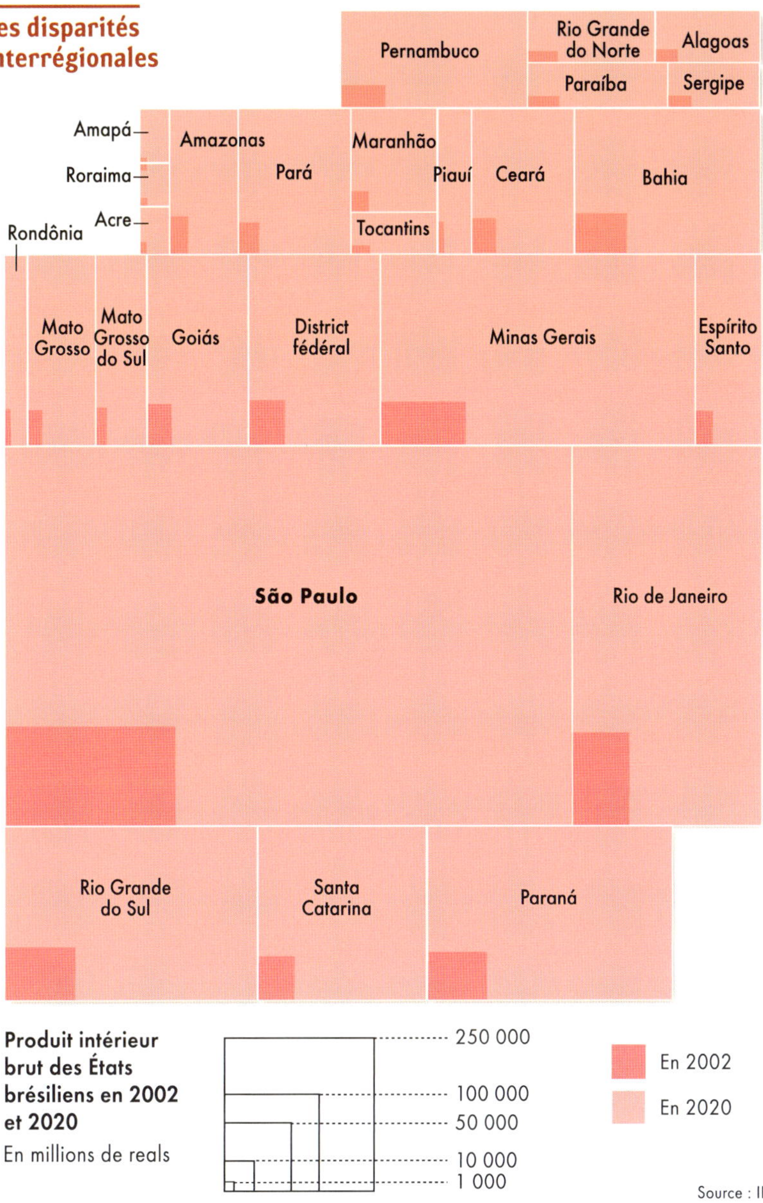

Produit intérieur brut des États brésiliens en 2002 et 2020
En millions de reals

Source : IBGE.

… affaibli par l'incurie présidentielle

La pandémie a de fait révélé l'incapacité du président d'extrême droite, Jair Bolsonaro, et de son gouvernement ainsi que « le primat de l'idéologie partisane sur l'intérêt général » selon les termes de la chercheuse, Armelle Enders, de l'Institut français de géopolitique (IFG). Pour celui qui avait été élu triomphalement avec 55 % des suffrages, l'échec est d'autant plus cuisant. Après avoir nié la réalité de la pandémie de Covid, sa gestion chaotique en a aggravé le bilan humain, qui s'élevait à 668 180 morts au 15 juin 2022 pour plus de 31,5 millions de cas confirmés. Son manque d'empathie pour les malades et les personnes décédées a dégradé son image, y compris auprès de son électorat.

Mais c'est sans doute sa gestion de l'environnement qui a le plus heurté sur la scène internationale. Climatosceptique reconnu, à l'instar de son modèle nord-américain, Donald Trump, Jair Bolsonaro a progressivement remis en cause politiques, financements et mesures de protection de l'Amazonie, notamment en octroyant des permis d'exploitation des ressources naturelles et en autorisant l'agriculture dans les aires protégées et sur les terres habitées par les populations indigènes. Ainsi, le défrichement de l'Amazonie brésilienne a crû de 57 % entre 2018 et 2021, au même rythme que les incendies, qui ont choqué le monde entier et fait augmenter les émissions brésiliennes de gaz à effet de serre (GES) de 9,5 %. Cette politique a contribué à un isolement du Brésil sur la scène internationale et à des pressions que J. Bolsonaro a qualifié « d'ingérences étrangères ». Membre du G20 depuis 2008 et des BRICS depuis 2011, le Brésil a pourtant participé à faire entendre la voix latino-américaine sur la scène internationale en cours des deux dernières décennies, en particulier au sein de l'Organisation mondiale du commerce (OMC), et à défendre les intérêts des pays du Sud face aux économies développées du Nord. Son activisme diplomatique s'est intensifié sous les mandats du président Lula (2003-2011) et se lit à travers son réseau d'ambassades (125), dont la moitié est en Afrique, la communauté des pays de langue portugaise, et sa participation au système des Nations unies, en particulier à une cinquantaine de missions de maintien de la paix, dont la direction de la MINUSTAH en Haïti. De 2013 à 2020, c'est le Brésilien Roberto Azevedo qui est directeur général de l'OMC et en 2021, son compatriote, José Graziano da Silva qui prend la direction de la FAO. Le *soft power* brésilien s'appuie aussi sur le sport, le *futebol*, et l'organisation d'événements – comme le mondial de football et les JO en 2016 –, tout autant que sur la musique, le carnaval et les *telenovelas* exportées dans le monde entier.

Dans l'attente du retour de Lula

En raison de ce bilan catastrophique, la réélection de Bolsonaro s'avère des plus improbables ; et ce d'autant que, face à lui, c'est l'ex-président Luiz Inacio Lula da Silva (2003-2011), du parti des travailleurs, qui se présente. Libéré de prison après l'annulation, le 8 mars 2021, des instructions et condamnations prononcées à son encontre pour corruption, il est d'autant plus populaire que le président actuel est désavoué.

ASSASSINÉS

Dom Philippes, journaliste britannique basé au Brésil et **Bruno Pereira**, spécialiste et défenseur des peuples autochtones brésiliens ont été assassinés dans la vallée de Javari, une région reculée d'Amazonie.

La presse à l'heure de la désinformation

La guerre en Ukraine montre ô combien l'information est un enjeu majeur pour les belligérants. Or celle-ci devient rapidement propagande et vire à la désinformation. Son « principal vaccin » existe pourtant, c'est le journalisme. Or dans les trois-quarts des 180 pays évalués par Reporters sans frontières, il est « totalement ou partiellement bloqué ».

Des médias de plus en plus polarisés

Depuis 1985, l'ONG Reporters sans frontières (RSF) établit chaque année un classement de la liberté de la presse dans 180 États du monde. À l'occasion de sa 20e édition, elle a fait évoluer sa méthodologie. Le score attribué à chaque territoire se base désormais sur un relevé quantitatif des exactions commises à l'encontre des professionnels des médias, ainsi que des médias et une analyse qualitative de la situation de chaque pays, mesurée par cinq indicateurs : le contexte politique (respect de l'autonomie et du pluralisme des médias), l'environnement légal et réglementaire des journalistes, le contexte économique, les contraintes sociales et culturelles et la sécurité des journalistes.

Le rapport 2022 relève une double polarisation : celle des médias à l'intérieur des pays, et celle entre les États au niveau international. Cette polarisation est amplifiée, selon RSF, par le « chaos informationnel » engendré par la dérégulation et la globalisation de l'espace numérique, qui entraîne fausses informations et propagande, y compris dans les sociétés démocratiques. En effet, le développement de médias d'opinion sur le modèle américain de *Fox News* et la banalisation des circuits de désinformation *via* les réseaux sociaux contribuent à accroître les clivages au sein des populations, notamment en France.

Sur le plan international, l'asymétrie entre, d'une part, les sociétés ouvertes et, d'autre part, les régimes autoritaires contrôlant leurs médias et leurs plateformes tout en menant des guerres de propagande, affaiblit les démocraties et accroît les tensions tant à l'échelle nationale qu'internationale, comme entre l'Inde du nationaliste Narendra Modi et le Pakistan.

Un nombre record sur la liste rouge

Sans surprise, les États européens, et plus particulièrement les pays nordiques arrivent en tête du classement RSF de la liberté de la presse. La Norvège, le Danemark et la Suède continuent de former le trio de tête, suivis de leurs voisins estonien et finlandais. Hors d'Europe, seul le Costa-Rica (8e place) se trouve dans cette catégorie restreinte de pays (8 sur 180) où la situation de la liberté de la presse est bonne. 40 pays connaissent une situation plutôt bonne, dont la Nouvelle Zélande (11e), la Suisse (14e), la France (26e) ou les États-Unis (42e).

Grâce à un changement de gouvernement, la Moldavie et la Bulgarie voient se profiler l'amélioration de la situation de leurs journalistes, et font un bond dans le classement de RSF, se hissant respectivement à la 40e et 91e place, même si les médias y sont encore essentiellement détenus ou contrôlés par des oligarques. En revanche, 28 États, soit un nombre record de pays par rapport aux précédents classements, connaissent de graves atteintes à la liberté de la presse et se trouvent en queue du classement. Douze pays ont intégré cette liste rouge du classement de RSF, dont le Bélarus (153e) et la Russie (155e). Parmi les pays les plus répressifs pour la presse, la Birmanie (176e), où le coup d'État de février 2021 a ramené la situation des journalistes dix ans en arrière, figure désormais aux côtés de la Corée du Nord (180e), de l'Érythrée (179e), de l'Iran (178e), du Turkménistan (177e) et de la Chine (175e).

État des lieux de la liberté de la presse dans le monde

Source : Reporters sans frontières, « Classement mondial de la liberté de la presse 2022 ».

LA LIBERTÉ DE LA PRESSE SELON RSF

« La possibilité effective pour les journalistes, en tant qu'individus et en tant que collectifs, de sélectionner, produire et diffuser des informations dans l'intérêt général, indépendamment des interférences politiques, économiques, légales et sociales, et sans menaces pour leur sécurité physique et mentale. »

Quand le journalisme tue

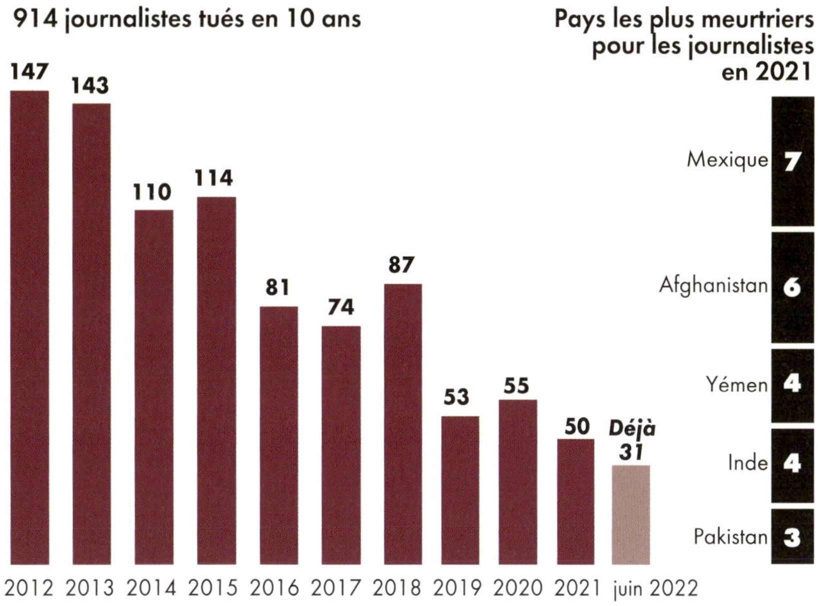

Source : Reporters sans frontières, « Les journalistes tués. Bilan 2021 ».

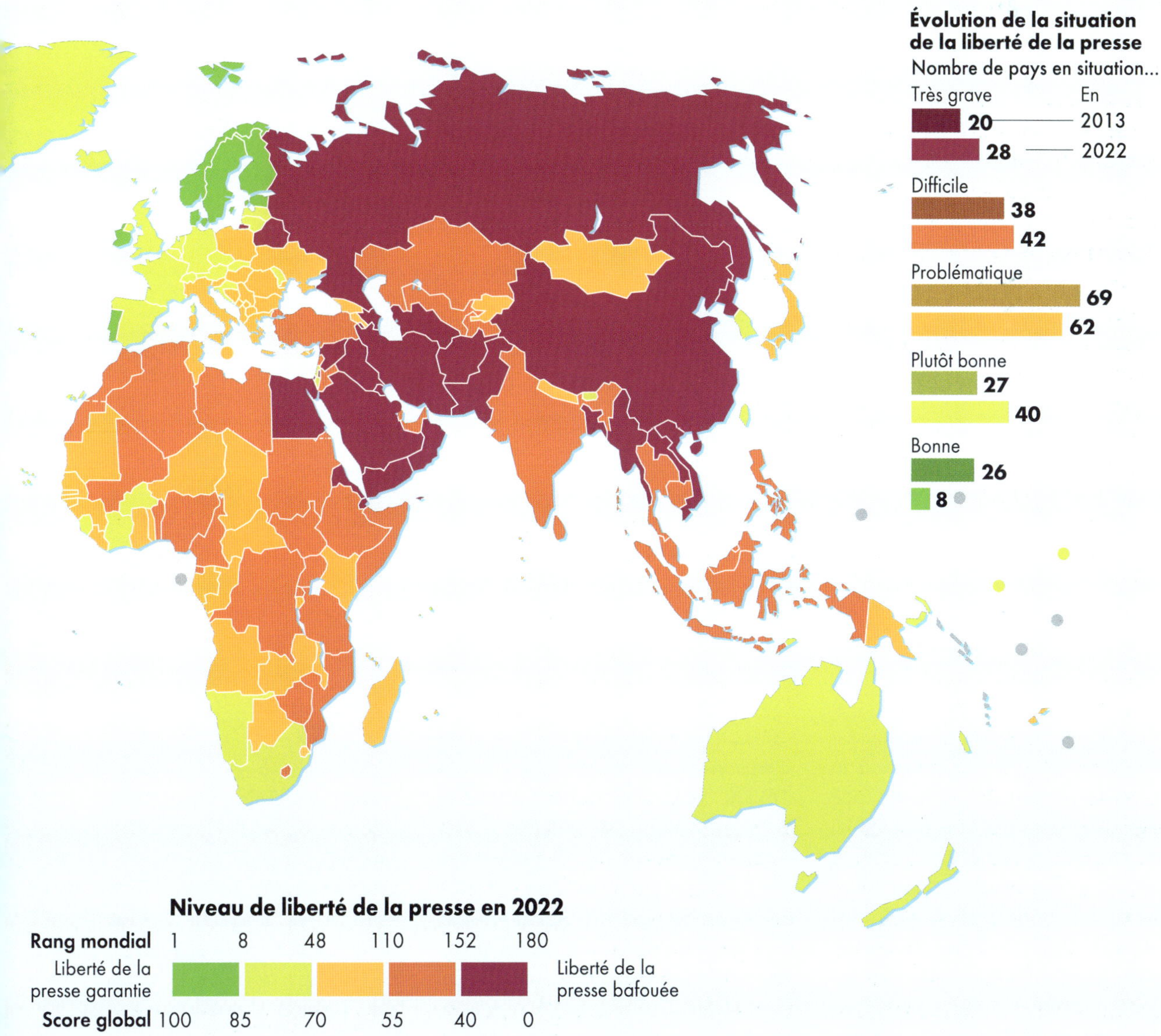

L'espace, nouvelle frontière

L'année 2021 aura été marquée par le retour d'une course à l'espace avec non seulement le lancement d'une sonde chinoise Tianwen-1 sur Mars et d'une sonde émirienne Al-Amal dans son orbite, mais aussi avec le premier vol commercial dans l'espace par le milliardaire Richard Branson et le début de l'assemblage de la station spatiale chinoise qui sera opérationnelle fin 2022.

Gérer les frontières de l'espace

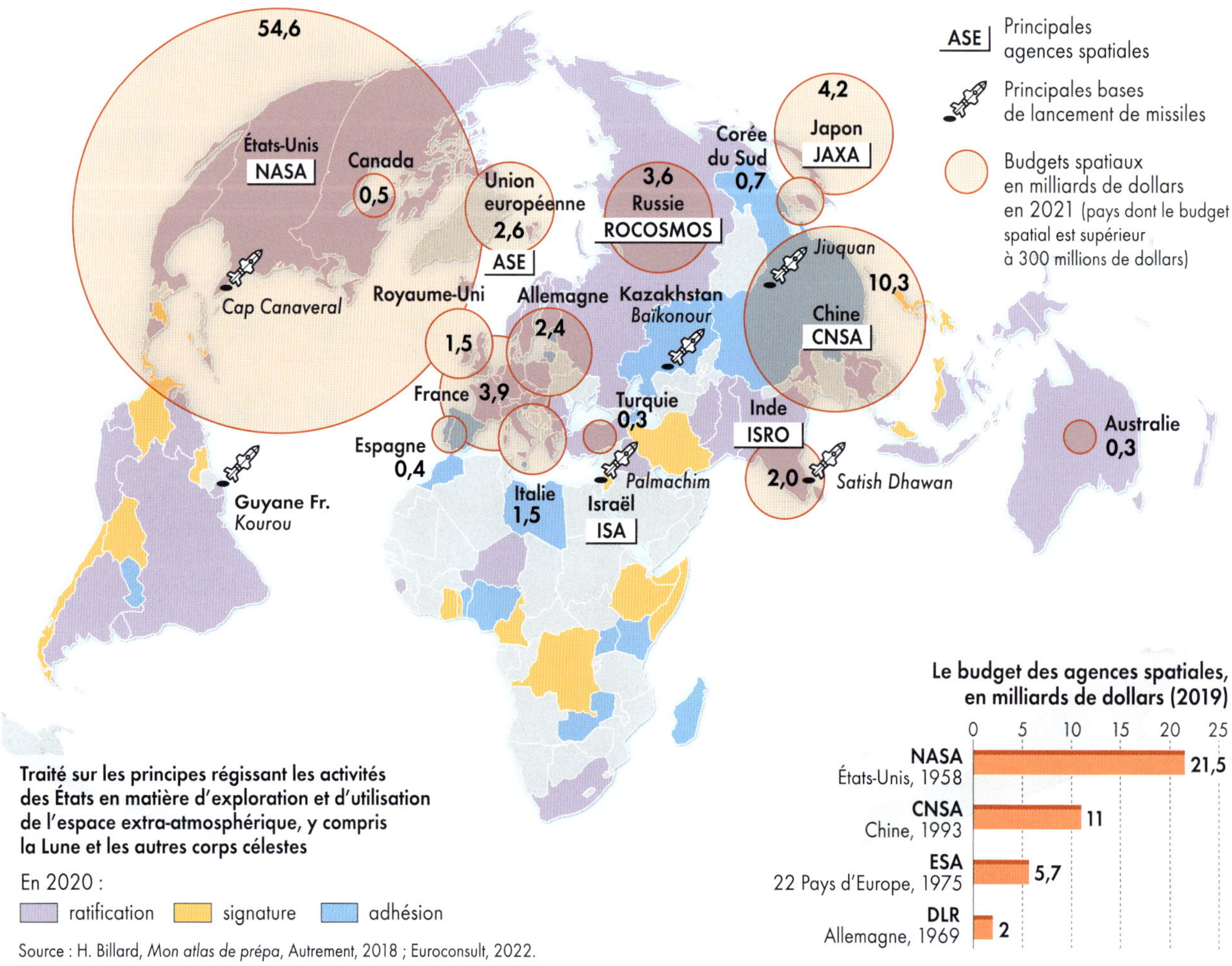

Source : H. Billard, *Mon atlas de prépa*, Autrement, 2018 ; Euroconsult, 2022.

Un enjeu de puissance

Si l'URSS lance la course à l'espace pour accompagner sa course à la puissance terrestre et maritime face aux États-Unis durant la guerre froide, avec le premier satellite en 1957, le premier homme dans l'espace, Youri Gagarine en 1961 et la première femme, Valentina Terechkova en 1963, elle est vite dépassée par les États-Unis avec l'alunissage de Neil Armstrong et Buzz Aldrin en 1969. En douze ans, les États- Unis ont rattrapé l'URSS par l'innovation et une agence spatiale liée à la Défense (NASA, 1958). Les agences spatiales française (1961), allemande (1969) puis européenne (1975) imitent les deux Grands et lancent satellites et autres engins spatiaux depuis respectivement Cap Canaveral (États-Unis), Baïkonour (URSS, puis Kazakhstan) et Kourou (Guyane française). Les envois d'exploration par sonde (Viking 1 vers Mars, 1975 ; Voyager 1 vers Jupiter, 1977) ouvrent l'espace comme un front de concurrence scientifique autant que géopolitique. Dans ce contexte de rivalités, l'ONU propose en 1967 un « traité sur les principes régissant les activités des États en matière d'exploration et d'utilisation de l'espace extra-atmosphérique, y compris la Lune et les autres corps célestes », dit traité de l'espace. L'usage d'outils militaires, la présence d'armes nucléaires, l'exploitation économique des corps célestes y sont interdits, la Lune et les ressources célestes ne peuvent pas faire l'objet d'appropriation nationale par aucun moyen que ce soit. Toutes les grandes puissances spatiales l'ont signé et ratifié, sauf l'Iran (signé seulement). Or les États-Unis ont remis en cause la lettre du traité, en autorisant en 2015 l'exploitation privée des ressources de l'espace, depuis suivie par les autres agences spatiales.

En 2020, outre les États-Unis et la Russie (ex-URSS), neuf États disposent de leur propre lanceur de satellites, outil qui fait d'eux des puissances spatiales : la France (1965), le Japon (1970), la Chine (1970), le Royaume-Uni (1971), l'Inde (1980), l'UE (1981), Israël (1988), l'Iran (2009), la Corée du Nord (2012) et la Corée du Sud (2013).

Un espace de coopérations et de tensions

Avec la fin de la guerre froide, les États-Unis, l'Europe, le Canada, le Japon et la Russie ont amorcé une coopération scientifique majeure grâce au lancement de la station spatiale internationale (ISS) en 1998. Si les États-Unis ont envoyé à partir de 2011 leurs astronautes sur l'ISS depuis la base russe de Baïkonour, c'est la société privée SpaceX, du milliardaire Elon Musk, qui a pris le relais en 2020, forte d'une expérience de lancement d'une fusée privée, Falcon (2008) et du lancement de satellites en orbite (2019). La souveraineté américaine sur ses capacités spatiales est ainsi passée d'une gestion par le seul secteur de la Défense (NASA) à une gestion partagée privé/public (NASA/SpaceX).

L'ISS se voulait un outil d'unification des puissances spatiales. Mais l'envoi dans l'espace du premier taïkonaute (2003), la densification des envois de modules sur Mars à partir du succès de Curiosity (2012) et la fin programmée de cette station spatiale internationale (2025) ravivent les concurrences entre puissances.

En effet, un grand nombre d'États ont cherché à mener une politique spatiale. Certains y ont renoncé pour des raisons financières (Afrique du Sud, Brésil, Argentine), d'autres, comme Israël, ont mené parallèlement une politique nucléaire et une politique spatiale (1988). La Chine, avec ses quatre sites de lancement, l'envoi du premier taïkonaute dans l'espace (Yang Liwei en 2003), la construction d'une station spatiale (programme *Tiangong*, Palais céleste en chinois depuis 2011), l'envoi d'une mission sur la face cachée de la Lune en 2019 et d'un véhicule sur Mars en 2021, s'impose comme un concurrent important des puissances traditionnelles. Le pays, qui a entamé l'assemblage de sa station en 2021 et prévoit une mise en exploitation fin 2022, envisage d'en faire un lieu de coopération internationale et d'accueil d'astronautes étrangers.

Quant au programme spatial indien, initié en 1969 par la création d'une agence spatiale, le lancement du premier satellite (1975) et de la première sonde lunaire (2008), il a pris un tournant en 2009 avec le projet de lancement d'un vol habité, qui fera de l'Inde la quatrième nation du monde à envoyer des hommes dans l'espace. Initialement prévu en 2022 pour les 75 ans du pays, ce vol a été reporté à 2024 à cause du Covid.

Le **traité sur la Lune de 1979** classe la Lune et ses ressources naturelles comme **patrimoine commun de l'humanité** en son article 11 et ce à la différence de l'espace. Toutefois, il n'empêche pas l'exploitation de ses ressources naturelles tant qu'un régime international l'encadre équitablement.

Chronologie de la conquête de l'espace

URSS, Russie — États-Unis — Europe — Chine — Autre

1957	Lancement de Spoutnik I
1958	Lancement d'Explorer
1961	Envoi de Youri Gagarine dans l'espace (avril)
1961	Envoi d'Alan Shepard dans l'espace (mai)
1969	Premiers pas sur la Lune
1971	Lancement de la station spatiale habitée Saliout
1979	Lancement de la fusée Ariane
1982	Envoi de Jean-Loup Chrétien dans l'espace
1998	Mise en place du premier module de la station spatiale internationale
2001	Dennis Tito, premier touriste dans l'espace
2003	Envoi de Yang Liwei dans l'espace
2005	La sonde Huygens se pose sur Titan, satellite de Saturne
2008	Première sortie extravéhiculaire
2011	Dernier décollage d'Atlantis et abandon du programme des navettes spatiales
2011	Lancement de la ministation spatiale Tiangong 1
2012	Le robot Curiosity se pose sur Mars
2014	Le robot Philae atterrit sur une comète à plus de 510 millions de kilomètres de la Terre
2015	Premier survol de Pluton par la sonde New Horizons
2016	Lancement de la fusée Longue Marche 5
2019	Premier atterrissage chinois sur la face cachée de la Lune, échec israélien (Beresheet)
2020	Premier vol d'un vaisseau lunaire chinois
2020	Envoi d'astronautes américains sur l'ISS par une entreprise privée (Space X, d'Elon Musk)

Source : H. Billard, *Mon atlas de prépa*, Autrement, 2018.

Avenir européen ou chinois dans les Balkans ?

Comme la Slovénie et la Croatie, les États issus de l'ex-Yougoslavie et l'Albanie ont vocation à devenir des États membres de l'Union européenne. Or leur situation politique et économique fait qu'ils ne sont pas encore tous engagés dans un processus d'adhésion, suscitant les convoitises de la Turquie, de la Russie et surtout de la Chine.

L'UE comme horizon…

Depuis la fin des guerres dans les Balkans liées à l'éclatement de la Fédération yougoslave (1991-1999), l'Union européenne est un acteur important de la reconstruction et du maintien de la paix dans la zone, avec notamment les missions Concordia et de l'EUFOR. Mais c'est sans doute avec l'élargissement que l'UE apporte prospérité et stabilité. La Slovénie a ainsi intégré l'Union en 2004, suivie par la Croatie voisine, reconnue candidate dès 2005, qui est devenue membre en 2013.

Pour trois États issus de l'éclatement yougoslave et l'Albanie, Bruxelles a signé l'accord de stabilisation et d'association (ASA), visant à rapprocher ces pays des structures d'intégration de l'Union, tout en stabilisant leur vie politique et économique. La Bosnie n'en a pas encore conclu un : ses institutions, sa démocratie, l'État de droit n'étant pas au niveau des exigences européennes.

Candidate depuis 2005, l'ancienne république yougoslave de Macédoine (25 700 km² pour 2 millions d'habitants) a vu son processus d'adhésion retardé en raison de son nom contesté par son voisin grec. La Grèce estimait en effet que ce nom faisait partie de son patrimoine historique et ne pouvait être porté par un autre État. L'accord de Prespa de juin 2018 entre les deux pays a mis un terme au contentieux, en rebaptisant le voisin de la Grèce en République de Macédoine du Nord, et ouvert la voie à l'intégration du pays tant à l'UE qu'à l'OTAN. L'ouverture de négociations a été approuvée par le Conseil européen en mars 2020, conjointement à l'Albanie, candidate officielle depuis 2014.

Quant au Monténégro et la Serbie (88 000 km² pour 8 millions d'habitants), ils ont été reconnus candidats respectivement en 2010 et en 2012, et ont entamé des négociations entre 2012 et 2014. Mais les portes de l'Union resteront fermées à la Serbie, tant que le pays n'aura pas reconnu l'indépendance du Kosovo, son ancienne province. Depuis 2006, les deux États ont engagé des discussions, sous l'égide de l'UE et des États-Unis, sans qu'elles n'aboutissent sur une reconnaissance mutuelle, qui achoppe notamment en raison du soutien continue de Belgrade aux populations serbes du Kosovo, majoritaires dans le nord du pays. Trois options sont sur la table : des échanges de territoires ; la création de districts autonomes pour les communautés serbes du Kosovo et les Albanais de Serbie ; et une adhésion accélérée à l'UE accompagnée d'une aide au développement.

Les Balkans et l'UE

… mais avec des nuages

Si en 2018 la commission européenne a proposé un calendrier indicatif pour l'adhésion – 2025 pour la Serbie et le Monténégro et 2030 pour la Macédoine du Nord et l'Albanie –, les pays membres semblent peu enclins à une adhésion rapide des États balkaniques.

Il est vrai que la situation politique de ces pays est marquée par une poussée de l'autoritarisme de leurs dirigeants, et donc un recul de l'État de droit, des attaques répétées contre les médias et un système judiciaire aux ordres des pouvoirs en place.

En Bosnie-Herzégovine, les tensions nationalistes entre les deux entités politiques composant cet État, la République serbe et la Fédération croato-musulmane sont croissantes depuis 2021. À l'approche des élections prévues en octobre 2022, les discours, parfois haineux, ressurgissent et suscitent divisions et inquiétude, autant localement qu'à l'échelle internationale. Les nationalistes serbes menacent de mettre en place leur propre système financier et judiciaire et une armée, ce qui s'apparenterait à une sécession, remettant en cause les accords de Dayton de 1995 qui avait ramené la paix dans la région. États-Unis et UE ont donc réagi par la mise en place de sanctions à l'encontre du leader nationaliste serbe Milorad Dodik, tandis que la Russie lui apportait son soutien, ainsi qu'à la Serbie voisine.

Au cœur des luttes d'influence

Si la marotte européenne a tendance à arranger les oligarques locaux en recherche de légitimité, ceux-ci sont de plus en plus courtisés par la Russie, qui fait de ses alliés balkaniques des chevaux de Troie, pour contrer l'influence occidentale, mais aussi turque, américaine et chinoise, pour des raisons essentiellement économiques. Outre ses nouvelles routes de la Soie, la Chine investit dans tous les secteurs économiques des Balkans, et s'est montrée plus empressée que l'UE, lors de la pandémie de Covid, à fournir aide sanitaire et vaccins aux pays de la région. Pékin est à l'œuvre dans la construction d'infrastructures de transport majeures inaugurées en 2022 : un pont de 600 mètres en Croatie, une ligne de chemin de fer rapide en Serbie, et la première autoroute du Monténégro. Ces constructions réalisées au détriment d'entreprises européennes ont poussé Bruxelles à agir pour contrer l'influence chinoise chez ses membres balkaniques, et à apporter des subventions aux autres plutôt que des prêts. Le Monténégro s'est en effet lourdement endetté pour financer son autoroute auprès de la Chine, et a dû appeler à l'aide l'UE pour en assurer les risques. Le pays a aussi vu son environnement dégradé par cette construction, sans même évoquer les soupçons de corruption mettant en cause l'entourage du président monténégrin Djukanovic.

Les Balkans et la Chine

Sources : Parlement européen, *La Nouvelle Route de la Soie, débouchés. et défis pour le transport européen*, 2018 ; Xavier Richet.

10 %

C'est la population perdue par la Croatie au cours des dix dernières années. Le pays est en effet passé sous la barre des 4 millions d'habitants.

Afghanistan : le règne de la faim

Six mois après la chute de Kaboul, la famine touche tous les Afghans, sans exception. Un désastre humanitaire et un scandale, dans ce pays jadis inondé de subventions, dénonce la grand reporter britannique Christina Lamb.

—**The Sunday Times** *(extraits)*
Londres

Fatima a 8 ans et son avenir est déjà scellé. Le regard clair et lointain, vêtue de haillons vert émeraude, elle *"aimerait bien aller à l'école pour étudier"*. Au lieu de cela, elle a été vendue en mariage à un homme qu'elle n'a jamais vu, pour que sa famille puisse acheter du pain, pendant quelque temps.

Elle est assise par terre près du poêle éteint, dans leur cahute aux murs de terre de l'ouest de Kaboul. Ses parents, ses frères et sœurs, sa tante veuve et ses grands-parents sont là aussi. Tout le monde a faim, tremble et tousse. Chacun tient un sac en plastique sale, qui contient son histoire de désespoir. La tante montre des radios illustrant l'avancée de sa tuberculose, et la photo ensanglantée de son fils, mort dans un attentat à la bombe ; le grand-père, de vieux papiers et des ordures ramassés dans la rue tenant lieu de combustible. Le dernier, Lala Jan, le père de Fatima, tire du sac une chemise carbonisée.

C'est celle qu'il portait cette nuit de 2010 où leur maison de Sangin [dans la province de Helmand, dans le sud du pays] a été bombardée lors de combats entre les talibans et les Britanniques. Il a été si grièvement brûlé qu'il a passé huit mois à l'hôpital et il a déménagé toute la famille à la capitale.

Pendant longtemps, il a cru que c'était le pire jour de sa vie mais il y a quelques mois, la famille avait tellement faim qu'il a vendu Fatima pour 150 000 roupies pakistanaises [760 euros] pour acheter de quoi manger. Puis [en janvier] la situation est devenue tellement désespérée qu'il a essayé de vendre Naghma, sa fille de 3 mois toujours dans les langes.

Il regarde la baraque où il vit avec sa femme, quatre enfants, ses parents, la tante et d'autres membres de la famille et désespère : *"Il faut que je choisisse entre vendre mes filles ou nous voir tous mourir de faim"*, confie-t-il. La seule aide que reçoit la famille, c'est huit pains par jour pour nourrir trente personnes. *"La dernière fois qu'on a fait cuire une pomme de terre, c'était il y a vingt jours"*, précise sa femme. Aujourd'hui, ils vont manger des restes de riz de la nuit précédente donnés par un voisin, c'est tout.

Lala Jan était ouvrier et gagnait 300 afghanis par jour [2,88 euros] mais il n'a pas travaillé depuis que les talibans ont repris le pouvoir [le 15 août 2021] et que les étrangers sont partis. L'économie qui dépendait

↙ Ces gens patientent pour recevoir du pain, à Kaboul, le 18 janvier 2022.
Photo Wakil Kohsar/AFP

largement de l'aide internationale s'est effondrée, la monnaie a perdu près de la moitié de sa valeur et les prix ont explosé.

Non seulement Lala Jan n'a aucun revenu, mais il doit toujours 200 000 afghanis [1 920 euros] pour le traitement de ses blessures. Un matin, ses créditeurs sont venus réclamer leur dû et il leur a proposé la petite Naghma. *"Je leur ai dit : 'Prenez ma fille, je n'ai rien d'autre'"*, raconte-t-il. Ils ont répondu qu'ils allaient y réfléchir. Fatima ne dit rien. On viendra la chercher quand elle aura atteint la puberté. Puis son sort sera entre les mains de la famille qui l'a achetée.

Telle est la vie dans ce pays où les Nations unies estiment à 23 millions le nombre de personnes, plus de la moitié de la population, qui sont confrontées à la famine et où un million d'enfants risquent de mourir ; 97 % des gens n'ont déjà pas assez à manger. *"L'Afghanistan ne tient qu'à un fil"*, a déclaré António Guterres, le secrétaire général de l'Organisation. Non seulement le pays connaît la pire sécheresse depuis trente ans, mais aussi un hiver particulièrement froid. Outre la fin brutale de l'aide internationale et de tous les emplois que celle-ci engendrait, le gel de 9 milliards de dollars d'actifs gouvernementaux fait que l'État ne peut plus payer les salaires. [Au moins 7 milliards se trouvent dans la Réserve fédérale américaine, et Joe Biden dit vouloir les partager entre parents de victimes de l'attentat du 11 septembre 2001 à New York et aide humanitaire à l'Afghanistan.]

Pire dans les zones rurales. Tout ceci dans un pays déchiré par la guerre qui était déjà l'un des plus pauvres du monde et où des millions de personnes ont perdu leur conjoint ou ont été mutilées. La faim risque désormais de faire plus de victimes que la guerre.

Correspondante à l'étranger depuis trente-cinq ans, j'ai eu ma dose de famines, de maladies et de morts mais je n'ai jamais rien vu d'une telle ampleur. Le phénomène touche tout le pays, toutes les classes sociales, il se passe sous nos yeux et on fait bien trop peu pour y remédier. Tout ça alors que l'Occident a injecté dans le pays des milliards d'aide et de dépenses militaires au cours des vingt dernières années.

Ce ne sont pas que les pauvres qui souffrent. Nous voici à quelques kilomètres à l'est de la baraque de Lala Jan, dans un meilleur quartier de Kaboul. Noor Agha, 54 ans, sa femme et leurs trois filles sont assis avec leur fils Mukhtar, 27 ans, et leur belle-fille Laila, 26 ans, dans leur salon au plafond carrelé. La moquette est immaculée, il y a un écran de télévision plat au mur et une rangée de plantes en pot sur le rebord de la fenêtre. Comme la plupart des familles afghanes, ils ont été frappés par la tragédie : le plus jeune fils a été tué dans un attentat-suicide lors d'un mariage il y a deux ans.

Ils ont tous fait des études supérieures, avaient tous un emploi, et étaient tous plutôt aisés. Noor Agha travaillait pour la Commission des droits de l'homme, Mukhtar était procureur militaire. Laila, qui parle anglais, dirigeait un bureau de traduction.

> **"La moitié des gens de la région travaillaient à la base militaire, donc ils ont tous perdu leur emploi."**
>
> **Abdul Rahim Yusufzai,**
> DIRECTEUR ADJOINT DE HEERO, UNE ONG LOCALE

Quand les talibans ont pris le pouvoir, ils ont perdu leur emploi l'un après l'autre. Deux des filles étaient à l'université, l'autre, âgée de 17 ans, était au lycée. Elles ont toutes été renvoyées chez elles. Laila a été payée pour la dernière fois en septembre, mais les hommes n'ont rien reçu depuis juillet.

Le jour où je leur rends visite, leur seule nourriture est un chou-fleur qu'ils diviseront entre le déjeuner et le dîner. Comme le confie Noor Agha : *"Je suis mortifié. J'ai toujours géré mon budget correctement, donné une bonne vie à ma famille. Je les emmenais au restaurant et en pique-nique, et tous mes enfants ont fait des études. On n'a rien vu venir."*

La situation est encore plus désespérée dans les zones rurales. À Mahmud Raqi, dans la province de Kapisa, à 120 kilomètres au nord-est de Kaboul, une foule fait la queue pour recevoir les 4000 afghanis [38 euros] que le Programme alimentaire mondial (PAM) donne à une famille pour un mois.

"C'est une catastrophe, déclare Abdul Rahim Yusufzai, le directeur adjoint de Heero, l'ONG locale qui distribue l'argent. *La moitié des gens de la région travaillaient à la base militaire, donc ils ont tous perdu leur emploi. Le reste, ce sont des paysans qui cultivaient du blé, du maïs et des raisins et qui ont perdu la plus grande partie de leur récolte à cause de la sécheresse. Normalement, ils survivraient grâce à des emplois de journalier mais il n'y en a pas."*

Nombre de ceux qui font la queue n'avaient jamais eu à demander de l'aide auparavant. Saifur Rahman, 47 ans, est l'un d'eux. Il enseignait les langues dans une école de filles qui a fermé quand les talibans ont repris le pouvoir, au désespoir des élèves. *"Je n'ai jamais connu une situation aussi mauvaise,* confie-t-il. *Dans mon village, certains mangent de l'herbe qu'ils vont chercher sous la neige, ou des tiges de brocoli – normalement on les jette."*

Le Royaume-Uni a annoncé une aide d'urgence de 97 millions de livres [en janvier 2022], ce qui porte à 286 millions de livres celle versée jusqu'à présent. C'est cependant toujours moins que ce qu'il versait avant que les talibans ne reprennent le pouvoir. De plus, le PAM n'a reçu que 700 millions de dollars sur les 2,6 milliards dont il a besoin cette année rien que pour maintenir le pays en vie.

La communauté internationale demeure partagée : faut-il aider ce pays gouverné par une organisation que les forces de l'Otan combattent depuis vingt ans, dont plusieurs membres sont considérés comme terroristes, qui interdit aux femmes de travailler, le seul endroit du monde où les filles ne vont pas au lycée ?

Pour [les talibans], le retrait de l'aide internationale n'est qu'un geste futile. *"La suspension de l'aide ne touche que les gens dont la communauté internationale prétend se soucier, en particulier les femmes et les enfants,* déclare en souriant Abdul Qahar Balkhi, le porte-parole adjoint des talibans. *Ça ne fait mal ni à moi ni à la direction. S'ils croient obtenir l'effet qu'ils désirent – un soulèvement et le renversement du gouvernement – en laissant les gens mourir de faim, ils se trompent lourdement."*

—*Christina Lamb*
Publié le 29 janvier 2022

SOURCE

THE SUNDAY TIMES
Londres, Royaume-Uni
Hebdomadaire
thetimes.co.uk

Fondé en 1822, il a fusionné avec *The Times* en 1967. L'enfant chéri de Rupert Murdoch est aujourd'hui l'un des meilleurs journaux de qualité du dimanche, en tout cas le plus lu. Il se revendique conservateur. Il est quotidiennement distribué dans plus de 130 pays.

Photographie : © Noble Nature / Shutterstock
Les symboles de la République française, drapeau et buste de Marianne. Ce dernier est a été habillé d'un gilet jaune durant le Grand Débat national.

Faire respirer la démocratie

Le débat revient à chaque élection présidentielle : celui autour d'une représentation nationale plus conforme au vote des Français et d'un dialogue renouvelé avec la population.

Oui, il faudra bien en passer un jour par l'introduction d'une dose de proportionnelle aux élections législatives. Ce serait un message d'apaisement envoyé à celles et ceux qui n'en finissent plus de se détourner de la représentation politique, assimilée à une caste. La mesure permettrait de mieux oxygéner le pays sans en bouleverser l'organisation démocratique.

Une autre piste est régulièrement abordée, celle de la démocratie participative. Ce principe, popularisé en 2007 par la finaliste socialiste Ségolène Royal, a connu un début de réalisation douze ans plus tard : quand le président Emmanuel Macron, soucieux d'éteindre la trop longue crise des Gilets jaunes, s'est lancé dans un étonnant grand débat national qui se faisait fort d'innover en termes de vie démocratique. Soudain, des doléances étaient rédigées dans le pays tout entier. Las, l'initiative est restée lettre morte, emportée elle aussi par l'épidémie de Covid-19.

Le mécontentement est toutefois resté intact, comme une sorte de feu qui ne cesse de couver. Face à la colère qui traverse le pays, le président réélu a lancé son « Conseil national de la refondation ». D'autres pistes étaient sur la table. La spécialiste de l'opinion Véronique Reille-Soult et la politologue Chloé Morin, ont proposé de créer un « commissariat général de la convention citoyenne permanente » afin de faire remonter en continu les attentes des Français sur tous les sujets, de les compiler et, pourquoi pas pour certaines d'entre elles, de les transformer en propositions de lois soumises au Parlement.

Le souci était de redonner la parole et la confiance à des citoyens qui se sentent toujours plus exclus du système. Il ne s'agit pas d'ajouter des strates de complexité à un système qui ne respire plus aux yeux d'un grand nombre de Français. Mais la société moderne doit puiser dans son imaginaire pour se réinventer dans un univers trop souvent hostile et tenté par les extrêmes. Il en va de la survie de notre démocratie.

Jean-François Achilli,
éditorialiste, présentateur de l'émission « Les Informés » de franceinfo.

Tensions, crises et conflits

Sommaire

Conflits oubliés : Yémen et Syrie

Occultés des radars médiatiques en raison de la guerre en Ukraine, les conflits syrien et yéménite se poursuivent pourtant, faisant de nombreuses victimes civiles. Les atteintes aux droits humains y sont légion, sans réaction ou presque de la communauté internationale.

Des tragédies nées avec le printemps arabe

Dès mars 2011, le Yémen comme la Syrie ont été gagnés par la vague de contestation populaire venue de Tunisie contre les régimes autoritaires et prédateurs. Or tandis que le président yéménite Ali Abdallah Saleh était rapidement écarté du pouvoir, le président syrien Bachar el-Assad s'y est maintenu, en mettant son pays à feu et à sang, aidé d'un allié de poids, la Russie.

Révolte houthiste au Yémen

Au Yémen, la transition politique ne s'est pas déroulée comme prévu en 2011. Les Houthis, milice se revendiquant du chiisme zaydite, qui a joué une place prépondérante dans l'histoire du pays, s'opposent au nouveau découpage régional qui ne leur garantit pas un accès à la mer. Ils font une démonstration de force en s'emparant progressivement de Sanaa à partir de juin 2014. La population, effarouchée

Yémen, forces en présence et famine

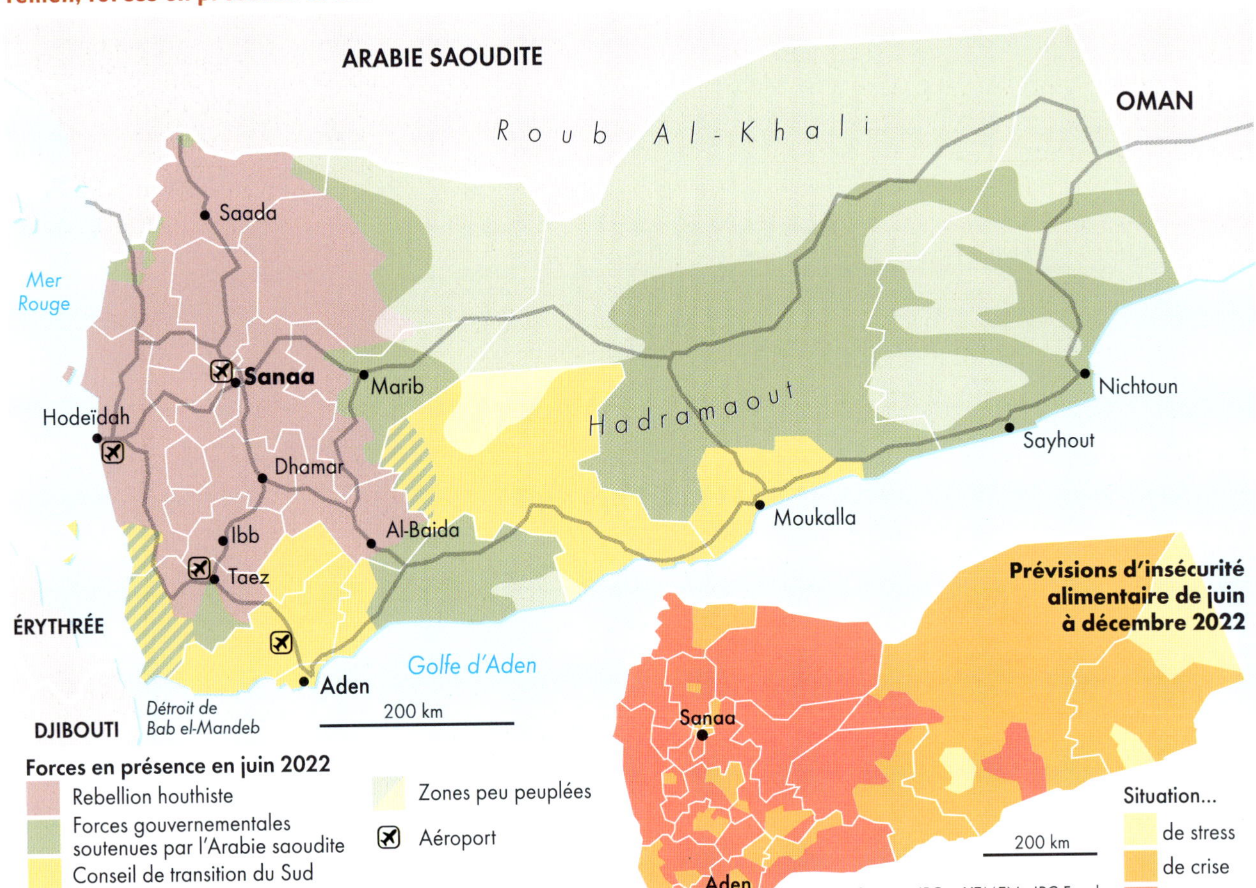

Source : Stiftung Wissenschaft und Politik - German Institute for International and Security Affairs, janvier 2022.

Source : IPC, « YEMEN : IPC Food Security and Nutrition », mars 2022.

Syrie, forces en présence et réfugiés

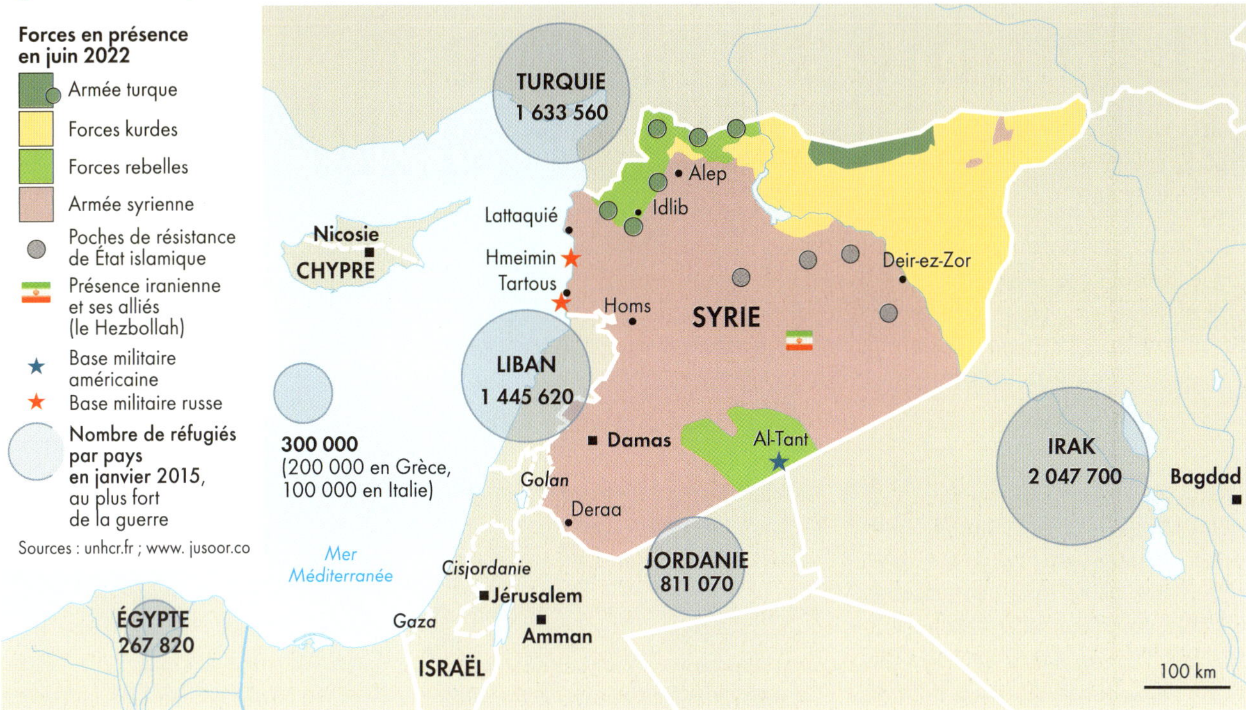

par les coupures budgétaires du gouvernement provisoire, sur injonction du FMI, ne s'oppose pas à cette entrée dans la capitale quand elle ne la salue pas.

Le 25 mars 2015, Mohamed Ben Salmane, nouveau ministre de la Défense saoudien lance l'opération « Tempête décisive » destinée à écraser la rébellion des Houthis et à lutter contre un encerclement chiite. Non seulement l'Iran était soupçonné de créer un « arc chiite » avec l'Irak, la Syrie et le Liban, mais avec la menace d'un basculement du Yémen dans cette alliance, l'Arabie saoudite se voyait prise à revers. C'est une guerre totale qui s'enclenche, la population civile étant prise entre le feu du ciel de la coalition arabe et les troupes au sol du pouvoir yéménite et des Houthis. Pour conduire cette opération, Riyad a pu compter sur une dizaine de pays sunnites, en particulier les Émirats arabes unis par proximité stratégique, et l'Égypte par dépendance économique.

Le 2 avril 2022, un cessez-le-feu est entré en vigueur, concomitant à des pourparlers inter-yéménites à Riyad, sans participation houthie toutefois. L'Arabie saoudite espère pouvoir ainsi se désengager d'un conflit qui nuit à son image internationale.

Contestation démocratique en Syrie

Face à la contestation démocratique, le régime de Bachar el-Assad a d'emblée fait usage de la répression, concourant à la radicalisation des mouvements islamistes qui prennent rapidement le dessus sur les oppositions civiles et rebelles. Soutenu par l'Iran et les combattants du Hezbollah libanais, le régime n'hésite pas à utiliser des armes chimiques pour s'imposer, tandis que les oppositions sont aidées par des acteurs régionaux (Turquie, Qatar, Arabie saoudite) ayant leurs propres agendas. L'inaction américaine sur l'usage d'armes chimiques laisse le champ libre à la Russie qui intervient militairement à l'automne 2015 et bombarde tous les foyers de résistance syriens.

Malgré la reprise du contrôle de la majorité de son territoire par le pouvoir, la Syrie reste aujourd'hui en guerre : les groupes rebelles (armée nationale syrienne, parti de l'Union démocratique kurde) continuent de lutter contre le régime, tandis que Daech reprend du terrain et que la Turquie et l'Iran défendent leurs intérêts stratégiques, contribuant à des exactions contre les civils et des violations graves du droit international humanitaire et des droits humains.

Bilan humain en Syrie

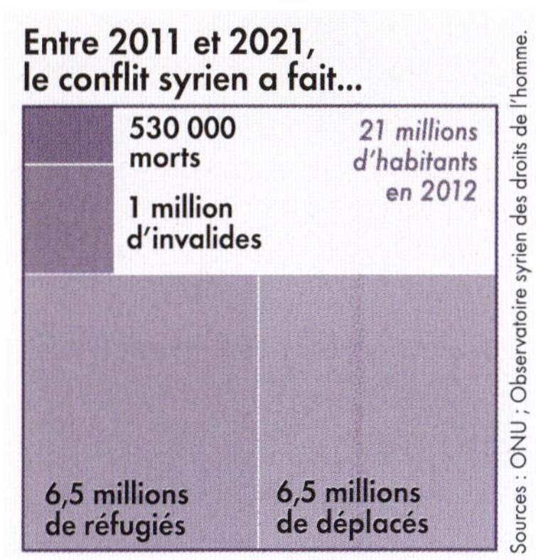

Bilan humain au Yémen

L'Éthiopie au risque de l'implosion ethnique ?

Depuis novembre 2020, l'Éthiopie est en guerre. Sa province du Tigré connaît de violents combats qui l'oppose au gouvernement central. En cause, les rivalités de pouvoir entre Oromos et Tigréens, alors que le Premier ministre Abiy Ahmed, parvenu au pouvoir en 2018, était considéré comme un faiseur de paix, au point d'obtenir le prix Nobel en 2019 pour avoir mis fin au conflit avec l'Erythrée voisine.

Le fédéralisme comme solution

Marquée par une forte diversité ethnique et religieuse, l'Éthiopie, bien qu'héritière d'une forte centralisation politique, est un État fédéral basé sur un principe d'homogénéité ethnique des régions autonomes. Depuis la prise de pouvoir, en 1991, par une coalition politique représentant les Oromos (40 % de la population), les Amharas (25 %), les Tigréens (10 %) et les groupes du Sud (45 ethnies), le pays est ainsi divisé par la Constitution de 1994 en neuf États fédérés, subdivisés en districts. Cette réforme vise à limiter l'irrédentisme et à maintenir unie la Grande Éthiopie. Les États fédéraux perçoivent moins de 20 % du revenu national et le gouvernement fédéral a repris en main la gestion foncière. À tous les échelons des administrations régionales sont élus ou nommés des représentants locaux, tandis que les décisions importantes sont concentrées au niveau fédéral et que les représentants du parti fédéral sont présents à tous les échelons (État, région, commune). Le fédéralisme éthiopien s'avère donc au final, de manière paradoxale, assez centralisé.

En tout état de cause, au cours de trois décennies de fonctionnement, l'ethno-fédéralisme éthiopien a permis de juguler, soit par la négociation soit par la répression, les tensions entre les différentes ethnies éthiopiennes apparues à plusieurs reprises dans différentes régions du pays. Les rapports de force politiques ne sont pas seulement ethniques, mais également gouvernés par la religion. Ils voient s'opposer, schématiquement, trois grands ensembles politico-religieux : les chrétiens orthodoxes au nord (Amharas, Tigréens), les musulmans à l'est (Somalis) et les Oromos devenus majoritairement protestants (pentecôtistes) au sud-ouest.

Stabilité politique et économique

Ce système a permis au pays de retrouver la stabilité après la « révolution » de 1974 qui avait certes mis fin au régime impérial d'Hailé Sélassié, mais avait conduit au régime autoritaire de Mengistu (1974-1991) caractérisé par sa violence, la pauvreté, la famine et les guerres en Ogaden et en Érythrée. Au cours de la décennie 2000, l'Éthiopie a connu une croissance économique à deux chiffres (10 %), grâce à sa main-d'œuvre abondante (110 millions d'habitants) et à bas coût qui a attiré des investisseurs étrangers, dont de nombreuses entreprises chinoises. Le pays s'est progressivement modernisé (barrages, métros, routes, universités…), la mortalité infantile a chuté, l'espérance

Ethnofédéralisme éthiopien

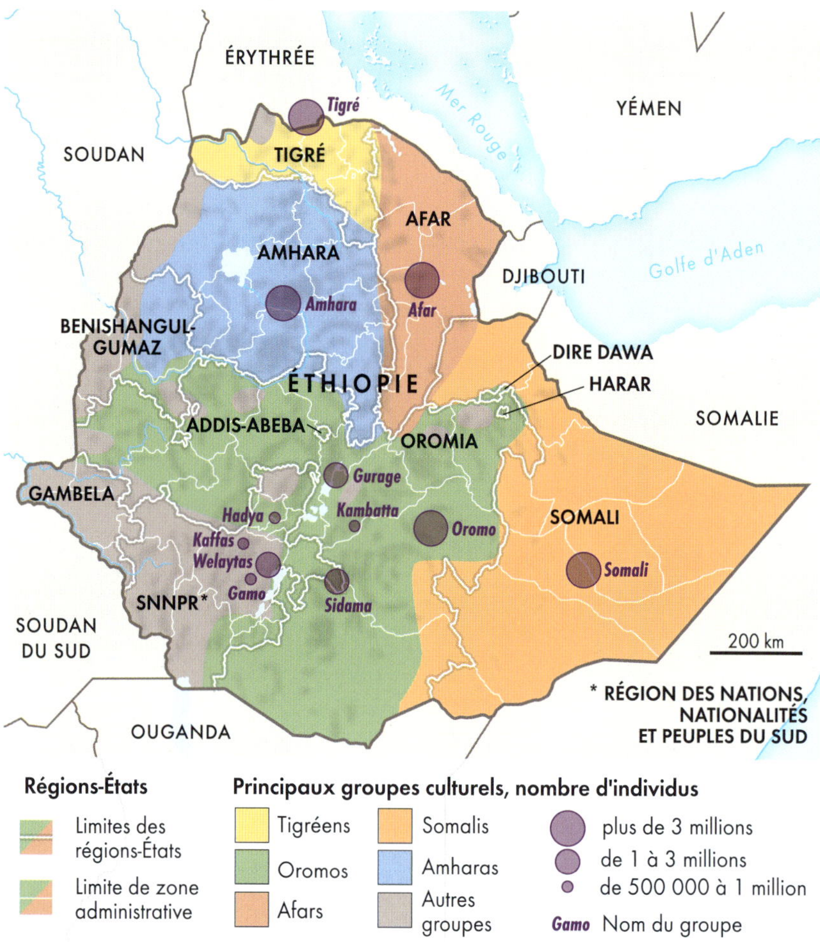

de vie a crû. Mais aujourd'hui, le conflit au Tigré remet en cause les espoirs suscités par le pays.

Le retour de la guerre

Si les Tigréens ont pris les armes contre le gouvernement central en novembre 2020, c'est d'abord en réponse à leur sentiment de marginalisation au sein des institutions politiques et militaires éthiopiennes de leur parti, le Front pour la libération du peuple du Tigré (FLPT). Le FLPT est pourtant l'un des fondateurs, en 1989, du Front démocratique révolutionnaire du peuple éthiopien (FDRPE) qui a renversé Mengistu et mis fin à son régime après la prise d'Addis Abeba en mai 1991. Il reproche au Premier ministre Abiy Ahmed, un Oromo – c'est la première fois dans l'histoire éthiopienne que cette ethnie est à la tête de l'État en 2018 –, de s'accaparer le pouvoir, alors que de 1995 jusqu'à 2012, c'était l'un des leurs, Meles Zenawi qui dirigeait le pays.

Pourtant, Abiy Ahmed a obtenu en 2019 le prix Nobel de la paix pour avoir signé un traité de paix avec l'Érythrée voisine, dont le tracé de la frontière était l'enjeu d'un conflit qui durait depuis quasiment l'indépendance érythréenne de 1993. Mais étant en première ligne, les Tigréens gardent une rancœur vis-à-vis de l'Érythrée et de cet accord qui leur est imposé. Ce qui a mis le feu aux poudres, c'est l'annulation des élections générales prévues le 29 août 2020, en raison de l'épidémie de Covid-19. Le Tigré tente alors d'organiser ses propres élections, ce qui est considéré comme une tentative de sécession par le pouvoir fédéral et un *casus belli*. Le 4 novembre, Abyi Ahmed lance une offensive militaire pour riposter à une attaque FLPT contre une position de l'armée éthiopienne au Tigré, marquant le début d'une guerre sanglante et particulièrement violente, marquée par des nombreux massacres de civils, y compris de religieux et d'enfants. L'aide apportée par l'Érythrée a permis à l'armée fédérale de repousser les forces du FLPT.

Guerre au Tigré

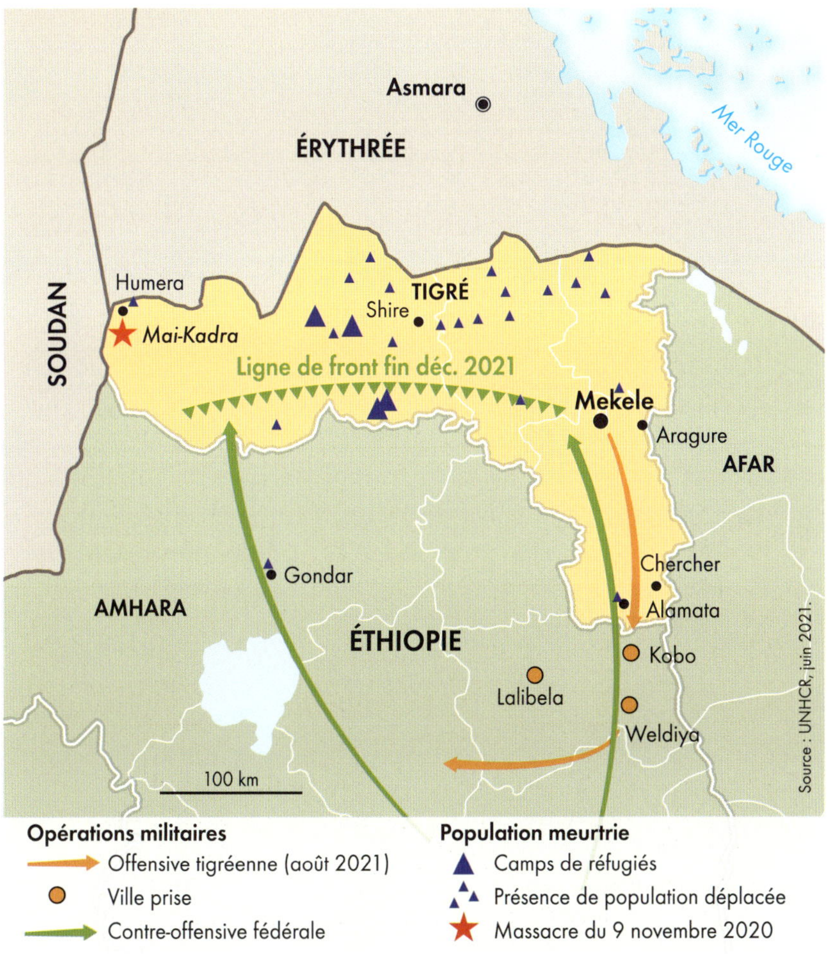

L'espoir d'une trêve

Après dix-sept mois de violents combats et massacres, les belligérants se sont accordés pour l'instauration d'une « trêve humanitaire indéfinie » le 24 mars 2022. Cet accord vise à soulager les 7 millions de civils du nord de l'Éthiopie en attente d'une aide alimentaire et médicale, alors que plus de 80 % de la population du Tigré est en situation d'insécurité alimentaire selon le Programme alimentaire mondial (PAM), et que quelque 700 000 personnes vivent dans des conditions proches de la famine.

Après l'arrivée d'un deuxième convoi humanitaire au Tigré le 15 avril 2022, cette trêve suscite désormais l'espoir d'une sortie de crise d'un conflit avant tout politique. Celle-ci passe par la mise en place de mesures de confiance de part et d'autre, notamment permettant la participation du FLPT au dialogue national et le retrait des forces du Tigré de ses positions dans les régions frontalières du Afar et de l'Amhara, et évitant que l'aide humanitaire ne soit un levier des négociations. Ensuite, la fragilisation de l'économie éthiopienne par la guerre après une décennie de croissance pourrait pousser Addis-Abeba aux négociations. Ses partenaires économiques (États-Unis, Europe, Chine) ont déjà réduit leurs aides à cause du conflit, et cette pression accule le Premier ministre à trouver une solution au conflit au risque d'une récession économique. Enfin, cette crise a de nouveau ravivé les tensions ethniques entre Afars, Amharas et Tigréens, mais aussi la rébellion Oromo de la Oromo Liberation Army, menaçant l'unité nationale.

« Nous vous effacerons de cette terre »

Dans un rapport publié en avril 2022, Amnesty International dénonce des crimes de guerre et contre l'humanité envers les populations civiles et le nettoyage ethnique dans la partie occidentale du Tigré. Cela comprend l'expulsion systématique des centaines de milliers de personnes de leurs foyers, par la menace, le pillage, les violences sexuelles, des tueries illicites, des détentions de masse arbitraires, des transferts forcées et le refus de toute assistance humanitaire.

Le Mali et le Sahel, toujours sous menace djihadiste

La détérioration de la situation politique au Mali (deux coups d'État en moins d'un an) a conduit en 2022 au départ de l'opération française « Barkhane » chargée de la stabilisation et de la sécurité du pays depuis 2014 et la remise en cause de l'accord de défense liant les deux pays. Elle contribue aussi à la diffusion de la menace djihadiste du Sahel à l'ensemble de l'Afrique de l'Ouest.

De la Libye au Mali

La déstabilisation de la Libye consécutive au printemps arabe en 2011 a créé une onde de choc qui a précipité le Sahel dans un continuum ininterrompu de crises et de conflits. Cette bande sèche et semi-aride de 5 500 km sur 500 de large définie par opposition à l'océan saharien (Sahel signifiant « le rivage » en arabe) est à la rencontre entre populations nomades et fermiers d'origines diverses (Touaregs, Maures, Peuls...), et le lieu d'une vive rivalité entre islam confrérique traditionnel et islam rigoriste du Golfe (le salafisme), facilitant l'émergence d'un radicalisme armé.

Le Mali en devient l'un des principaux terrains, car la non-résolution de la question touarègue a laissé une somme de frustrations pendantes. Les organisations djihadistes locales comme le MUJAO, Ansar Dine, le MNLA, le FNLA et le Front de libération de l'Azawad se retrouvent avec Al-Qaida au Maghreb islamique (AQMI) pour s'attaquer à un pouvoir malien incapable de réagir. En l'espace de quelques semaines, ces groupes conquièrent le nord du Mali. Gao, Tombouctou, Kidal tombent facilement pendant l'année 2012. En janvier 2013, les djihadistes poussent leur avantage et montent sur Bamako. C'est à ce moment que les armées françaises interviennent dans une opération combinée et aéroportée (opération Serval). Les groupes sont balayés et poursuivis (avec le soutien d'un solide contingent tchadien) dans leurs réduits montagnards de l'Adrar des Ifoghas. Des élections et une période de stabilisation conduite avec l'appui des alliés européens (MINUSMA) et d'une force africaine ont suivi cette période exclusivement militaire. Mais les groupes se sont éparpillés sur l'espace sahélien (Niger, Burkina Faso, lac Tchad) et ont conduit des attentats jusqu'en Côte d'Ivoire ; par ailleurs l'État islamique (Daech) a commencé à s'implanter au Sahel au détriment d'AQMI, alors que

Lutte contre le terrorisme

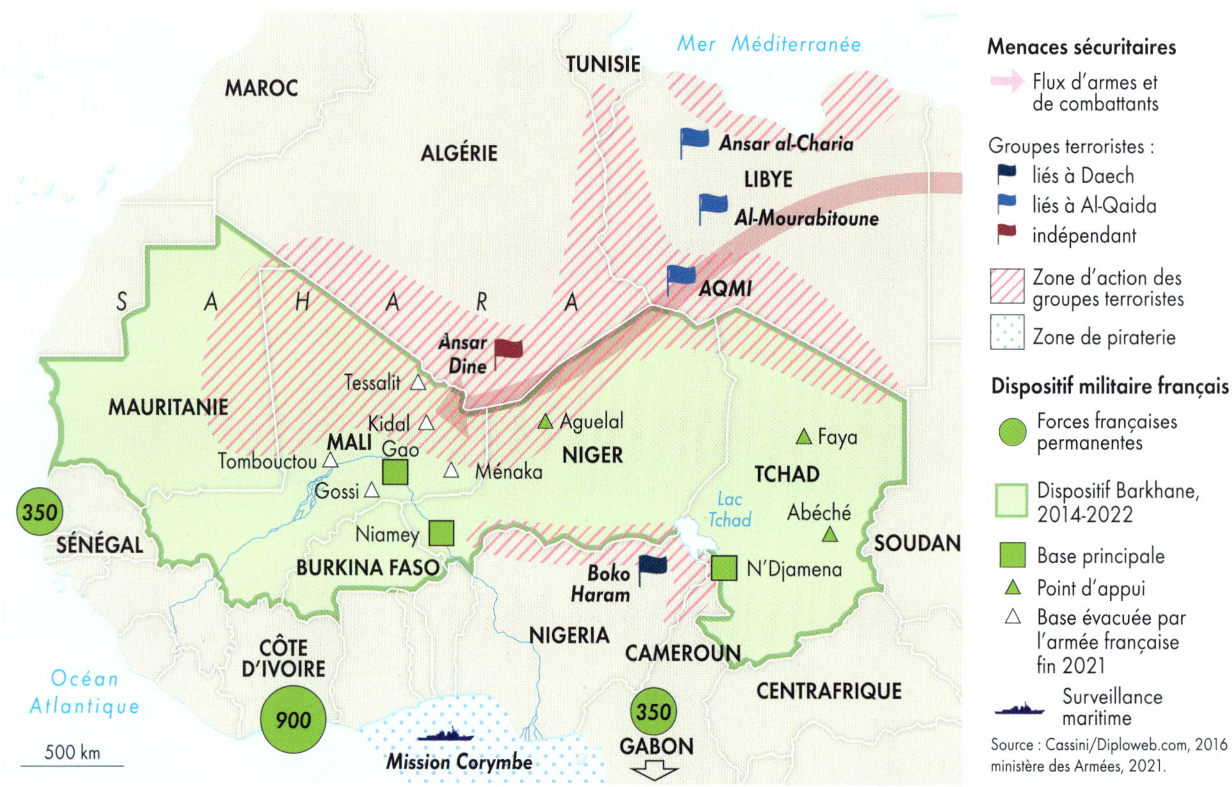

Source : Cassini/Diploweb.com, 2016 ; ministère des Armées, 2021.

Enjeux territoriaux et économiques du Sahara

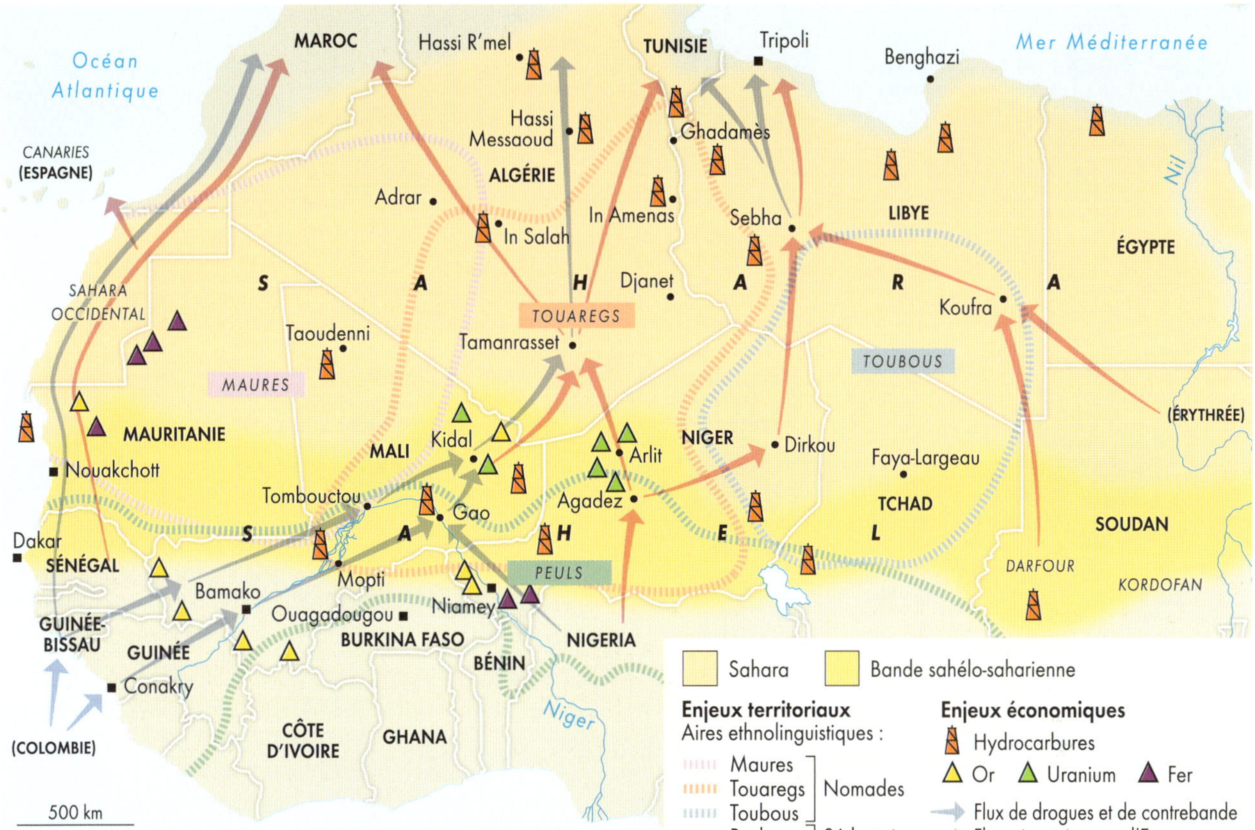

Source : *Retaillé et Walther, 2011.*

depuis le Nigeria, Boko Haram pousse vers le Tchad et le Cameroun.

Une réponse inadaptée ?

Face à cette situation, la France lance en août 2014 l'opération Barkhane, dont le but est d'agir dans la mobilité sur cet espace gigantesque. 3 000 hommes sont déployés pour briser les implantations des groupes djihadistes au Sahel. En raison de l'immensité du territoire à couvrir et d'une menace en perpétuelle recomposition, les autorités françaises ont poussé à la mise en place en 2015 d'une force africaine conjointe composée des cinq pays principaux du Sahel et réunis sous l'appellation G5-Sahel : Mauritanie, Mali, Niger, Tchad, Burkina Faso. Cependant, la France peine à sécuriser, quasiment seule, cette zone majeure, et son engagement militaire est de plus en plus ouvertement critiqué par les opinions publiques africaines. Ainsi, à Pau, en janvier 2020, le président français lance un nouveau cadre de coopération, « la coalition pour le Sahel » réunissant la France et les États du G5 avec un commandement conjoint pour lutter contre l'État islamique. Puis fin mars, elle met en place, avec onze États alliés européens, la Task Force Takuba visant à l'autonomisation des forces armées locales. Composée de 500 hommes issus des forces spéciales européennes, celle-ci combat aux côtés des armées malienne et nigérienne au Sahel. Quant aux États-Unis (AFRICOM), ils laissent opérer les Français en dehors d'un soutien actif en renseignement.

Du Mali au golfe de Guinée

Or l'incapacité du Mali à se stabiliser entraîne deux coups d'État militaires en août 2020 et en mai 2021, et *de facto* le report des élections et le maintien au pouvoir des militaires jusqu'à 2027. Dans ce nouveau contexte marqué par l'ouverture potentielle d'un dialogue avec les djihadistes au Mali et par la présence de forces russes (milices Wagner) sur lesquelles le nouveau pouvoir compte s'appuyer, la France décide en février 2022 de se retirer du Mali, mais pas de la région. Le risque djihadiste est loin d'y avoir disparu : 2021 a connu un nombre record d'actes de violence islamiste contre des civils (833) et les groupes djihadistes progressent vers la zone des trois frontières (Mali-Burkina Faso-Niger) et vers le littoral de l'Afrique du golfe de Guinée : le Bénin a en effet connu ses premières attaques terroristes sur son territoire fin 2021, tandis qu'en Côte d'Ivoire, l'attaque de Kafolo en 2020, qui a coûté la vie à quatorze militaires ivoiriens, a fait prendre conscience de la menace terroriste aux autorités.

> « La mission des Nations unies se déroule dans des circonstances qui, vraiment, demanderaient (non) pas une force de maintien de la paix mais une force robuste d'imposition de la paix et de la lutte antiterroriste. Il faut que cette force robuste soit une force africaine, de l'Union africaine, mais avec un mandat du Conseil de sécurité sous chapitre 7 et avec un financement obligatoire. »
>
> **Antonio Guterres**, *Secrétaire général des Nations unies.*

Démocratie en recul en Afrique

Au cours de l'année 2021, cinq États africains ont renoué avec les coups d'État : Soudan, Tchad, Burkina Faso, Mali et Guinée. Après le processus de démocratisation amorcé dans les années 1990, l'Afrique serait-elle à nouveau en proie à l'instabilité politique et à l'autoritarisme, garant de la sécurité et des institutions ?

Le coup d'État, un péché originel ?

Depuis la fin de la Seconde Guerre mondiale et les guerres de décolonisation des années 1960-1970, le continent africain a connu de violents conflits. Si la structure étatique importée des métropoles coloniales a contribué à nombre de violences entre groupes ethniques en quête du pouvoir ou à des revendications d'indépendance ou de sécession de régions rattachées à des États, dont elles sont distinctes, les coups d'État ont le plus souvent été le moyen privilégié de « rectifier la trajectoire » des États au lendemain des indépendances, comme au Togo (1963), en Algérie (1965) ou au Nigeria (1966), selon le chercheur Marc-André Boisvert du Centre FrancoPaix (univ. de Montréal) en 2022. Le Burkina Faso a ainsi été gouverné par les seuls coups d'État entre son indépendance et 2015. Une seconde vague de coups s'amorce après la guerre froide, cette fois-ci afin de mettre fin à des régimes autocratiques, comme au Mali en 1991.

Une nouvelle vague ?

La démocratisation du continent n'a pourtant pas mis fin au phénomène, et la reprise récente ne se cantonne pas à cinq putschs en 2021. En réalité, depuis 2012, l'Afrique a connu quatorze coups d'État, dont la moitié en Afrique de l'Ouest (Burkina Faso en 2015 et 2022 ; Guinée-Bissau en 2012 ; Guinée en 2021) et deux au Mali en moins d'une année (2020, 2021). D'autres ont eu lieu en Égypte et en Centrafrique (2013), au Zimbabwe (2017), au Tchad (2021) et au Soudan (2019, 2021). Comment interpréter cette recrudescence des prises du pouvoir par la force sur le continent africain ?

Il faut distinguer l'Afrique de l'Ouest du Soudan et du Tchad, où les coups d'État permettent le maintien ou le retour de régimes autocratiques. Le contexte politique de l'Afrique de l'Ouest se caractérise par la poussée de groupes djihadistes qui a déstabilisé le Mali, et se propage, depuis, progressivement à la région du Sahel. Selon M. A. Boisvert, les coups d'État dans les pays sahéliens répondent avant tout à cette crise sécuritaire que les interventions internationales (Serval comme Barkhane) et nationales n'ont pas permis d'endiguer. Si les juntes se sont si aisément imposées au Mali et au Burkina Faso, c'est parce que l'armée apparaît dès lors comme la garante d'une stabilité que les politiciens par négligence et incompétence n'ont su rétablir. Les auteurs de ces coups d'État « surfent aussi sur le populisme » face à un pouvoir démocratique jugé incapable de répondre aux attentes du peuple, face à une élite corrompue, face à un ancien colonisateur qui intervient militairement et profite des ressources minières via des contrats opaques. Comme par le passé, ils considèrent qu'ils sont aptes à rétablir l'État. En réalité, ils fragilisent la démocratie sur le continent.

Une crise de la démocratie

Dans le classement établi en 2021 par l'hebdomadaire britannique *The Economist*, mesurant le niveau démocratique de 167 États, 23 des 50 États africains étudiés sont considérés comme des régimes autoritaires. Les autres États ont le plus souvent des régimes hybrides. Seuls l'Afrique australe et le Ghana faisant globalement exception. Soixante critères servent à ce classement répartis en cinq catégories : processus électoral et pluralisme ; fonctionnement du gouvernement ; participation politique ; culture politique démocratique ; libertés civiles. Premier constat, la démocratie est en recul sur le continent suivant la tendance de 2020, non seulement en raison des restrictions aux libertés individuelles, notamment induites par l'épidémie du Covid-19, mais également à la détérioration des processus électoraux et du pluralisme politique et de la culture politique. Selon le classement de *The Economist*, ce sont ces trois critères qui ont le plus baissé sur le continent, creusant le fossé avec le reste du monde. Le faible pluralisme politique et les déficiences des processus électoraux sont essentiellement dus au recul des libertés fondamentales sur le continent. La fracture démocratique entre l'Afrique subsaharienne et le reste du monde est particulièrement marquée dans des pays comme l'Érythrée, qui n'a connu aucune alternance politique depuis la création du Democracy Index en 2006, ou le Rwanda, où la présidence est entre les mains de Paul Kagamé depuis 2000. Dans ces deux États, les partis au pouvoir exercent un contrôle absolu sur tous les aspects de la vie politique.

Deuxième constat, c'est la résurgence de coups d'État en Afrique de l'Ouest qui a miné les systèmes démocratiques. Le Mali est passé en 2020 de la catégorie de régime hybride à celle de régime autoritaire après un premier coup d'État en 2020, et s'y est maintenu à la suite du second conduit par le colonel Assimi Goïta en mai 2021, tandis que le président Alpha Condé était renversé en Guinée par le colonel Mamady Doumbouya et que le Niger déjouait une tentative de coup d'État en mars. Toutefois, 14 pays africains ont augmenté leurs scores depuis le précédent classement : par exemple, la Mauritanie a quitté la catégorie des régimes autoritaires, tout comme la Zambie, grâce à une transition politique qui a conduit à l'organisation pacifique d'élections présidentielles en août 2021. Mais un seul pays africain est considéré par *The Economist* comme une « démocratie à part entière » : l'île Maurice.

« Les coups d'État ne doivent pas être des options dans des démocraties, ils sont plutôt des révélateurs de l'extrême fragilité de la société et du chemin à parcourir pour consolider la démocratie. »

Babacar Ndiaye,
analyste politique et sécurité et directeur de la recherche et des publications, think tank Wathi..

Conflits et coups d'États

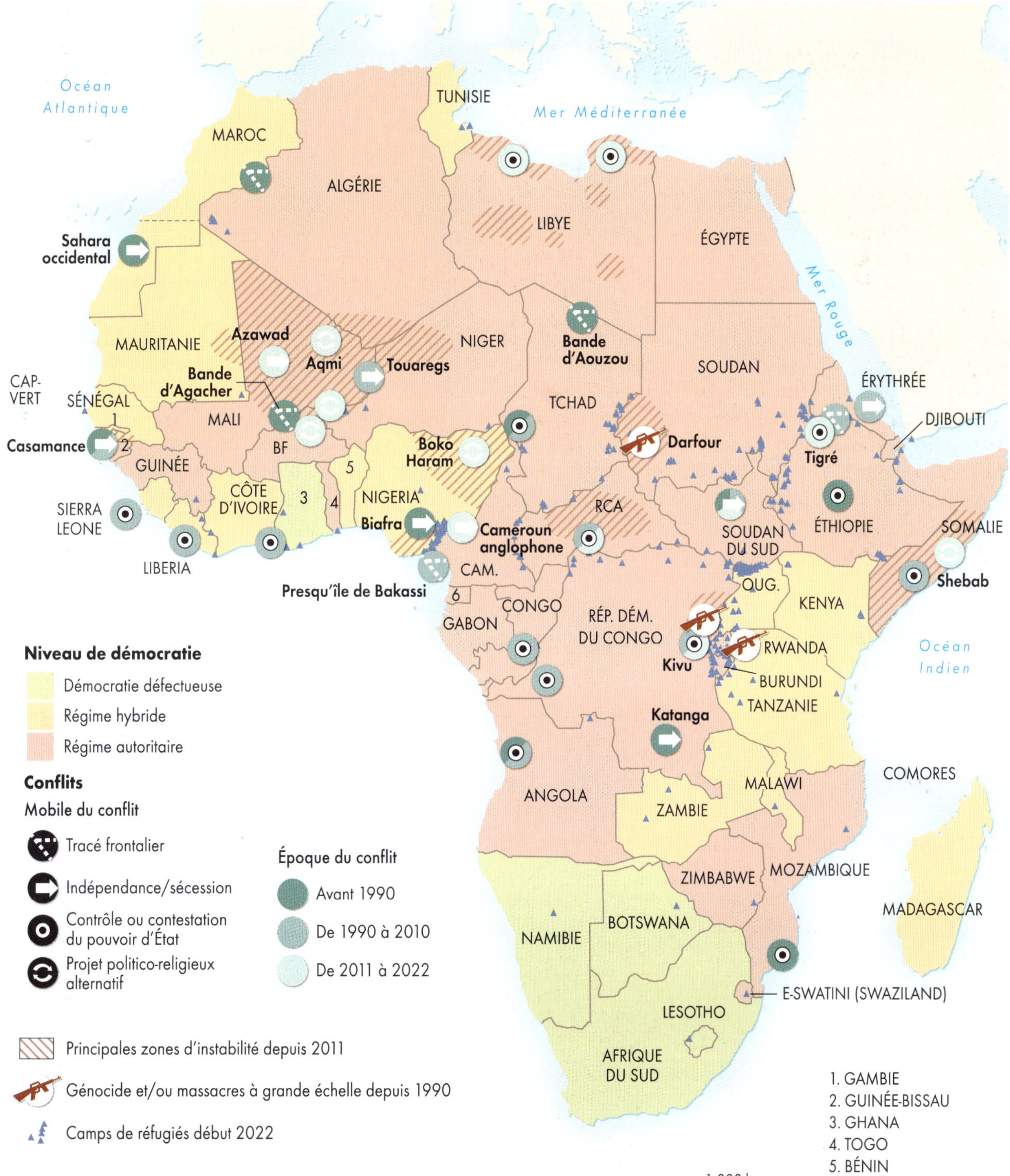

Sources : UNEP, *Africa atlas of our changing environment* ; UNHRC ; Economist Intelligence, Democracy Index 2021.

Après l'Ukraine, l'invasion de Taïwan ?

L'invasion de l'Ukraine par la Russie en février 2022 fait craindre que le même sort puisse advenir à Taïwan. L'indépendance de l'île n'est en effet pas reconnue par la Chine, qui la considère comme une province chinoise et ambitionne de la réunifier à la République populaire, si nécessaire par la force.

Petit dragon asiatique

Par sa position géographique au carrefour des mers de Chine orientale et méridionale, Taïwan a été au cœur des convoitises étrangères. Découverte par les Portugais, puis occupée par les Espagnols et les Hollandais, elle est colonisée par des Hans sous la dynastie des Ming au XVIe siècle avant d'être cédée par les Qing au Japon en 1895. Cette période apporte un embryon d'autonomie locale et une modernisation des infrastructures économiques et éducatives. Le retour à la souveraineté chinoise après 1945 ne dure que quatre ans : en 1949, l'île devient le lieu de refuge des nationalistes du Kuomindang et le siège provisoire de la République de Chine, imposant une prédominance des « Continentaux » sur les Taïwanais.

La guerre froide conduit parallèlement les États-Unis et la plupart de leurs alliés à maintenir leur soutien au gouvernement nationaliste. Taipei conserve un siège de membre permanent au conseil de sécurité de l'ONU jusqu'en 1971.

Dès son arrivée sur l'île, le pouvoir nationaliste entreprend une réforme agraire. Il développe l'agriculture et les besoins alimentaires sont rapidement couverts. Les capitaux issus du secteur primaire sont, à partir des années 1960, réinvestis dans l'industrie légère consommatrice de main-d'œuvre (agroalimentaire, textile, confection, industries du cuir, du bambou et du bois). Cette industrialisation se poursuit dans les équipements électriques et électroniques, l'informatique et les produits de communication, et les profits que les exportations dégagent sont utilisés par le gouvernement pour la création d'industries lourdes.

À partir des années 1980, les délocalisations d'industries de main-d'œuvre se multiplient vers la Chine continentale – l'île est à 130 kilomètres du Fujian –, puis l'Asie du Sud-Est. La main-d'œuvre taïwanaise est devenue chère, exigeante et trop peu abondante et l'opinion se préoccupe d'une pollution excessive. Se maintiennent

Qui reconnaît Taïwan

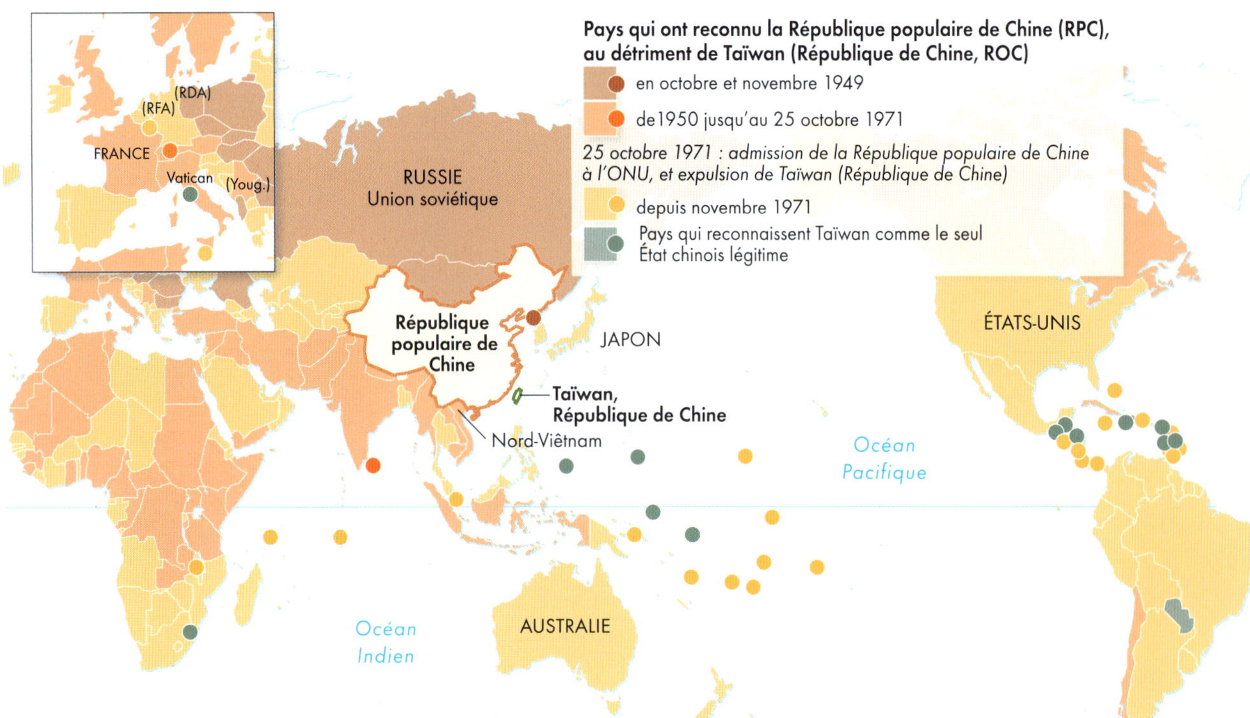

L'île de Taïwan

toutefois les industries de nouvelles technologies. Depuis les années 1990, les services dépassent le secteur industriel, avec l'objectif de développer le tertiaire supérieur, notamment grâce à la construction d'un centre régional de services pour l'Asie-Pacifique.

Le défi de l'indépendance

À partir des années 1980, l'opposition au Kuomintang se fait jour avec des candidats hors parti, dont la mouvance se constitue en parti démocrate progressiste. Ce parti, qui rejette la politique d'« une seule Chine » de Pékin, remporte les élections présidentielles, organisées depuis 1996 au suffrage universel, pour la première fois en 2000. Toutefois, entre 2008 et 2016, le parti doit céder sa place à Ma Ying-jeou, l'ancien maire de Taipei et l'ancien président du Kuomintang, qui mène une politique de rapprochement avec Pékin, autorisant ainsi des liaisons directes avec le continent et la venue de touristes chinois. Mais le nouveau président taïwanais se heurte à l'opposition d'une partie de la population à son projet d'accord commercial, visant à ouvrir une grande partie du secteur des services taïwanais aux investisseurs chinois. Lors des élections de 2016, la présidence passe à l'indépendantiste Tsai Ing-wen, contribuant à la rupture diplomatique avec Pékin et aux tensions entre les deux Chine.

Toutefois, une invasion de l'île sur le modèle de l'Ukraine semble peu probable à court terme, non seulement pour des raisons liées au calendrier politique (Xi Jinping souhaite être maintenu comme président au prochain Congrès du parti communiste, fin 2022), mais aussi pour des raisons de capacités militaires et surtout stratégiques. Contrairement à l'Ukraine, le président américain a en effet réaffirmé en octobre 2021 sa détermination à défendre Taïwan face à toute agression de Pékin.

Taïwan en chiffres

	Taïwan...	et la Chine continentale
Superficie (km²)	35 980	9 596 960
Population (millions, en 2022)	23,6	1 410,5
Natalité (en 2022)	7,4 ‰	9,9 ‰
Mortalité	7,9 ‰	7,9 ‰
Part des moins de 15 ans	12,4 %	17,3 %
Part des 15-64 ans	71,9 %	70,4 %
Part des plus de 64 ans	15,7 %	12,3 %
PIB par habitant (en dollars, en 2018 et 2020)	24 500	16 400
Secteur primaire (en % du PIB, en 2017)	1,8 %	7,9 %
Secteur secondaire	36 %	40,5 %
Secteur tertiaire	62,2 %	51,6 %
Importations (milliards de dollars, en 2019 et 2020)	308,7	2 362,7
Exportations	388,5	2 732,4

Source : CIA, The Worldfactbook, 2022.

> « L'invasion de l'Ukraine par la Russie ne présage en rien d'une attaque chinoise sur Taïwan. »
>
> **Oriana Skylar Mastro**, *professeur à l'université de Stanford, mars 2022.*

L'Amérique latine face à l'instabilité politique

En juin 2022, la Colombie a élu son premier président de gauche. Après l'élection de Gabriel Boric Font en mars 2022 à la présidence du Chili, ce tournant historique semble amorcer un nouveau cycle politique en Amérique latine, rompant avec l'autoritarisme de gauche incarné par Maduro au Venezuela et celui de droite symbolisé par Bolsonaro au Brésil, et gage d'une plus grande stabilité.

Fragile démocratie

Dans les années 2000, les alternances successives et le renforcement de contre-pouvoirs semblent enraciner les démocraties. Pourtant, les crises de gouvernabilité et la corruption continuent à miner la crédibilité de la classe politique. Sur fond de nouvelles crises, les sociétés se polarisent et les offres politiques se radicalisent.

En 2009, un coup d'État militaire chasse du pouvoir le président du Honduras, Manuel Zelaya, dont le rapprochement avec Hugo Chávez et les velléités de maintien au pouvoir ont attisé l'inquiétude des secteurs conservateurs. Sur fond d'un ralentissement économique régional, l'instabilité politique fait ensuite tache d'huile, mettant au défi les équilibres démocratiques dans la plupart des pays de la région : destitutions abusives de présidents au Paraguay (2012), au Brésil (2016) et au Pérou (2020) ; démissions sous contrainte de présidents en exercice au Guatemala (2015), au Pérou (2018) et en Bolivie (2019) ; réélections contestées de présidents au Nicaragua (2016, 2021), au Honduras (2018), au Venezuela (2018) et en Bolivie (2019).

La corruption alimente aussi l'instabilité. Au Guatemala, le président Otto Pérez Molina est destitué et arrêté pour corruption en septembre 2015, à la suite de pressions populaires inédites. Cette crise ébranle le système politique et provoque l'élection d'un outsider, l'ancien comique Jimmy Morales. Au Brésil, la presse dévoile en 2015 le détournement de plusieurs milliards de dollars de l'entreprise publique Petrobras pour financer les partis politiques et enrichir des élus. Les élites politiques et économiques sont discréditées et le mécontentement se fait entendre dans les rues. Le spectacle pathétique offert par les congressistes lors de la destitution de la présidente Dilma Rousseff en 2016 renforce la défiance envers le système politique. La satisfaction envers la démocratie tombe à 9 % en 2018 (contre 49 % en 2010).

Dérives autoritaires

Lancée en 1999, la révolution bolivarienne a été validée par les urnes à de nombreuses reprises par les Vénézuéliens. La popularité d'Hugo

Désillusions en politique

Part des personnes approuvant la phrase : « Un régime démocratique équivaut à un régime non démocratique », en %

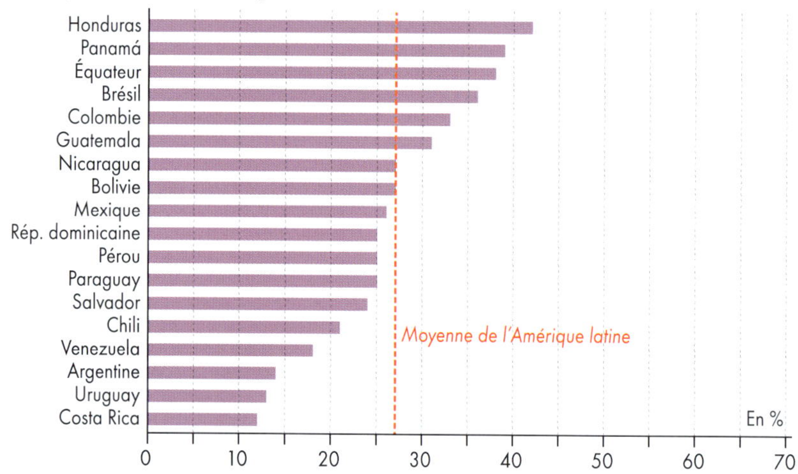

Part des personnes satisfaites par le fonctionnement de la démocratie dans leur pays, en %

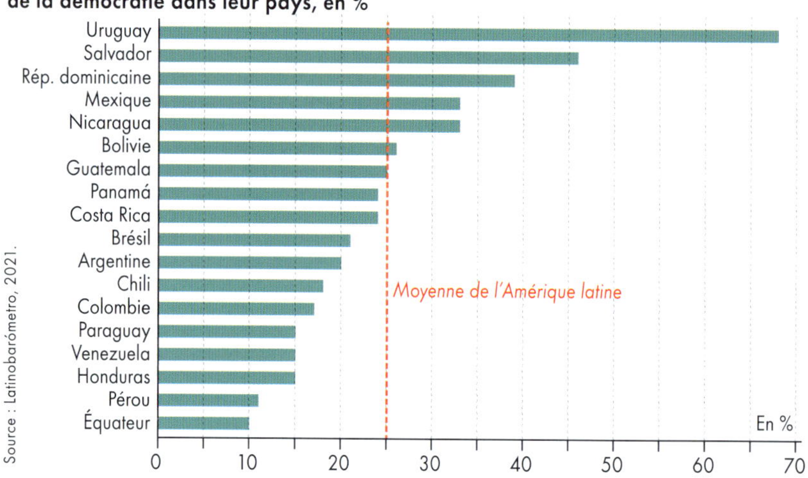

Source : Latinobarómetro, 2021.

Chávez, alimentée par le partage de la rente pétrolière, est très grande parmi les catégories populaires, longtemps oubliées de la démocratie. En 2013, le retournement de conjoncture économique et le décès de Chávez signalent une inflexion. Nicolás Maduro, son successeur désigné, se montre incapable de faire face à la crise économique, et en décembre 2015, l'opposition gagne les élections législatives. Maduro s'emploie alors à marginaliser la Chambre des députés et fait élire une Assemblée constituante omnipotente. En 2018, Maduro se fait réélire à l'occasion d'élections marquées par de nombreuses irrégularités. Alors que l'économie, soumise à des sanctions internationales, est exsangue et que le pays vit un drame humanitaire (6 millions de personnes fuient le pays), le régime tente de survivre par la répression, en s'appuyant sur son armée.

À la même période, le président nicaraguayen Daniel Ortega – au pouvoir depuis 2006 – sombre également dans l'autoritarisme. En 2018, la répression de manifestations pacifiques fait 328 morts. Aux élections de 2021, les principaux partis d'opposition sont dissous et leurs candidats emprisonnés. Au terme d'un simulacre d'élection, Ortega remporte aisément un quatrième mandat consécutif.

Après l'élection de l'ex-guérillero Gustavo Pétro en Colombie le 19 juin 2022 à la suite de Gabriel Boric au Chili, la victoire de Lula au Brésil en octobre pourrait marquer le retour de la gauche progressiste au pouvoir en Amérique latine.

27 %

En 2018, pour 27 % des Latino-Américains, cela ne fait **pas de différence que le régime politique soit démocratique ou non**.

Les instabilités politiques depuis 2000

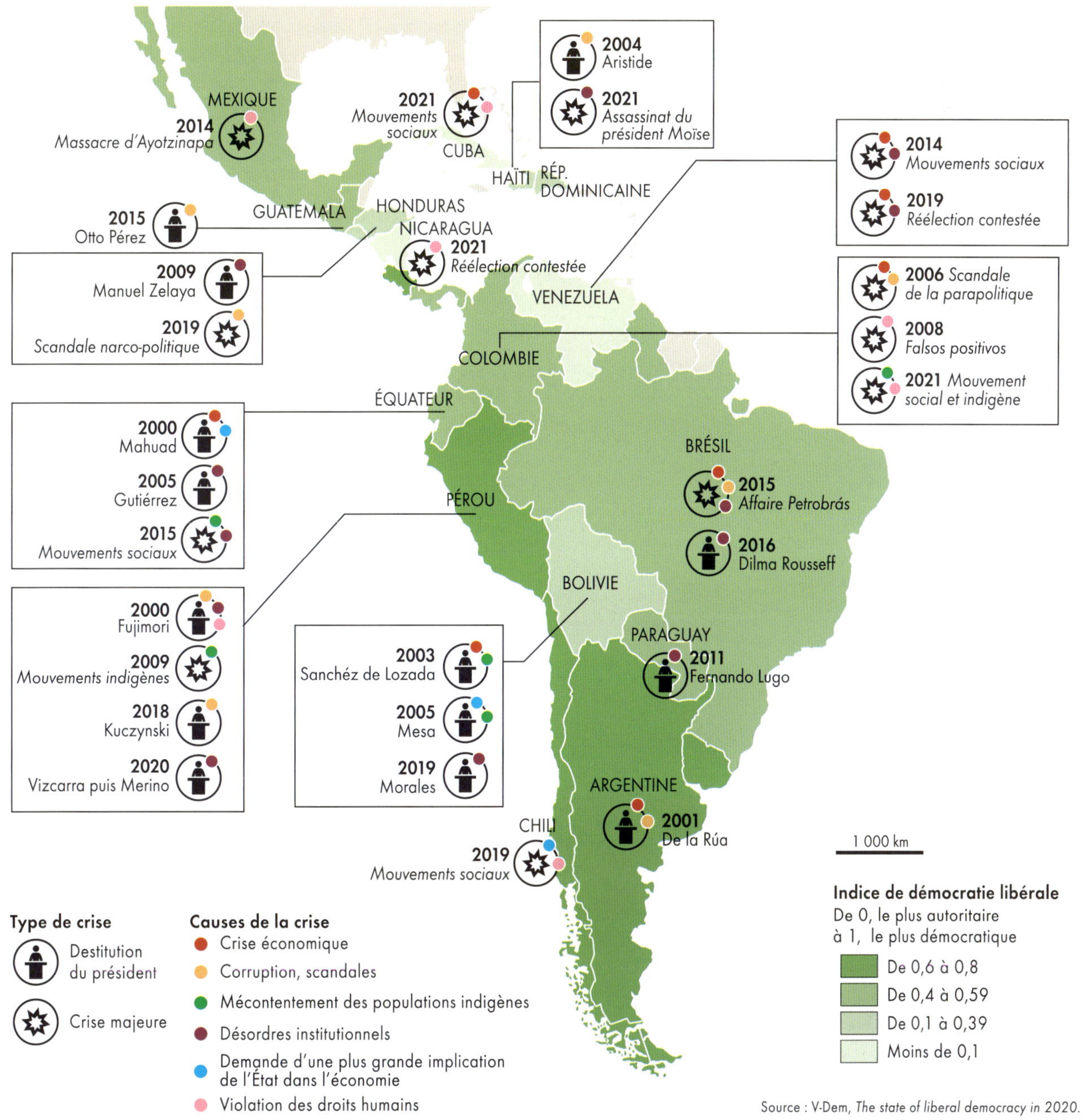

Source : V-Dem, *The state of liberal democracy in 2020.*

Des guerres pour les ressources

Si, en général, elles ne sont pas la cause principale des conflits, les ressources naturelles alimentent conflits et guerres et semblent jouer sur leur durée. Les richesses en ressources naturelles stratégiques, qu'elles soient fossiles, minières ou renouvelables (eau, terre) représentent d'ailleurs un facteur ancien de conflictualité à l'intérieur même des États.

Guerre, conflits et agriculture

À première vue, difficile de croire qu'agriculture et guerre puissent avoir une quelconque relation d'interdépendance. Or, comme l'a souligné l'historien Carl Pépin, il s'agit de deux phénomènes intimement liés, et ce, tout au long de l'histoire : raids sporadiques contre des villages fermiers, guerres entre nomades pour la possession de pâturages, sans parler du pillage de champs lors de conflits. Les réformes agraires sont sans conteste une autre cause de conflits. Si le cas brésilien est bien connu, il en est bien d'autres en Europe méditerranéenne, au Moyen-Orient, au Maghreb, en Afrique australe ou en Asie : ainsi la question agraire est à l'origine de la guerre en Afghanistan (1979-1989), ou de violences lors de la décolonisation au Vietnam ou en Corée.

L'enjeu de l'eau

Dans les régions traditionnelles d'irrigation, la concurrence pour l'eau a toujours existé. Les différends étaient réglés par des associations ou par l'État, ce qui explique l'émergence précoce dans ces contrées d'un droit à l'eau, comme en Espagne.

Aujourd'hui, parallèlement à la croissance des besoins, ces conflits se sont généralement amplifiés et voient s'opposer des groupes aux intérêts divergents – agriculteurs, industriels, gestionnaires d'équipements touristiques et responsables de la gestion des villes notamment. Certains conflits opposent des régions entières, le plus souvent les régions excédentaires aux régions déficitaires, d'autres des intervenants situés dans le même bassin hydrographique.

Les conflits internationaux sont les plus virulents. Ils découlent d'un partage politique du monde sans lien avec les bassins hydrographiques des grands fleuves qui sont pour la plupart à cheval sur plusieurs pays : 286 bassins seraient dans ce cas et cela couvre près de la moitié des terres et concerne 153 pays (ONU-Eau, 2018). Ces conflits opposent les habitants de l'amont et de l'aval ou ceux des deux rives et concernent principalement les eaux d'irrigation, la construction de barrages ou encore les pollutions ; ils portent surtout sur les volumes d'eau. En général, ces conflits sont difficiles à résoudre pour des raisons culturelles, des raisons géopolitiques ou d'inégalités entre partenaires, et faute souvent d'instances d'arbitrage reconnues. Des accords internationaux existent cependant pour 158 des 286 fleuves

Stress hydrique

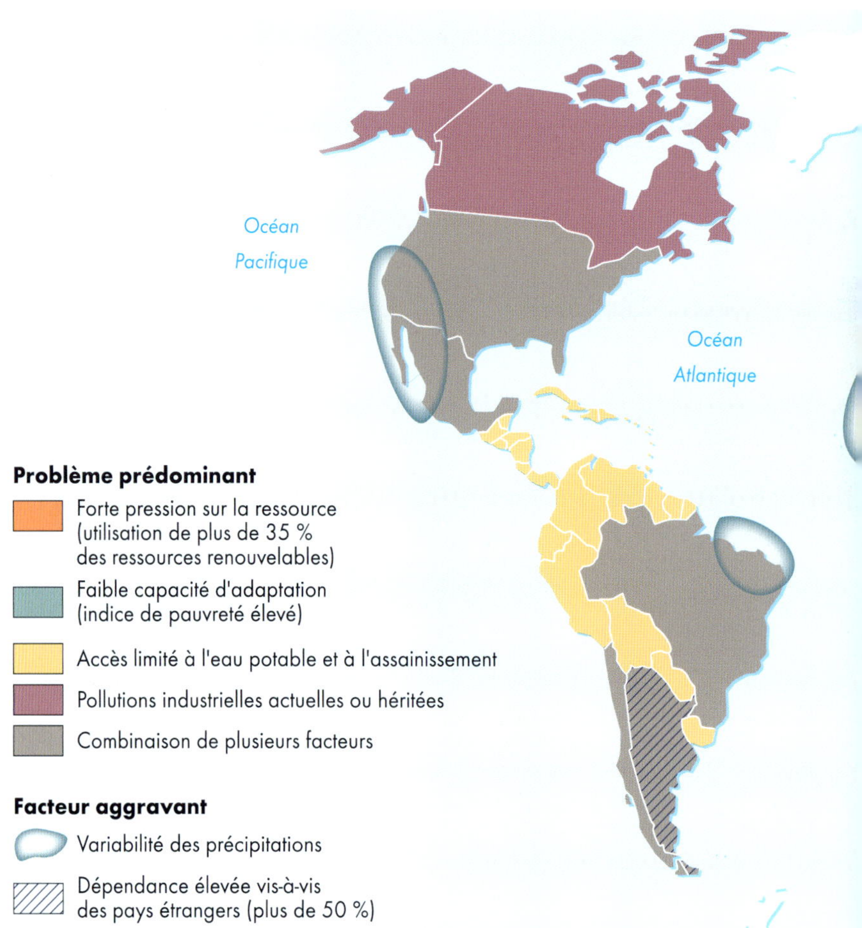

(ou lacs), principalement pour l'hydroélectricité et l'utilisation de l'eau.

Des causes multiples

Si l'explication du caractère intrinsèquement conflictuel des ressources ne fait pas l'unanimité entre les chercheurs, il apparaît indéniable que la présence de ressources naturelles (principalement de pétrole, de pierres précieuses et de cultures de drogues) augmente la probabilité de déclenchement des conflits, puis leur durée, leur intensité et influe sur leur portée géographique.

Comme l'a souligné Claske Dijkema, spécialiste de la dynamique des conflits, les interventions des gouvernements pour défendre leurs ressources constituent une première source de conflit. Il s'agit le plus souvent d'interventions dans le cadre d'accords internationaux pour sécuriser l'accès aux ressources ; c'est le cas de la France au Niger pour sécuriser l'uranium, des États- Unis et de leurs bases militaires au Moyen-Orient, ou encore de la Chine au Soudan pour assurer la protection des oléoducs qu'elle construit.

Autre cause de conflit : la violence exercée par certains États autoritaires pour opprimer les groupes d'opposition et/ou contrôler certaines régions riches en ressources ; les exemples du Kazakhstan (pétrole) ou du Zimbabwe (diamants) sont à ce titre emblématiques. Mais ce sont sans doute les violences alimentées par l'économie de guerre qui sont la manifestation la plus intense des conflits, lesquels aboutissent alors le plus souvent à des guerres civiles. On peut citer la guerre civile qui a déchiré la Sierra Leone : entre 1991 et 2002, les diamants extraits par les rebelles du Front révolutionnaire uni (RUF) étaient introduits clandestinement à Monrovia, au Liberia, où ils étaient vendus très bon marché à des marchands étrangers originaires du monde entier et dont les revenus servaient à acheter armes et munitions.

Mécanisme des conflits

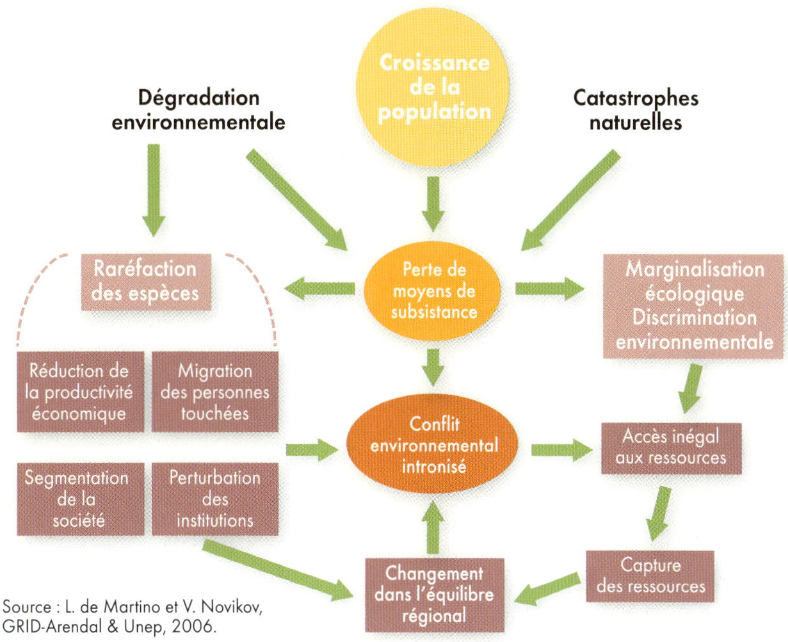

Source : L. de Martino et V. Novikov, GRID-Arendal & Unep, 2006.

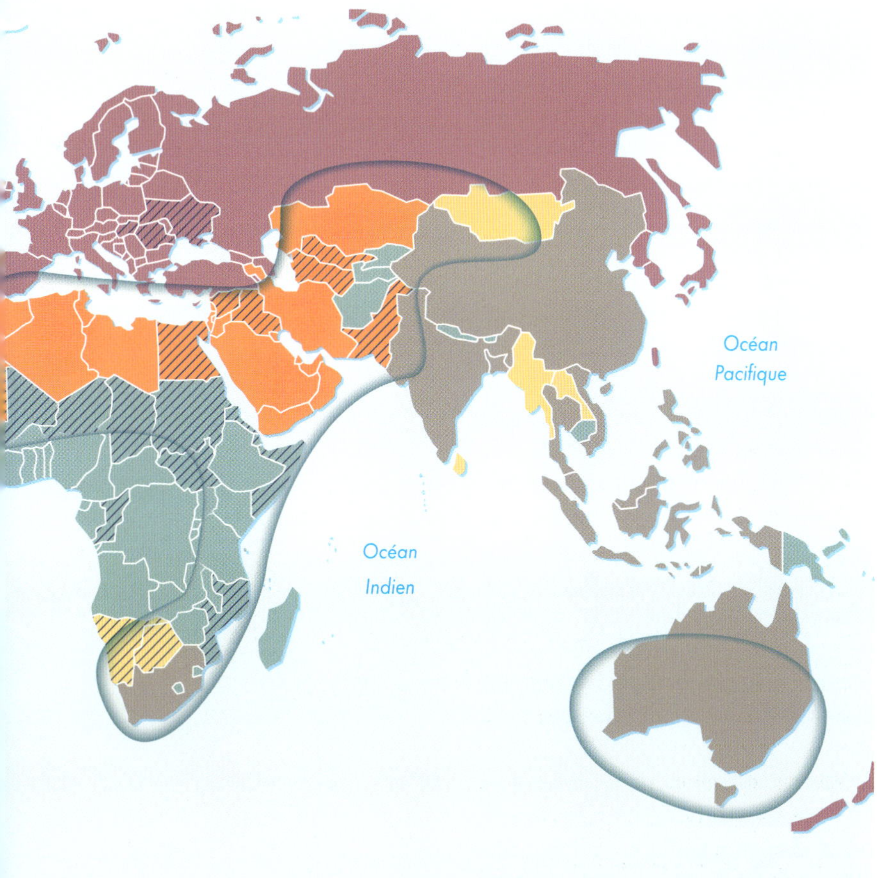

Sources : FAO Aquastat ; Lawrence, Meigh et Sullivan, 2002.

« Aujourd'hui, 60 % des 450 frontières maritimes de la planète n'ont toujours pas été délimitées. Si certains conflits concernent le pétrole comme en mer de Chine, dans d'autres cas ce sont les ressources halieutiques qui sont visées. »

Les forêts, lieux et enjeux de conflits

Espaces stratégiques permettant la dissimulation et la défense, les forêts sont partie intégrante de nombreux conflits. Leur rôle inclut également la fourniture de nombreuses denrées (bois, alimentation, ressources minières…) dont le commerce sert en bien des cas au financement des armées. Les territoires forestiers peuvent aussi constituer des foyers de contestation où s'enracinent des mouvements de guérillas.

Stratégique forêt

Les espaces forestiers possèdent souvent des caractéristiques propices à l'émergence de conflictualités : frontières, refuges, ressources, ils constituent depuis longtemps des lieux stratégiques. Les conflits directement liés à la forêt s'expliquent par leur position périphérique et leur faible intégration au territoire national qui les rend plus difficiles à contrôler. Possédant des ressources précieuses (bois, sous-sol…), les zones forestières sont convoitées. Espaces refuges où sont possibles les cultures illicites, où le couvert végétal fournit un abri aux équipements militaires, les forêts sont ainsi favorables à la présence de groupes armés. Espaces périphériques enfin où se rencontrent plus qu'ailleurs populations pauvres et groupes ethniques marginalisés ne disposant guère de droits de propriété reconnus.

Cette marginalité des territoires forestiers est davantage marquée dans les pays dits du Sud. La géographie des conflits environnementaux témoigne de l'importance des rivalités liées aux ressources forestières dans ces régions (près de la moitié des conflits), alors que la conflictualité environnementale dans les pays du Nord porte davantage sur la gestion des déchets, le tourisme, l'énergie, les zones industrielles et les infrastructures.

Des géographies différenciées

L'analyse des conflits forestiers souligne la diversité des contextes et des processus. Une étude récente distingue ainsi les conflits qui aboutissent à une augmentation de la superficie des forêts lorsque l'insécurité et la violence entraînent un exode rural important, une mainmise de groupes armés sur l'espace forestier. À l'inverse, le conflit peut ouvrir un « chemin de déforestation » consécutif au développement des cultures illicites, à l'accaparement des terres ou encore aux fumigations aériennes destinées à combattre les groupes armés.

L'intérêt porté à ces conflits est, lui aussi, très variable. La géographie de conflits telle qu'elle ressort des rapports des grandes ONG est avant tout centrée sur les pays du Sud autour du thème de la déforestation et du rôle des grandes multinationales. Les publications scientifiques insistent davantage sur les conflits « du Nord », plus proches des lieux de résidence et de travail d'une grande partie des chercheurs. Financements, médiatisation et stratégies de publication aboutissent ainsi à deux géographies bien différentes.

Un foyer de guérilla

Les territoires forestiers, mal intégrés au territoire national, constituent des foyers de contestation où s'enracinent les mouvements de guérillas. En Colombie, le développement et l'essor de la guérilla sont liés au contrôle des territoires forestiers. Régions pauvres et isolées, elles ont fourni les premières recrues des Farc dans les années 1960-1970. Le durcissement du conflit dans les années 1980 a augmenté les besoins financiers des mouvements de guérilla (culture de coca). L'internationalisation dans les années 1990 accentue les dégradations : déforestation, pollution massive, diminution de la biodiversité. Des travaux récents montrent que la dégradation des forêts s'est poursuivie, voire même accentuée, après la fin supposée des hostilités qui a conduit à un développement de l'élevage de bétail, des cultures de coca et des marchés fonciers illégaux spéculatifs.

Conflits environnementaux

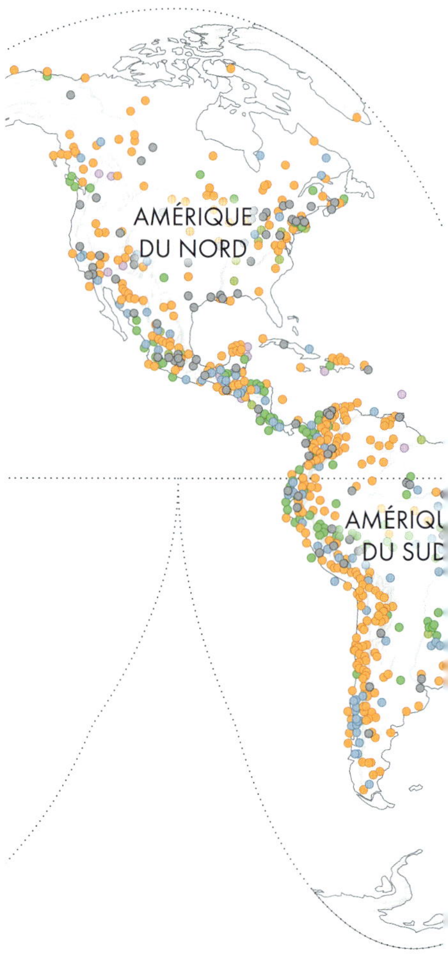

La situation en Colombie

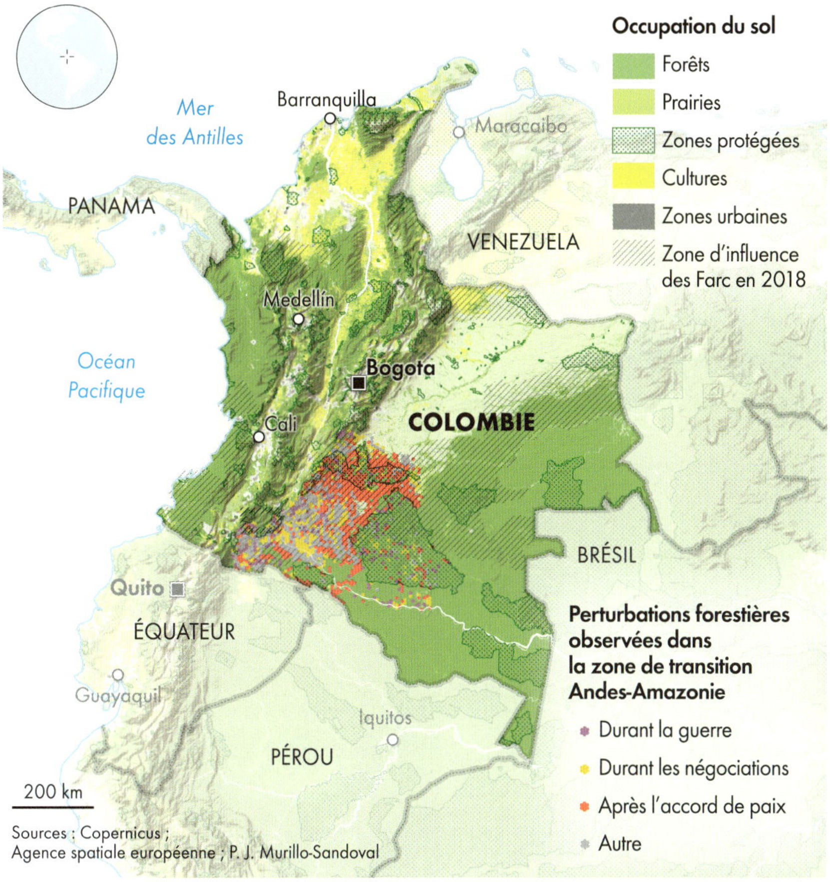

Sources : Copernicus ; Agence spatiale européenne ; P. J. Murillo-Sandoval

FORÊT-FRONTIÈRE

Ce terme désigne **les espaces boisés utilisés à dessein afin de séparer deux entités politiques** et non des espaces aux conditions naturelles défavorables au défrichement à des fins agricoles ou d'habitat.

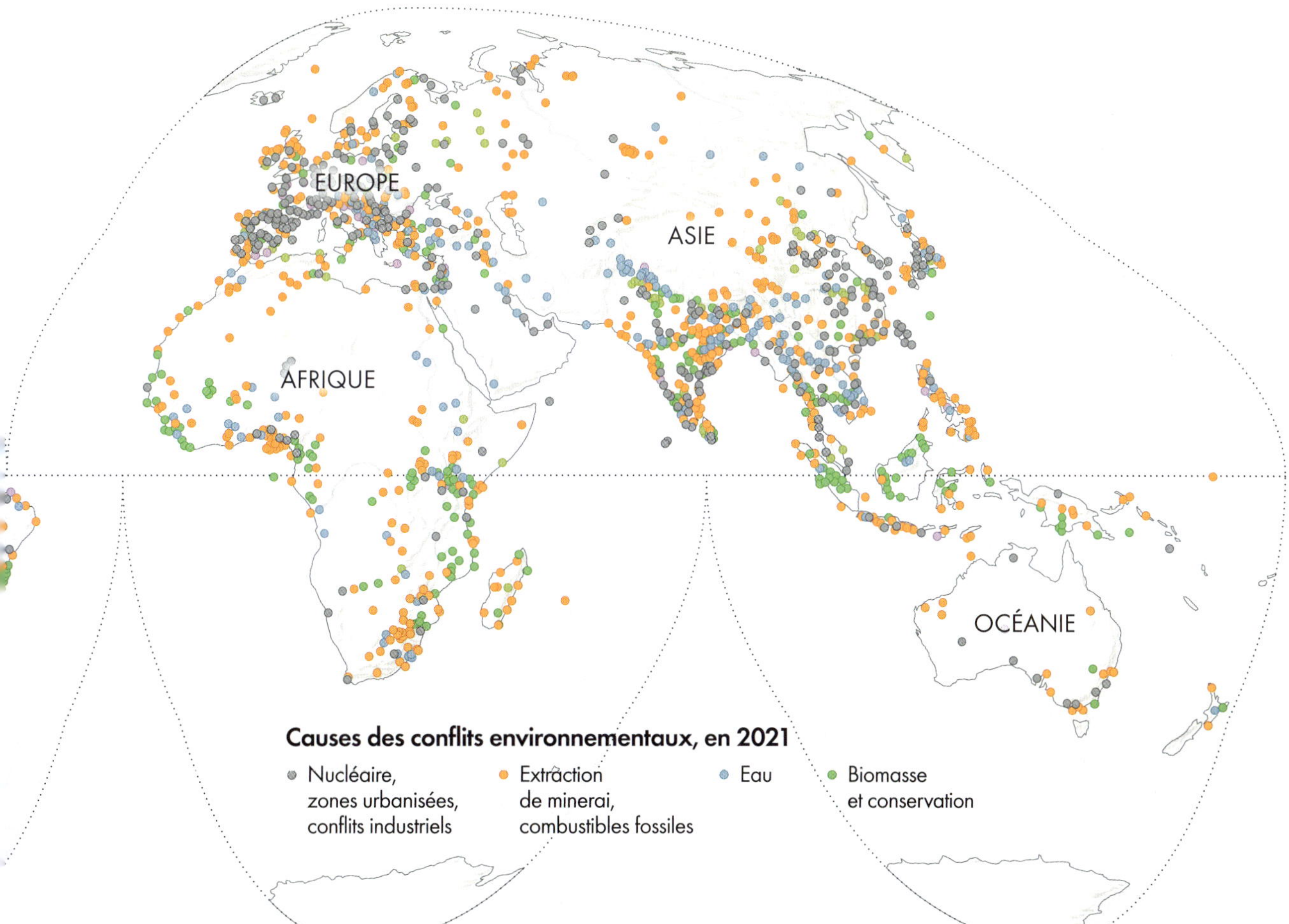

Source : EJAtlas, Atlas des conflits pour la justice environnementale.

Au Burkina Faso, un coup d'État si prévisible

Fin janvier, un coup d'État fomenté par l'armée a renversé le président Kaboré. Et pour *Le Pays*, c'est toute la stabilité institutionnelle de l'Afrique de l'Ouest qui doit être repensée.

—**Le Pays** *Ouagadougou*

Une mutinerie qui tourne au coup d'État. C'est la situation que vit le Burkina Faso au lendemain du mouvement d'humeur du 23 janvier, dans quelques casernes de la capitale et de l'intérieur du pays. En effet, dès le matin du lundi 24 janvier, plusieurs sources faisaient état de l'arrestation, par les soldats mutins, du président Kaboré ainsi que de plusieurs autres personnalités.

La confusion était telle que personne ne pouvait dire avec exactitude ce qu'il en était. Preuve que les tractations ont certainement été longues. Avec ce coup de force, c'est une nouvelle période d'interrogations qui s'ouvre pour le Pays des hommes intègres, qui ne sait pas de quoi demain sera fait. Et la question majeure qui se pose est la suivante : quels lendemains pour le Burkina Faso?

Cette question est d'autant plus fondée que ce coup de force intervient au moment où des pays comme le Mali et la Guinée, qui en ont récemment connu, sont dans le collimateur de la communauté internationale, qui continue de maintenir la pression pour un retour rapide à l'ordre constitutionnel normal.

Soit dit en passant, si ce n'est pas un pied de nez à la Cedeao (Communauté économique des États d'Afrique de l'Ouest), cela signifie à tout le moins que l'institution sous-régionale est loin de faire peur avec ce coup de force qui intervient au lendemain de lourdes sanctions prises contre le Mali. De quoi s'interroger sérieusement sur l'avenir de cette institution qui, malgré ses limites et les reproches, semble décidée à jouer son rôle de vigie de la démocratie. Qu'en sera-t-il du Burkina? C'est le *wait and see*.

Au-delà de l'émotion, les Burkinabés attendent d'en connaître davantage sur les tenants et les aboutissants de ce coup de force et les motivations réelles de ses initiateurs. Au-delà, on attend de voir l'accueil que les Burkinabés lui réserveront. Cela dit, pour de nombreux Burkinabés, ce coup de force est loin d'être étonnant. Car les conditions semblaient réunies, face à la détérioration continue de la situation sécuritaire et aux nombreuses frustrations exprimées par les populations, qui souffrent le martyre au point qu'elles ne savent plus véritablement à quelle armée se vouer.

Dans ces conditions, si les mutineries du 23 janvier devaient être la traduction de ces frustrations au sein de la grande muette, on peut comprendre que l'étau se soit resserré autour du régime du président Kaboré. À présent, il faut espérer que la situation n'expose pas le pays à de lourdes sanctions de la communauté internationale, qui pourraient peser sur les populations.

Au-delà, c'est le lieu de s'interroger sur les fondements de ces coups d'État récurrents en Afrique. Une situation qui interroge d'autant plus le système électoral que, d'Amadou Toumani Touré [président malien renversé par un coup d'État militaire en mars 2012] à Alpha Condé [président guinéen renversé par un coup d'État militaire en septembre

Il est temps, pour les Africains, de revoir de fond en comble le système électoral, pour qu'au-delà de la légalité des urnes ces chefs d'État élus aient la légitimité nécessaire qui les mette éventuellement à l'abri des coups d'État.

2021] en passant par Ibrahim Boubacar Keïta [président malien renversé par un coup d'État en août 2020], les pronunciamientos venus mettre fin à des régimes constitutionnels sont intervenus dans des contextes où ces présidents avaient été "confortablement réélus".

Si le jeu électoral est faussé à la base avec tout ce qui se dit comme achats de votes et de consciences, peut-on véritablement s'étonner de la suite ? C'est dire s'il est temps, pour les Africains, de tirer leçon des coups d'État en vue de revoir de fond en comble le système électoral, pour qu'au-delà de la légalité des urnes ces chefs d'État élus aient la légitimité nécessaire qui les mette éventuellement à l'abri des coups d'État.

C'est à ce prix que l'Afrique pourra véritablement construire une démocratie qui résiste aux coups d'État. Chose qu'aucune institution supranationale, pas même la Cedeao, ne semble pour le moment en mesure de défendre dans son espace géographique. C'est dire si un président correctement élu n'est jamais mieux défendu que par son peuple, s'il est en phase avec lui dans la gestion de la chose publique.—

Publié le 25 janvier 2022

↑ **Manifestation en soutien au coup d'État militaire et au lieutenant-colonel Paul-Henri Sandaogo Damiba, à Ouagadougou, le 25 janvier 2022.** *Photo Olympia De Maismont/AFP*

SOURCE

LE PAYS
Ouagadougou, Burkina Faso
Quotidien
lepays.bf
Fondé en octobre 1991, ce journal indépendant est rapidement devenu le titre le plus populaire du Burkina Faso. Il multiplie les éditoriaux au vitriol. Le site est minimaliste mais fonctionnel. Il n'a pas de moteur de recherche mais un système d'archives électroniques bien rodé qui permet d'accéder gratuitement aux articles.

Repères

Trois ans de transition

"Adoption de la charte : le plus dur reste à faire", titre **Le Pays** le 1er mars. Le quotidien burkinabè revient sur la *"charte constitutionnelle de la transition"*, signée la nuit précédente. Sous les acclamations et en présence du président de la transition, le lieutenant-colonel Paul-Henri Sandaogo Damiba, la période de transition avant un retour à l'ordre constitutionnel au Burkina Faso a été fixée à trente-six mois. Ces assises nationales, qui ont décidé de cette charte, ont rassemblé les *"forces vives"* du Burkina Faso. Elles comprenaient la junte, les partis du pays, des syndicats, des organisations de la société civile, de la jeunesse, des femmes et des personnes déplacées par les attaques djihadistes qui frappent le Burkina Faso depuis 2015. Ce sont elles qui devaient fixer le calendrier et les modalités de ce retour à l'ordre constitutionnel et à un pouvoir civil. D'autres dispositions institutionnelles sont prévues par la charte, indique le **Wakat Séra**. Ainsi, il a été décidé que le gouvernement de transition aura pour Premier ministre une personnalité civile. Cette charte sera *"le fil conducteur de la transition"* au Burkina Faso, après le coup d'État qui a renversé Roch Kaboré. En outre, selon **Africanews,** le président de la transition ainsi que les 25 membres de son gouvernement *"ne seront pas en lice"* pour les élections à venir. Les principales missions de la transition seront *"de lutter contre le terrorisme, restaurer l'intégrité du territoire national"* et en *"assurer la sécurité"*, et *"apporter une réponse efficace et urgente à la crise humanitaire et aux drames socio-économiques et communautaires provoqués par l'insécurité"*. Elle devra aussi *"renforcer la gouvernance et la lutte contre la corruption"*.

franceinfo:

Photographie : © saeediex / Shutterstock.
Téhéran, 9 septembre 2019. Musée militaire, Missiles offensifs des forces armées iraniennes.

Le poker menteur nucléaire de l'Iran

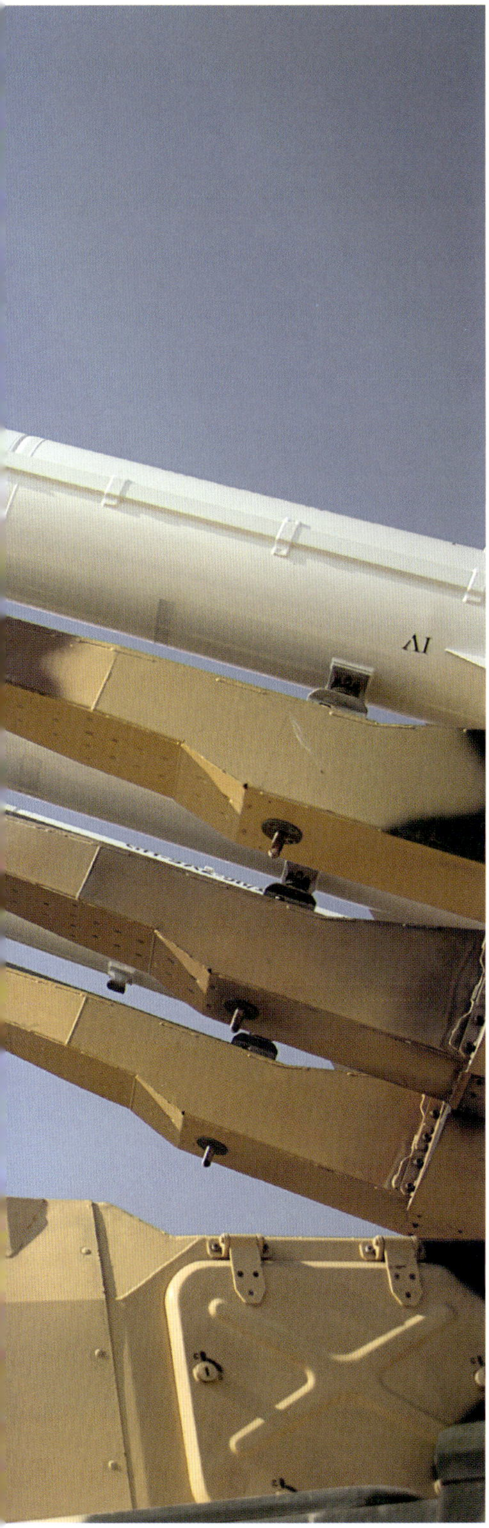

Depuis la découverte de son programme secret en 2002, l'Iran est parvenu à maîtriser les technologies d'enrichissement de l'uranium, faisant de la République islamique une puissance potentiellement nucléaire.

Depuis vingt ans, l'Iran joue au poker menteur avec les Occidentaux sur le dossier du nucléaire. Officiellement, la République islamique répète qu'elle n'entend pas développer un armement atomique mais qu'elle souhaite utiliser l'énergie nucléaire à des fins civiles.

Une posture qui n'a jamais vraiment convaincu les Occidentaux, préoccupés par un risque de prolifération au Moyen-Orient. Aujourd'hui, les ingénieurs iraniens maîtrisent la technologie des centrifugeuses (centrales de Natanz et de Fordow) et celle des réacteurs à eau lourde (centrale d'Arak). Les Gardiens de la révolution, l'armée idéologique du régime, ont aussi développé, grâce à l'aide de la Corée du Nord, des vecteurs balistiques qui pourraient emporter des charges nucléaires.

Pendant les mandats du président Ahmadinejad (2005-2013), le programme nucléaire iranien s'est accéléré. Puis l'arrivée au pouvoir d'Hassan Rouhani, un modéré, et l'engagement du président américain Barack Obama, ont débouché sur des négociations historiques.

L'accord de Vienne du 14 juillet 2015 a reconnu le droit de l'Iran à l'enrichissement, tout en bridant son programme nucléaire sur de nombreux aspects techniques, notamment par la limitation du nombre de centrifugeuses et du stock d'uranium autorisés.

Ce texte, baptisé « Plan d'action global commun » (JCPOA en anglais), a été conclu pour dix ans par l'Iran et le groupe du P5+1 (États-Unis, Russie, Chine, France, Royaume-Uni, Allemagne). Mais l'accord a du plomb dans l'aile depuis le retrait de Donald Trump de ce dispositif en mai 2018. En riposte, Téhéran s'est progressivement affranchi des limites fixées par le JCPOA.

L'administration démocrate de Joe Biden a décidé de réintégrer l'accord de Vienne. Mais entre-temps, la République islamique est devenue une puissance nucléaire du seuil, c'est-à-dire disposant des capacités techniques pour potentiellement fabriquer la bombe nucléaire.

Christian Chesnot,
grand reporter à la rédaction internationale de Radio France, spécialiste du Moyen-Orient.

Les défis de la mondialisation

Sommaire

Inégalités et pauvreté dans le monde

Aujourd'hui, si les pays pauvres représentent 80 % de la population mondiale, ils ne disposent que de 20 % des richesses, tandis que les pays riches et industrialisés (20 % de la population mondiale) en détiennent 80 %. Les inégalités restent donc criantes dans le monde, entre les États, et continuent de se creuser au sein même des pays.

Les inégalités, mesure du développement

Créé en 1990 par le Programme des Nations unies pour le développement (PNUD), l'indice de développement humain (IDH) mesure les inégalités dans le monde à partir de trois indicateurs : l'espérance de vie, le niveau d'études et le revenu, sur une échelle allant de 0 à 1 (0 étant la situation la plus difficile, et 1 la meilleure). Selon le classement 2020 (données 2019), 66 pays sur 189 États évalués appartiennent à la catégorie « développement humain très élevé » et 36 à la catégorie « développement humain faible », ils étaient respectivement 46 et 49 en 2010 (ONU), soulignant un recul global des inégalités entre individus à l'échelle de la planète, même si l'épidémie de Covid-19 a provoqué une baisse sans précédent des valeurs de l'IDH.

Depuis 2020, un nouvel outil de mesure a été créé : l'indice de développement humain ajusté aux inégalités (IHDI), qui considère la perte de développement humain due aux inégalités.

Une pauvreté multidimensionnelle

Introduit par le PNUD en 1996, l'indice de pauvreté humaine (IPH) prend en compte la santé, l'éducation et le niveau de vie pour évaluer la pauvreté, mais exclut le revenu. Pour les pays en développement, il mesure la probabilité de mourir avant 40 ans, l'analphabétisme des adultes, la part de la population sans accès à l'eau potable et la sous-alimentation chez les enfants. Pour les pays développés, il envisage la possibilité de mourir avant 60 ans, les difficultés de lecture chez les adultes, la part de la population vivant sous le seuil de pauvreté, le chômage de longue durée.

L'indice de pauvreté multidimensionnelle (IPM) proposé en 2010 par l'Oxford Poverty and Human

L'IDH dans le monde

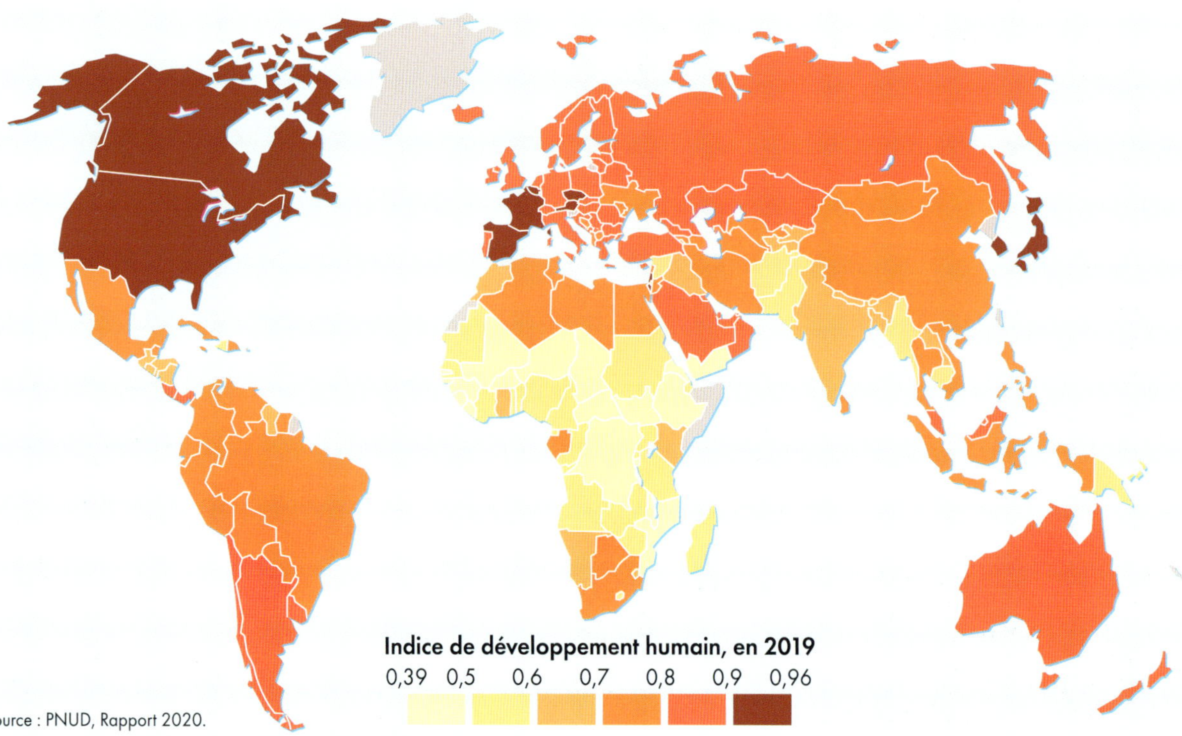

Source : PNUD, Rapport 2020.

Taux de pauvreté dans le monde

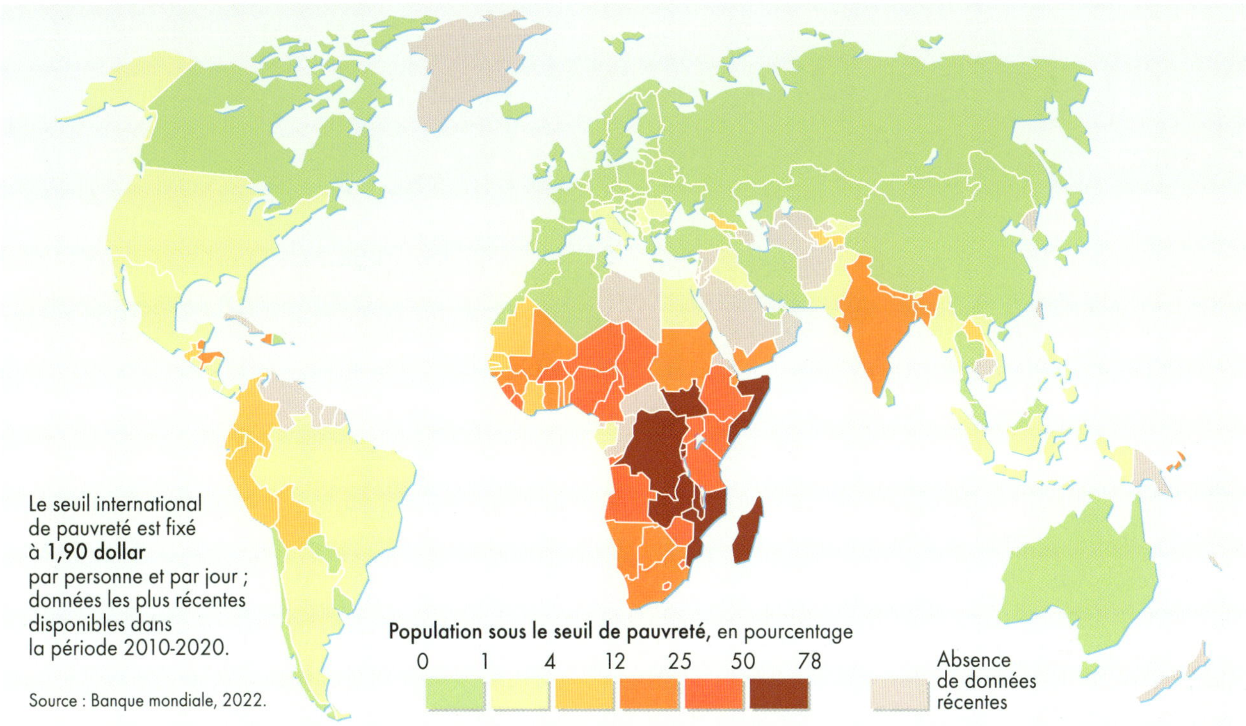

Seuils de pauvreté en Europe

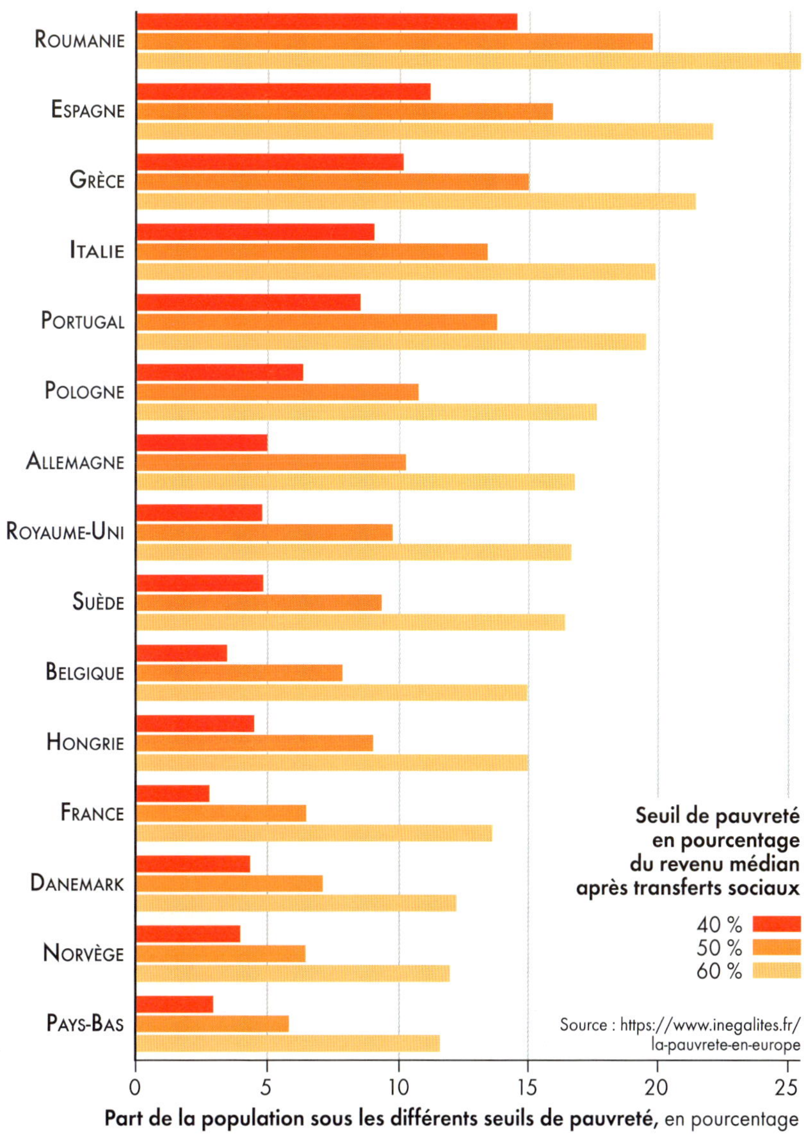

Development Initiative (OPHI) et le PNUD remplace l'IPH pour les pays en développement. Il cumule privation en matière d'éducation, de santé et de niveau de vie, nombre d'années de scolarité et taux de scolarisation, malnutrition et mortalité infantile, caractéristiques du logement et des sanitaires, accès à l'eau potable et à l'électricité, nature du combustible de cuisson, possession de matériel de transport et de communication. Il intègre les manques graves dont souffrent les individus, en ne se limitant pas aux aspects économiques. En Europe, 17 % des habitants vivent sous le seuil de pauvreté de leur pays. À l'échelle des États, le Luxembourg a un PIB par habitant sept fois supérieur à la Bulgarie. Pour mesurer la pauvreté en Europe on utilise un seuil calculé en proportion du revenu médian de chaque pays égal à 60 % du revenu médian.

LA PAUVRETÉ : DES MANQUES ?

L'IPM modifie les résultats obtenus avec l'indice « classique » :

- l'Éthiopie passe de 39 % à 90 % de pauvres ;
- le Pakistan de 23 à 51 % ;
- le Niger de 2/3 de sa population à 93 %.

Matières premières, des marchés fragilisés

Hausse des produits agricoles, pétroliers et gaziers, la guerre en Ukraine et ses conséquences rappellent que la mondialisation touche pratiquement tous les produits et tous les pays. Si l'Asie est devenue une grande importatrice de matières premières, l'embargo sur les produits énergétiques russes pourrait engendrer de nouveaux flux entre l'Amérique du Nord et l'Europe.

La croissance des échanges des produits manufacturés

Depuis trente ans, la valeur des échanges de matières premières a plus que doublé mais leur part dans le total de ces échanges s'est réduite en raison de la plus forte croissance des produits manufacturés. Comme ces échanges sont exprimés en valeurs et non en volume, ils subissent, aussi plus que ces derniers, l'impact des fluctuations des prix surtout sensibles en matière de pétrole. C'est le cas notamment pour la période 2008 à 2018, où l'on observe une diminution de la part des combustibles et des produits miniers de 22 à 19 % ; les prix des produits agricoles fluctuant moins, il est assez logique que leur part ait augmenté passant de 8 à 10 % de la valeur, en lien direct avec l'augmentation des volumes échangés. On échange plus de produits agricoles (boissons, fruits et légumes, oléagineux et huiles), mais moins de viandes, de poissons, de sucre et de céréales.

Un autre fait majeur est la multiplication des flux tant à l'import qu'à l'export traduisant la participation d'un nombre sans cesse plus grand de pays à ces échanges. En général, le poids des pays traditionnellement exportateurs diminue au profit de nouveaux pays. Ainsi de 2000 à 2018, pour les produits agricoles, la croissance la plus forte se manifeste au niveau du Brésil, de la Chine, de l'Indonésie et de l'Inde alors que la part des États-Unis et du Canada régresse et que celle de l'Europe (à 28) régresse surtout au niveau de ses échanges intra-communautaires. En ce qui concerne les combustibles et les produits miniers, ce sont les États-Unis, l'Australie et la Chine qui progressent le plus alors que la part de l'Arabie saoudite, des Émirats arabes unis et de la Norvège régresse.

Hausse des exportations des produits miniers et énergétiques

La part du minerai de fer exporté a par exemple été multipliée par 4,2, les exportations passant de 41,5 % du total de la production en 1980 à 76 % aujourd'hui. Les deux principaux exportateurs de minerai sont l'Australie et le Brésil, dont la part cumulée était 77 % en 2017, tandis que la Chine en est devenue le premier importateur (68 % des importations contre moins de 20 % en 2000). *A contrario*, Japon et Union européenne n'en représentent plus aujourd'hui que 14 % contre 80% en 1980.

Quant au gaz naturel, la croissance de ses exportations est due à sa liquéfaction qui en facilite le transport depuis 1964. Sous forme de gaz naturel liquéfié (GNL), qui permet de réduire le volume original d'environ 600 fois, il est possible de le transporter par voie maritime sur de longues distances (2 000 km et plus). Cela impose des chaînes d'approvisionnement incluant les puits producteurs, des réseaux de gaz brut, les usines de traitement de ce gaz, les usines de liquéfaction, les terminaux de chargement des méthaniers (bateaux qui transportent le GNL), les terminaux d'importation et de stockage, les usines de regazéification et de réinjection dans le réseau. Une

Exportations de fer

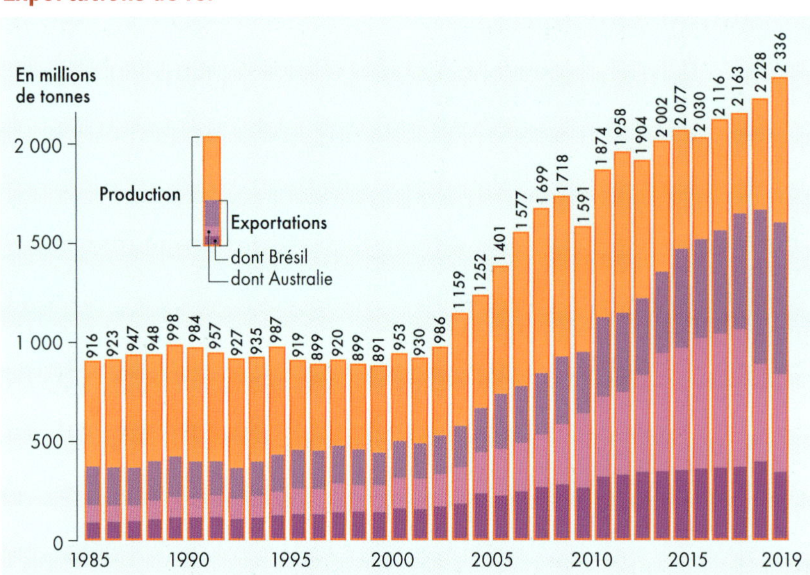

Source : Worldsteel Association, *Steel Statistical Yearbook*, annuel.

Grands exportateurs de matières premières

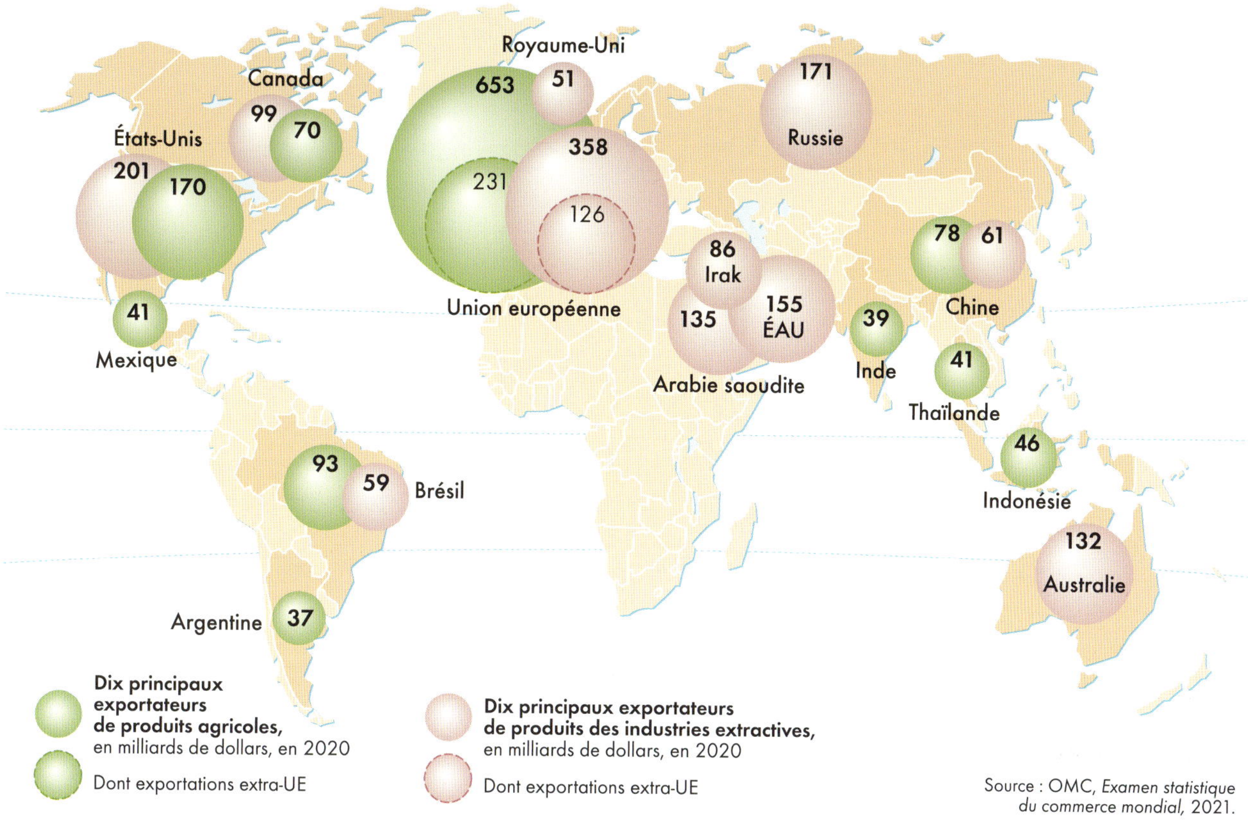

Source : OMC, *Examen statistique du commerce mondial*, 2021.

tonne de GNL correspond à 1 380 m^3 de gaz naturel à l'état gazeux. En 2018, l'Asie a conforté sa position de première région importatrice avec une part de 76 % des importations mondiales de GNL : le Japon est toujours le premier pays importateur (26 %), suivie par la Chine qui a doublé en deux ans ses importations suite à sa politique de substitution du charbon par le gaz pour des raisons environnementales.

En raison de la guerre en Ukraine, l'Union européenne (UE) cherche aussi à substituer sa dépendance au gaz russe qui représente 46,9 % de ses importations, en se tournant vers les États-Unis, premier producteur mondial. L'importation de GNL américain rend nécessaire la construction de terminaux méthaniers et de regazéification. Or l'UE n'en dispose en 2022 que de 15. L'Allemagne s'est lancée en mars 2022 dans la construction d'un premier terminal à Brunsbüttel. Le gouvernement italien envisage une alternative plus rapide face à l'urgence : l'utilisation d'une unité flottante de regazéification, qui permet de se passer d'un terminal terrestre et d'attendre la mise en service d'un 4e terminal dans le sud de la Sicile, un projet de construction relancé dans le contexte de la guerre en Ukraine, mais dont la mise en service ne pourra avoir lieu que dans trois ans. La France pourrait également avoir recours à une unité flottante au Havre.

Une mondialisation contestée : celle des graines

Aujourd'hui la majeure partie des cultures repose sur l'utilisation de graines « brevetées » (protégées par un certificat d'obtention végétale – COV) par des semenciers, tel Monsanto : l'agriculteur qui les achète paie une forme de « royalties » inclues dans le prix et qui revient au semencier. Ces graines répondent aux contraintes de la production mondialisée et de la grande distribution : elles poussent vite, sont plus résistantes au transport et à la manipulation dans les grandes surfaces… Douze espèces végétales et cinq animales dominent ainsi le marché.

Mais cette situation est de plus en plus contestée car les espèces hybrides créées par les multinationales des semences sont pour la plupart dégénérescentes à la 2e génération, d'où la nécessité de les renouveler très régulièrement, et donc de payer pour en avoir de nouvelles. En outre, ces espèces qui nécessitent engrais et irrigation, recèlent moins de protéines, de sucres lents, de vitamines, d'huiles et d'huiles essentielles, et ont moins de saveur. La polémique porte aussi sur le fait que les petits producteurs n'ont pas le droit de commercialiser de très nombreuses espèces issues de la biodiversité. En fait, ils ont le droit de les cultiver mais pas toujours de les vendre. Depuis 2021, les agriculteurs européens bio peuvent vendre leurs propres semences.

INCONTOURNABLES TERMINAUX

- Il y aurait aujourd'hui une **quarantaine de terminaux** de liquéfaction répartis dans **20 pays** et plus de **140 terminaux de regazéification** (et installations flottantes) situés dans **42 pays** dont plus de 30 au Japon.
- **563 navires méthaniers** sont en service ; leur capacité totale est de 831 millions de m^3.

Une mondialisation de moins en moins américaine ?

Les États-Unis sont à la fois l'un des plus gros producteurs et consommateurs de biens matériels et immatériels de la planète, ce qui se traduit par une domination sur le commerce international. Cela passe par l'institutionnalisation d'accords commerciaux, afin de défendre leurs intérêts et imposer leurs règles, mais aussi affronter la concurrence de la Chine.

La Chine défie l'hégémonie américaine

Les États-Unis dominent le commerce international. En 2019, le pays se classe au premier rang mondial des exportations en valeur de produits agricoles, aéronautiques, automobiles et de circuits intégrés, ainsi que des hydrocarbures, grâce à l'explosion de l'exploitation des gaz et pétrole de schiste. À eux seuls, ils assurent 13,2 % des importations mondiales (premier rang) de marchandises en valeur en 2018 et 8,5 % des exportations, ce qui le place toutefois au 2e rang mondial derrière la Chine. De fait, la domination américaine sur l'économie mondiale ne cesse de diminuer. En effet, la Chine se classe première depuis 2015 en PIB en parité de pouvoir d'achat (PPA), qui permet la comparaison entre devises différentes : 23,3 billions de dollars, contre 19,3 pour les États-Unis (2019). La supériorité américaine demeure si l'on considère le seul PIB : 20,95 milliards de dollars contre 14,72 pour le PIB chinois en 2020. Ces chiffres traduisent le ralentissement de l'économie américaine à la suite de la crise de 2007-2008, et la montée en puissance des pays dits émergents (BRICS).

Tout au long de son mandat, Donald Trump a fait de la Chine son principal rival commercial et bouc émissaire des difficultés économiques américaines. Il en veut pour preuve la balance commerciale fortement déficitaire, aux dépens des États-Unis, entre les deux pays. La Chine est ainsi accusée de concurrence déloyale et de non-respect de la liberté d'investir. Les tensions ont abouti à une « guerre commerciale », initiée en mars 2018 par l'administration Trump, consistant en des augmentations des droits de douane et des quotas aux importations. Cette politique plébiscitée par une grande partie de l'opinion publique américaine est poursuivie par le nouveau résident de la Maison-Blanche, Joe Biden. Pourtant, la pression exercée sur la Chine apparaît limitée, au vu de sa puissance économique et de l'interdépendance entre les deux pays. Pire, cette guerre commerciale pénaliserait les consommateurs américains.

La croissance chinoise prévue en 2022 est de 5,5 %, bien en deçà des taux atteints depuis les années 1990. Mais la stratégie « zéro Covid » mise en œuvre par le président Xi Jinping pourrait entraîner un ralentissement économique, d'autant que le pays a reconfiné, au printemps 2022, plusieurs villes littorales majeures à son développement, qui contribuent à plus de 15 % de son PIB (dont Shanghai).

Échanges commerciaux de l'Alena

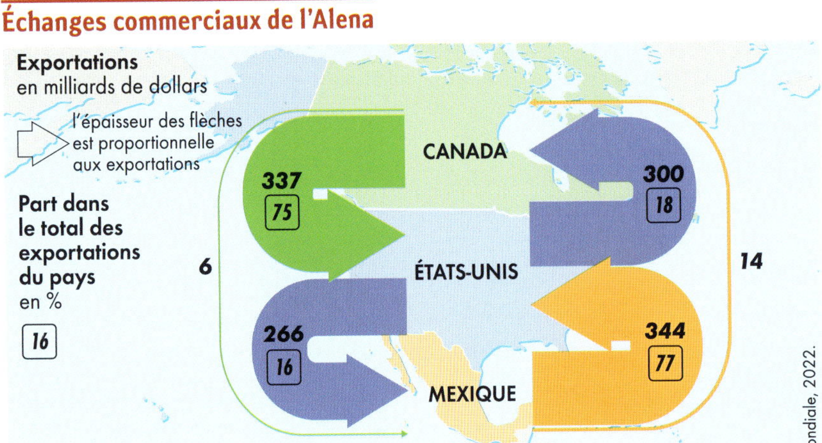

Chiffres clés (2019)	Population (en millions d'habitants)	Classement mondial	PIB (en milliards de dollars)	Classement mondial
Canada	37,6	39e	1,74	10e
États-Unis	328,2	3e	21,43	1er
Mexique	127,6	10e	1,27	15e

Source : OMC, 2019 ; Banque mondiale, 2022.

Les États-Unis champions du libre-échange

Signé en 1992 et entré en vigueur en 1994, l'accord de libre-échange nord-américain (NAFTA en anglais, TLCAN en espagnol) a créé la plus grande zone de libre-échange au monde, entre les États-Unis et ses deux voisins, le Canada et le Mexique. L'objectif était de stabiliser et d'accroître leurs relations commerciales et financières et d'aider à la création d'emplois. Pour cela, l'Alena institutionnalise un ensemble économique au sein duquel les barrières douanières sont assouplies, permettant ainsi la libre circulation des biens et services marchands, mais non des personnes. Le bilan de l'Alena fait toutefois l'objet de débats. Les échanges entre les trois pays ont sans conteste augmenté, mais sans réussir à équilibrer la balance commerciale des États-Unis, toujours déficitaire avec ses deux voisins, ce qu'a dénoncé l'administration Trump.

Ainsi, après trois ans de négociations, l'Alena a été remplacé le 1er juillet 2020 par l'accord Canada-États-Unis-Mexique (ACEUM, ou USMCA en anglais). Les modifications suivent la volonté des États-Unis de protéger des secteurs clés comme les produits laitiers et les industries automobile et textile, sans pour autant remettre en cause le principe fondateur de libre-échange.

> « Notre relation avec la Chine sera concurrentielle quand elle doit l'être, collaborative quand elle peut l'être et antagoniste quand c'est nécessaire. »
>
> **Antony Blinken**, secrétaire d'État des États-Unis.

Premiers pays exportateurs et importateurs

Principaux exportateurs et importateurs de marchandises en 2018
(en milliards de dollars)

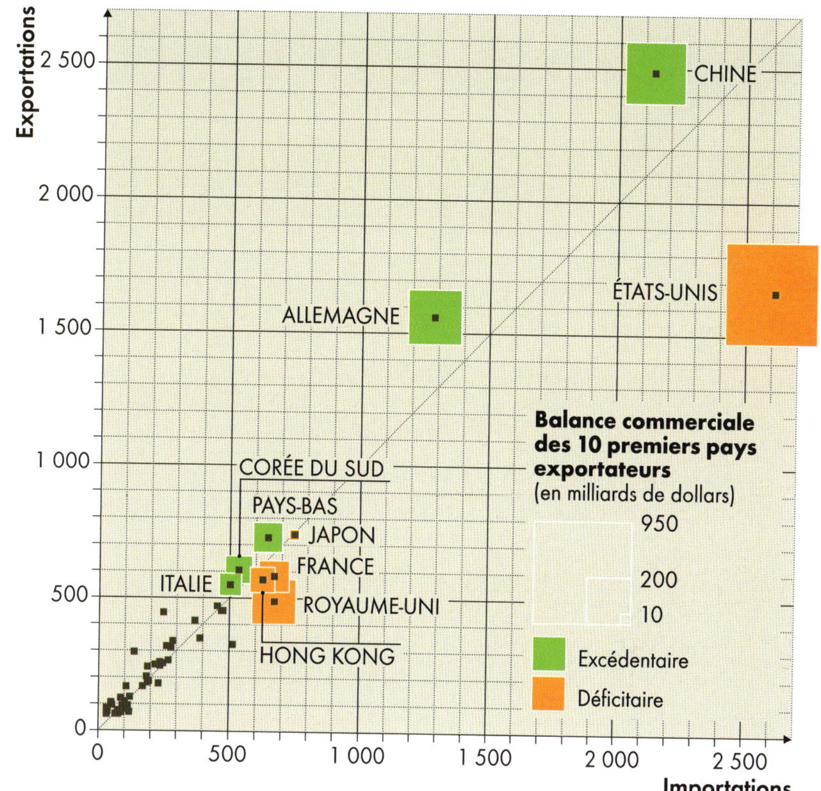

Source : *Commerce des marchandises*, OMC, 2020 (www.wto.org).

Relations commerciales Chine/États-Unis

Le PIB des cinq premières puissances économiques mondiales, 1990-2019
(en parité de pouvoir d'achat, en milliards de dollars)

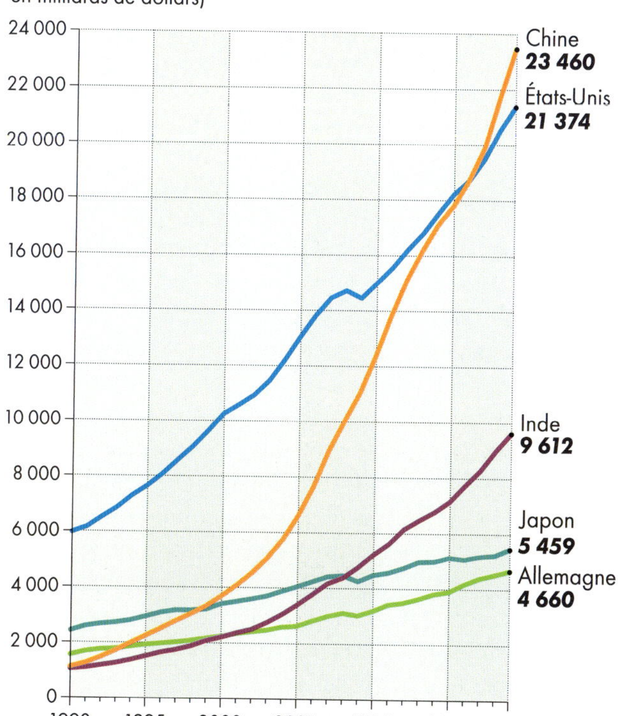

Le déficit commercial des États-Unis envers la Chine, 2000-2019 (en milliards de dollars)

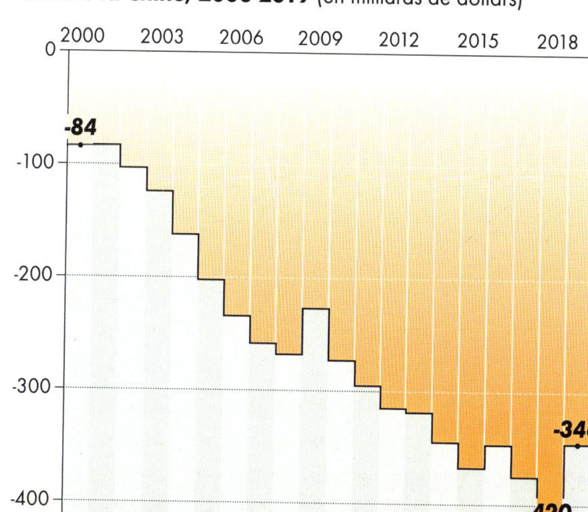

Les biens les plus échangés entre la Chine et les États-Unis
(en milliards de dollars, en 2017)

Principales importations américaines depuis la Chine

- Ordinateurs (77)
- Téléphones portables (70)
- Vêtements et chaussures (54)

Principales importations chinoises depuis les États-Unis

- Avions commerciaux (16)
- Soja (12)
- Automobiles (10)

Sources : Banque mondiale, 2020 ; *Trade in Goods with China*, U.S. Census Bureau, 2020 ; A. Gnanasagaran, « Southeast Asia: Victors of the trade war? », *The Asean Post*, 2018 (theaseanpost.com).

L'insécurité alimentaire croît avec la guerre en Ukraine

Si les famines ont aujourd'hui quasiment disparu, plus de 800 millions de personnes dans le monde continuent d'être encore sous-alimentées ou carencées, alors que la quantité d'aliments produite dans le monde est suffisante pour nourrir la planète. En déstabilisant le marché des céréales et des oléagineux, la guerre en Ukraine pourrait fragiliser les populations les plus vulnérables voire conduire à des émeutes de la faim.

Malnutrition des enfants

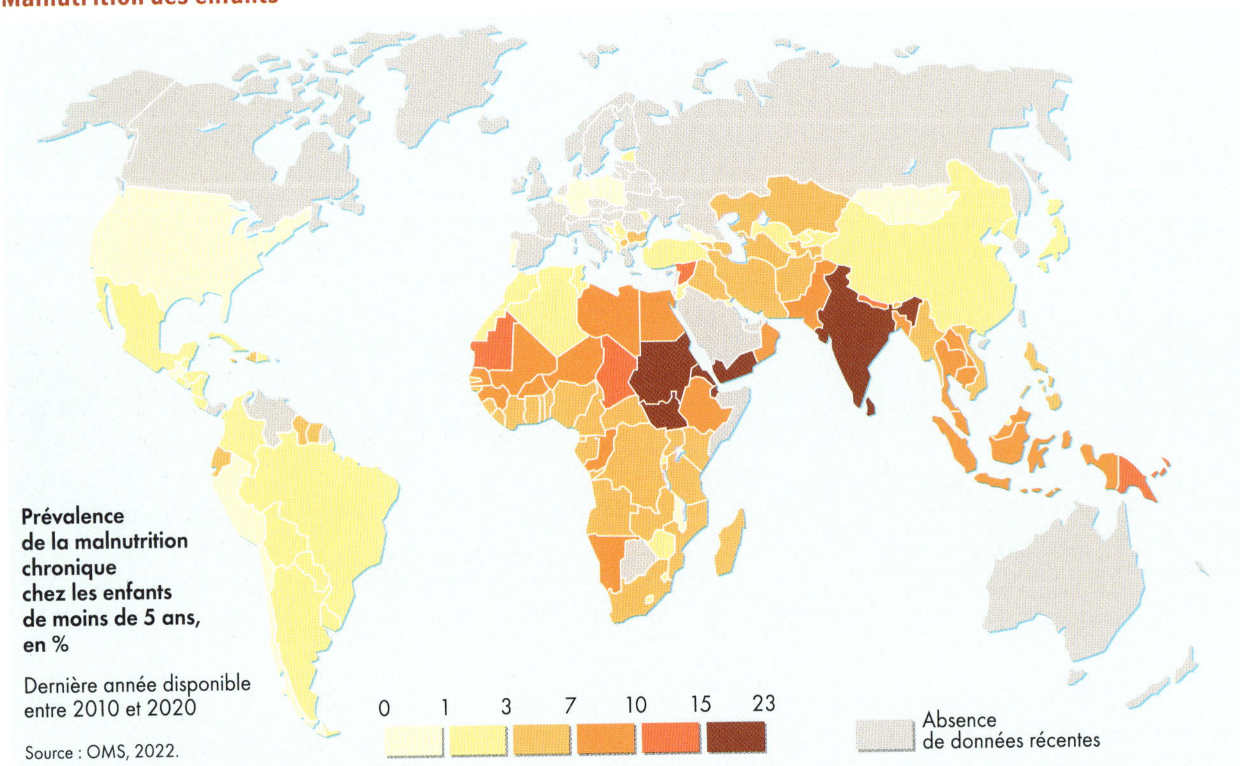

811 millions de malnutris

Entre 2007 et 2020, le nombre de personnes sous-alimentées est passé d'un milliard à 811 millions. La sous-alimentation concerne principalement les pays en développement (Afrique subsaharienne), et correspond à la « faim visible » affectant les personnes qui ne disposent pas d'assez de nourriture pour atteindre les 2 000 à 2 500 calories par jour et par personne. La faim visible doit être distinguée de la « faim invisible » liée à des déficits en minéraux et en vitamines. En 2017, on compte 156 millions d'enfants de moins de cinq ans atteints d'un retard de croissance en raison de la malnutrition et 50 millions d'enfants dont la vie est menacée par la sous-alimentation. Faims « visible » et « invisible » concernent aussi une partie de la population des pays riches, celle qui a besoin de l'aide alimentaire, dont le nombre a crû en raison de la pandémie de Covid-19, notamment chez les jeunes.

La faim, une question « sociopolitique »

Les causes de la sous-alimentation sont d'abord liées à la pauvreté et à la répartition des ressources plutôt qu'au déficit de celles-ci. La production agricole actuelle, si elle était plus équitablement répartie dans le monde et entre les individus, permettrait de satisfaire les besoins de tous. Outre la disponibilité en nourriture, il faut aussi tenir compte de l'accès à cette nourriture, que les guerres et conflits rendent souvent impossibles, ainsi que d'éventuels choix stratégiques de certains pays qui privilégient les cultures d'exportation au détriment des cultures vivrières, comme le Brésil. L'augmentation du prix des denrées alimentaires sur les marchés mondiaux (2008), liée à la politique financière de quelques grandes firmes a déclenché une « crise alimentaire », qui s'est manifestée par des émeutes de la faim, notamment en Afrique où certains pays sont très dépendants des importations. Si les pauvres n'ont pas l'argent nécessaire pour l'achat de la nourriture, l'augmentation de la production ne leur sert à rien.

En réduisant l'approvisionnement du marché en produits agricoles, en majorité du blé, la guerre en Ukraine fait peser un risque sur la stabilité des prix et pourrait entraîner des pénuries, qui toucheront en premier les populations les plus vulnérables d'Afrique. À ce risque lié à l'approvisionnement s'ajoute celui de la spéculation déjà visible sur le marché céréalier au printemps 2022, alors que les stocks ne font pas encore défaut.

La faim est donc d'abord une question sociopolitique avant d'être liée à la production agricole et à la nature. Néanmoins, elle concerne les pays où les systèmes agricoles sont très sensibles à la variabilité des précipitations et des températures, où la subsistance d'une partie de la population dépend de l'agriculture traditionnelle, elle-même très sensible au changement climatique.

Crise alimentaire au Soudan

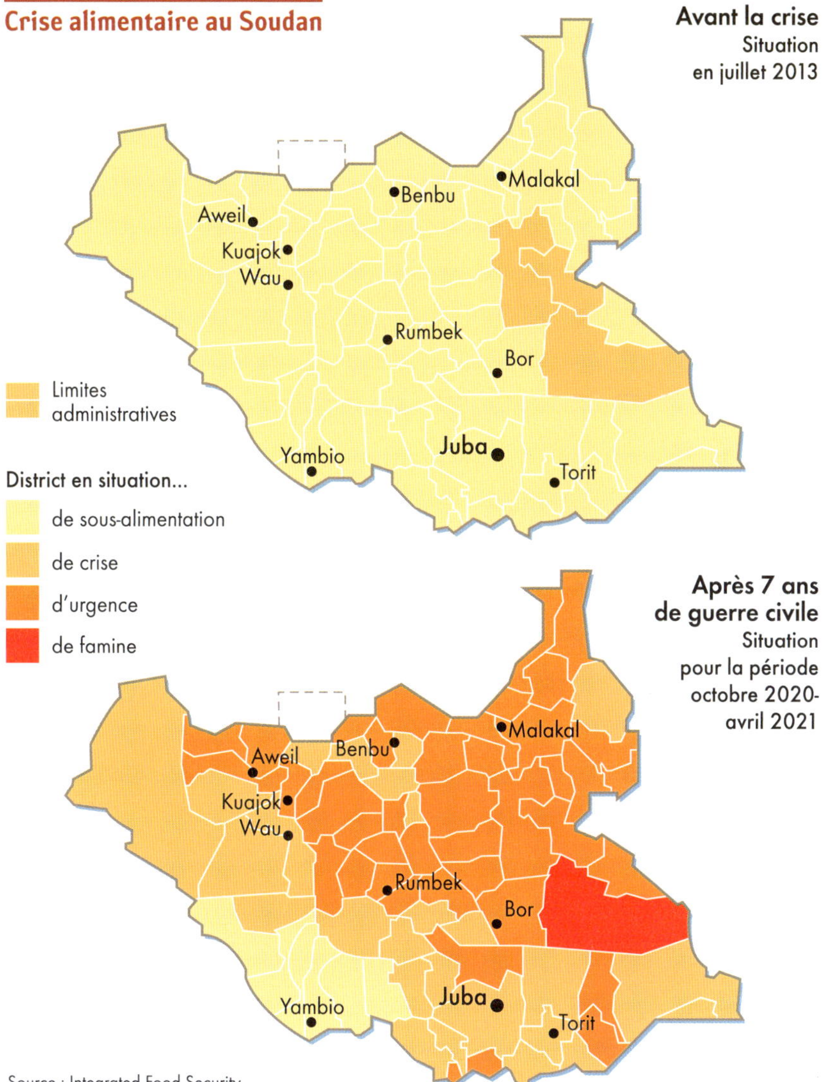

Source : Integrated Food Security Phase Classification (IPC), www.ipcinfo.org

Croissance de population et famines

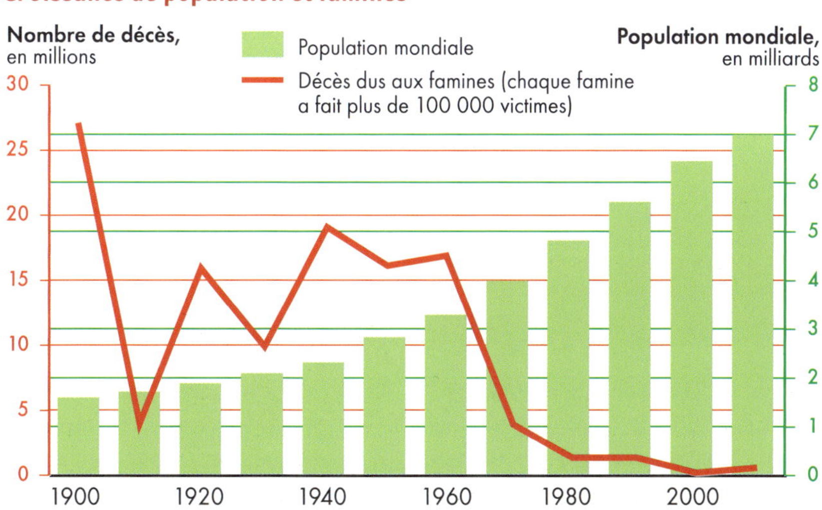

Source : World Peace Foundation, 2015.

Le « double fardeau » de la malnutrition

Si la malnutrition est responsable de carences, elle est aussi facteur d'obésité. La prévalence de l'obésité chez les adultes a régulièrement augmenté entre 1975 et 2016, et à un rythme accéléré au cours de la dernière décennie. Le taux d'obésité chez l'adulte est ainsi passé à l'échelle mondiale de 11,7 % en 2012 à 13,2 % en 2016. En 2017, près de 2 milliards d'individus seraient en surpoids ou obèses (32 % des hommes, 40 % des femmes), et 41 millions d'enfants de moins de 5 ans sont touchés par ce problème, même en Afrique où l'on compte près de 10 millions d'enfants en surcharge pondérale. L'obésité, liée à une consommation alimentaire industrielle trop riche et déséquilibrée (sucre, graisse, sel), est d'abord une maladie des pauvres, qui sévit particulièrement dans les zones urbaines des pays à revenus intermédiaires et élevés, comme les États-Unis ou l'Australie.

PRODUIRE POUR JETER ?

- Selon les données de la FAO, **931 millions de tonnes, soit 17 % des aliments produits en 2019, ont fini dans les poubelles** des ménages, des détaillants, des restaurants et des autres acteurs de l'alimentation.
- En termes d'argent, les pertes alimentaires annuelles sont estimées à **400 milliards de dollars.**

À la conquête de nouveaux espaces maritimes

La mondialisation a contribué à exacerber la volonté des hommes et des États de maîtriser et d'exploiter tous les espaces, y compris maritimes ou situés dans les autres latitudes. L'Arctique serait-il ainsi en passe de devenir un nouvel eldorado ? Et les nodules polymétalliques abondants dans les plaines abyssales pourraient-ils êtres les ressources de demain ?

Pergélisol en Arctique

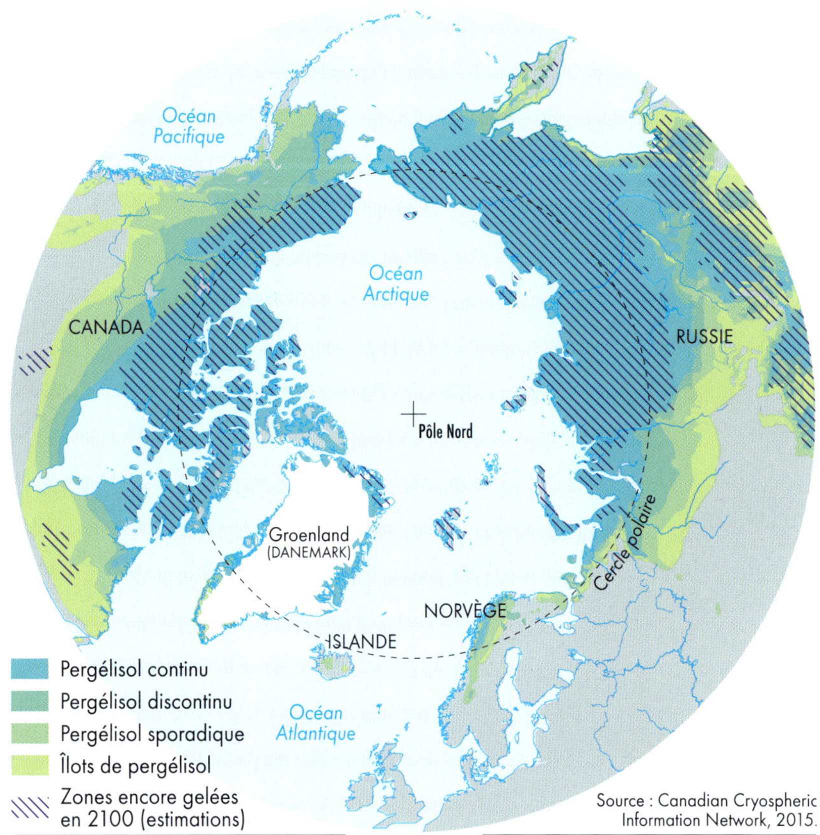

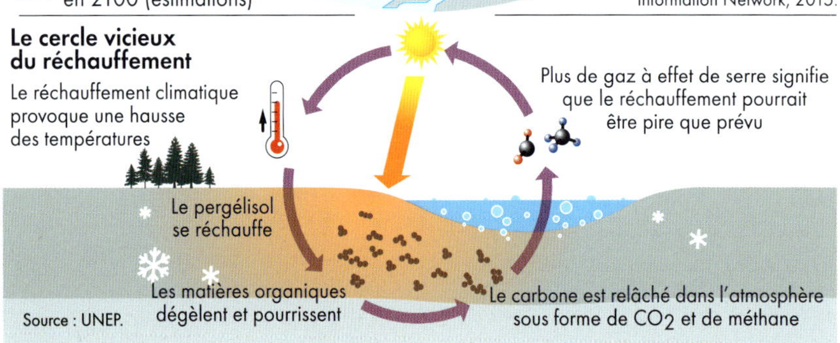

L'Arctique, un nouvel eldorado ?

Les sites miniers arctiques sont nombreux, disséminés et recèlent des minerais variés exploités parfois depuis plusieurs décennies comme en Suède (minerai de fer) ou en Sibérie (charbon, nickel, diamants…). Mais avec la fonte des glaces et l'annonce d'importantes réserves en hydrocarbures (annoncées dès 2008 par l'USGS) et en terres rares (IFRI, 2019), la région arctique attire de plus en plus, et les revendications territoriales, en particulier au niveau de la délimitation des ZEE, montent en puissance. La Russie, par exemple, plaide pour une extension d'1,2 million de km^2 de son plateau continental et des eaux associées. Les coûts sont toutefois élevés et les contraintes liées aux transports importantes. De plus, il faut compter avec les oppositions des populations et des administrations locales à des projets qui risquent de détruire l'environnement naturel et les modes de vie des populations. Ainsi, après plus de dix ans d'exploration et 56 millions d'euros d'investissements, Areva, le géant français du nucléaire, a annoncé en 2017 la mise en sommeil de son projet de mine d'uranium au Nunavut, un territoire majoritairement peuplé d'Inuits situé dans l'archipel arctique canadien. Il n'en reste pas moins que les entreprises étrangères sont nombreuses dans la région. De par leur caractère souvent international et l'importance des investissements nécessaires, elles créent de plus en plus souvent des alliances entre sociétés de plusieurs pays.

Ruée vers les fonds sous-marins

La Convention internationale des droits de la mer de 1982 a fait des gisements métalliques sous-marins (nodules polymétalliques, sulfures hydrothermaux et encroûtements cobaltifères) un « patrimoine commun de l'humanité ». Ce dernier est administré par une autorité internationale (AIFM) fixe les règles relatives aux activités d'exploration et d'exploitation. L'Union européenne et 161 autres États sont membres de l'AIFM. Aujourd'hui plusieurs pays ont obtenu des autorisations de forage dans le Pacifique – la zone appelée « Clarion-Clipperton » – et l'océan Indien, à condition de mettre à disposition des pays moins développés les résultats de leurs recherches. Toutefois, ces mesures de protection ne concernent pas les ZEE des pays comme la Papouasie-Nouvelle-Guinée qui a débuté en 2019 l'exploitation d'une mine souterraine. En général, les nodules contiennent manganèse (27 à 30 %), fer (6 %) et aluminium (3 %), et seulement quelques métaux plus intéressants comme le nickel et le cuivre (1 à 1,5 %) et le cobalt (0,25 %). Mais le Japon a annoncé en 2018 avoir découvert un gisement de terres rares composé d'yttrium (fibres optiques), europium (écrans LCD) ou dysprosium (moteurs électriques).

CLIPPERTON, NOUVEL ELDORADO

D'après la fondation Henrich-Böll (2018), dans la **zone de Clarion-Clipperton**, les réserves de **manganèse** représenteraient **7 076 Mt** (soit 1,2 fois les réserves terrestres) ; celles de **nickel 306 Mt** (1,3 fois les réserves terrestres) et la **presque totalité des réserves de thallium**, un métal proche du plomb utilisé en optique infrarouge.

Ressources de l'Arctique

Un large panel de ressources exploitées

- Forêt boréale (exploitée surtout au Canada et au nord-ouest de la Russie)
- Principales zones de pêche
- Extraction de minerais
- Gisements d'hydrocarbures exploités
- Hydroélectricité

De nouvelles opportunités

- La fonte de la banquise estivale qui facilite l'accès à certaines ressources
- Faune et flore, remontée des limites biologiques vers le nord
- Nouvelles routes maritimes, utilisables à moyen ou long terme
- Principaux espaces de prospection minière, pétrolière et gazière

Au sein d'un environnement fragile

- Écosystèmes pollués : marées noires, fuites d'oléoducs, sites très pollués ; l'exploitation fragilise les écosystèmes
- RUSSIE — Pays à l'origine d'investissements importants finançant le surcoût d'une exploitation dépendante de la conjoncture
- Principaux espaces protégés : la difficulté de ménager l'environnement arctique

Les résidents de Yeongdeungpo attendent la distribution de gel hydroalcoolique, le 16 mars 2020. *Photo Chung Sung-Jun/Getty Images* ASIAPAC/AFP

Les bidonvilles de Séoul, c'est "Squid Game"

En dépit de sa croissance spectaculaire, la Corée du Sud souffre d'inégalités vertigineuses. En plein coeur de la capitale, le bidonville Yeongdeungpo illustre parfaitement cette situation quasi irréelle.

Les films et les séries sud-coréennes connaissent à ce jour un succès fulgurant à l'étranger. À titre d'exemple, le film *Parasite*, œuvre du réalisateur Bong Joon-ho, a remporté l'Oscar du meilleur film en 2020. Quant à la série *Squid Game*, créée par Hwang Dong-hyeok, elle a été visionnée par 111 millions de personnes lors des seuls vingt-huit jours suivant le début de sa diffusion, conduisant *Forbes* à la qualifier en octobre de *"série la plus populaire de l'histoire de Netflix"*.

Ces deux œuvres ont ceci de particulier qu'elles s'articulent autour d'un des thèmes majeurs de la société sud-coréenne : les inégalités sociales. En dépit de la croissance économique spectaculaire de ces dernières décennies, le taux de pauvreté du pays s'établit à 17 %. Plus grave encore, celui

"Ils consomment des plats préparés et ont presque tous des problèmes de santé. Mais ils n'ont pas accès à des soins médicaux décents, même les hôpitaux publics placent la rentabilité avant tout le reste."

Kim Hyeong-ok
REPRÉSENTANT D'UNE ONG LOCALE

des personnes ayant plus de 65 ans culmine à 43 %, soit trois fois plus que la moyenne des pays de l'OCDE. À l'approche de l'élection présidentielle, qui doit se tenir en mars prochain, le journal japonais **Asahi Shimbun** a dépêché son correspondant dans un bidonville situé en plein cœur de la capitale Séoul, symbole des inégalités qui gangrènent la Corée du Sud.

Le bidonville en question se trouve à deux pas de la gare de Yeongdeungpo, dans le sud-ouest de la ville. Après le cessez-le-feu de la guerre de Corée, en 1953, l'endroit était surtout connu pour ses nombreuses maisons closes. "*Du fait de l'état vétuste de leurs bâtiments, celles-ci ont quitté le quartier au bout d'un certain temps pour partir dans un autre district de la ville. Des gens pauvres s'y sont ainsi installés, prenant la place que les anciens occupants avaient laissée*", explique le journaliste.

Afin de leur venir en aide, une organisation caritative a été fondée en 2001. Son représentant, Kim Hyeong-ok, 51 ans, suggère au journaliste que le quartier est "*une version de* Squid Game *en miniature, mais plus réelle que la série*".

Sur place, de vieux appartements s'agglutinent les uns contre les autres. Certains ont un toit troué, recouvert par des couvertures. "*Les Sud-Coréens appellent ce district Tchok Pang, terme désignant de petits logements inconfortables*", explique le journaliste. Dans ces bâtiments, les couloirs sont si étroits qu'une personne peut à peine circuler. Les chambres font 5 mètres carrés en moyenne, mais les plus petites se limitent à 1,7 mètre carré.

Nombre d'appartements ne sont pas dotés de sanitaires, les habitants se rendent donc aux toilettes publiques. La télévision est partout, mais "*aucun des habitants n'a les moyens de s'abonner à Netflix*", glisse ironiquement Kim, fustigeant l'immobilisme des autorités sur la question des inégalités. "*On a commencé à travailler ici il y a une vingtaine d'années, mais les choses n'ont presque pas changé depuis. C'est comme si le temps s'était arrêté ici*", poursuit-il.

La plupart des habitants dépendent du RSA, d'un montant de 800000 wons coréens (590 euros), mais ils doivent payer un loyer de quelque 200000 wons. La somme qui reste n'étant pas suffisante, ils survivent grâce aux aides des associations qui leur donnent de la nourriture et des objets du quotidien. Bien des habitants sont âgés : parmi eux, environ 400 personnes ont plus de 55 ans.

"*Ils consomment des plats préparés et ont presque tous des problèmes de santé. Cependant, ils n'ont pas accès à des soins médicaux décents, même les hôpitaux publics placent la rentabilité avant tout le reste*", déplore Kim.

Pour l'élection présidentielle qui a eu lieu en mars 2022, les candidats en lice – que ce soit Lee Jae-myung, du parti Minju (centre gauche), ou Yoon Seok-youl, de Pouvoir des nationaux (conservateur), candidat qui a remporté l'élection – ont tous mis en avant des mesures destinées à lutter contre les inégalités. Or "*il leur manque des mesures concrètes sur ce sujet, tous les deux restant flous sur la question du financement. Il n'est pas sûr que les personnes qui ont vraiment besoin de l'aide des pouvoirs publics y auront accès*", conclut le journaliste.

—Courrier international
Publié le 24 décembre 2021

SOURCE

ASAHI SHIMBUN
Tokyo, Japon
Quotidien
asahi.com

Fondé en 1879, chantre du pacifisme nippon depuis la Seconde Guerre mondiale, le "Journal du Soleil-Levant" est une véritable institution. Trois mille journalistes, répartis dans 300 bureaux nationaux et 30 à l'étranger, veillent à la récolte de l'information. Pour un intellectuel japonais, écrire dans l'*Asahi Shimbun* est une consécration. Le groupe Asahi est présent dans tous les secteurs des médias (radio, télévision, édition) et publie de nombreux journaux.

Chine

La surveillance sanitaire, révélateur des inégalités

À l'approche de l'ouverture des JO de Pékin, le 4 février 2022, les autorités chinoises ont renforcé leur stratégie "zéro-Covid". Et dans le but d'identifier tous les cas contacts, les autorités chinoises ont décidé la publication de l'historique des déplacements de certaines personnes ayant contracté le virus. Un volet de la stratégie "zéro Covid" qui a "*révélé les inégalités qui minent la société chinoise de l'intérieur*", note le journaliste du quotidien japonais **Mainichi Shimbun**. Ainsi, l'historique des déplacements d'une employée de banque, âgée d'une vingtaine d'années, a révélé la richesse de la jeunesse dorée chinoise. Première personne à avoir contracté le variant Omicron dans la ville de Pékin, elle fréquentait en semaine boutiques de luxe et restaurants haut de gamme, et salles de théâtre et stations de ski le week-end. Un contraste édifiant avec le parcours d'un ouvrier quarantenaire originaire de la province chinoise. "*Cet homme asymptomatique travaillait dans les chantiers de construction de la ville sans quasiment avoir de jours de congé depuis le début de l'année*", explique le *Mainichi Shimbun*. Un parcours qui lui a valu sur Internet le surnom de "*Chinois qui galère le plus*", selon le journal japonais. Ce contraste vertigineux entre la vie de ces deux personnes touchées par l'épidémie a été très commenté par les internautes chinois. "*Bien que vivant dans la même ville et à la même époque, ce sont des habitants de deux mondes complètement différents. C'est la réalité crue de la Chine d'aujourd'hui*", écrit, médusé, l'un d'entre eux.

franceinfo:

Photographie : © maeching chaiwongwatthana / Shutterstock

La crise comme accélérateur de transformations

Le monde d'avant ne sera jamais plus comme avant. L'euphorie d'après Covid n'a été que de courte durée. Et la période d'incertitude qui s'ouvre est propice à l'accélération de transformations nécessaires.

L'économie aime les statistiques et les modèles faciles à appliquer. Mais le contexte actuel est tellement incertain que les meilleurs économistes s'en trouvent les bras ballants et bien incapables de dire de quoi demain sera fait. Qui aurait pu imaginer qu'après la forte croissance nourrie par la consommation robuste d'après Covid s'ouvrirait une crise énergétique inédite, une inflation sans précédent depuis quarante ans et une flambée du prix des céréales telle qu'une crise alimentaire serait à craindre ? Les chaînes d'approvisionnement bien huilées d'avant la crise sanitaire semblent rouillées ; elles peinent à redémarrer comme si chacun avait revu ses priorités et arbitré en faveur d'intérêts personnels.
Cette période de fébrilité teintée de méfiance généralisée invite à la réflexion : et si le paradis perdu n'était qu'un mirage ? Et s'il était temps d'avancer à tâtons pour entamer les transformations à la fois indispensables et urgentes que le péché de procrastination empêchait d'imaginer jusqu'à présent ? Souveraineté énergétique et industrielle, création de nouvelles chaînes de valeur, investissements d'avenir et planification écologique sont sur toutes les lèvres et dans toutes les discussions. Les enjeux et les défis désormais parfaitement identifiés, il faut maintenant une sacrée dose de remise en cause, de travail collectif et de volonté politique pour les mettre en œuvre.

Isabelle Raymond,
journaliste, cheffe du service Économie & Social de franceinfo.

Retour sur dix faits marquants de la décennie

Sommaire

18 DÉCEMBRE 2010 La Tunisie s'embrase, c'est le début du « printemps arabe »

La « révolution » tunisienne a pris tout le monde de court. Personne ne s'attendait à voir tomber si rapidement le régime autoritaire du président Ben Ali, entraînant dans son sillage l'Égypte de Hosni Moubarak, puis le Yémen, la Libye et Bahreïn.

Révoltes ou mouvement social ?

Même si rien ne laissait envisager la réussite des mouvements contestataires en Tunisie puis en Égypte, un certain nombre de facteurs permettent d'en expliquer l'apparition. Il y a d'abord la situation socio-économique de ces pays aux richesses inégales mais tous marqués par la corruption. C'est par désespoir que Mohamed Bouazizi s'immole par le feu en décembre 2010, à Sidi Bouzid, ville de Tunisie intérieure marginalisée, pour protester contre la saisie de sa marchandise, sa seule ressource pour survivre. Le chômage touche alors presqu'un tiers des jeunes diplômés.

Pour les pays producteurs d'hydrocarbures tels l'Algérie ou la Libye, la redistribution de la rente pétrolière n'a pas conduit à diversifier l'économie, qui demeure très dépendante des importations, ni à réguler le marché du travail. Résultat, la hausse des prix, tout comme le chômage, touche toutes les strates de la population, et plus particulièrement les jeunes. Or, dans la grande majorité des pays arabes, ceux-ci représentent entre un et deux tiers de la population et leur accès à l'éducation ne leur assure en rien l'octroi d'un emploi. Cela explique pourquoi la jeunesse est à l'origine de la contestation, comme en témoigne l'utilisation très marquée des réseaux sociaux, tout particulièrement en Égypte, et des nouveaux médias en général, dans la diffusion de l'information. Finalement, ces mouvements contestataires ont conduit à la chute de quatre régimes autoritaires : en Tunisie et Égypte début 2011, en Libye durant l'été de la même année et au Yémen en février 2012. Ailleurs, les pouvoirs en place ont réagi par la mise en place de réformes, à l'exception de Bahreïn, où une intervention armée du Conseil de coopération du Golfe est venue mater l'opposition au pouvoir. En Syrie, la contestation a conduit à une véritable guerre civile entre les tenants du régime de Bachar el-Assad et ses opposants. La répression sanglante du régime, aidé de son allié russe, a fait plus de 511 000 victimes, conduit 6 millions de personnes sur les chemins de l'exil et 7 millions à se déplacer à l'intérieur du pays.

Un processus inachevé

Si l'année 2011 marque un véritable tournant pour le monde arabe, la portée de ce printemps arabe, baptisé en référence aux « printemps des peuples » européens de 1848, reste à nuancer. Certes, des changements politiques ont eu lieu, en Tunisie ou Égypte portés par un processus démocratique, qui a contribué à l'arrivée au pouvoir des islamistes, puis à un retour en Égypte à un régime autoritaire.

Ensuite, ce processus de contestation est loin d'être clos. En 2019, c'est au tour de l'Algérie, du Soudan, suivi du Liban et de l'Irak de contester les pouvoirs en place, avec toujours et encore en ligne de mire les inégalités sociales, la corruption et l'accaparement du pouvoir par une élite ou des militaires. Les demandes de justice sociale et de démocratie restent donc pressantes dans la jeunesse du monde arabe.

Les printemps arabes

QUESTIONS À…

Pierre Blanc, enseignant-chercheur à Sciences Po Bordeaux.

Quel bilan peut-on tirer du printemps arabe ?

Constatons d'abord que ledit printemps révèle le rejet de l'autoritarisme, de la corruption et de l'impéritie économique. Le pacte tacite passé dans les années 1950 et 1960 (progrès social et émancipation nationale contre la limitation des libertés) dans certains pays d'extraction révolutionnaire est paru épuisé en 2011 : de la Tunisie à l'Égypte en passant par la Syrie, la pauvreté et la corruption s'étaient développées et la clôture autoritaire toujours plus resserrée. Si des républiques d'origine révolutionnaire ont donc surtout basculé en 2011, quand les monarchies ont été peu affectées à l'exception du Bahreïn, d'autres considérations s'ajoutent, notamment la rente pétrolière qui a permis d'amortir le choc (des pays du Golfe à l'Algérie) ou les désamorçages politiques comme au Maroc ou en Jordanie. Ensuite, en termes de trajectoires, constatons que, dans les pays les plus engagés dans une transition politique, celle-ci a surtout débouché sur des contre-révolutions et parfois des guerres civiles.

Marque-t-il une avancée ou un recul ?

Il constitue une avancée car le monde arabe était considéré comme frappé d'une exception autoritaire. Ces mobilisations ont montré que les aspirations à la liberté étaient partagées par un grand nombre, de même que l'appétit de dignité. Quand bien même les contre-révolutions marquent un certain recul, sans parler des guerres civiles qui ont détruit beaucoup de vies, la braise de la dignité continue à couver. D'ailleurs, l'année 2019 s'est révélée comme une sorte de réplique de 2011 dans des pays (Soudan, Algérie, Irak, Liban) qui n'avaient alors pas ou peu connu de mobilisations.

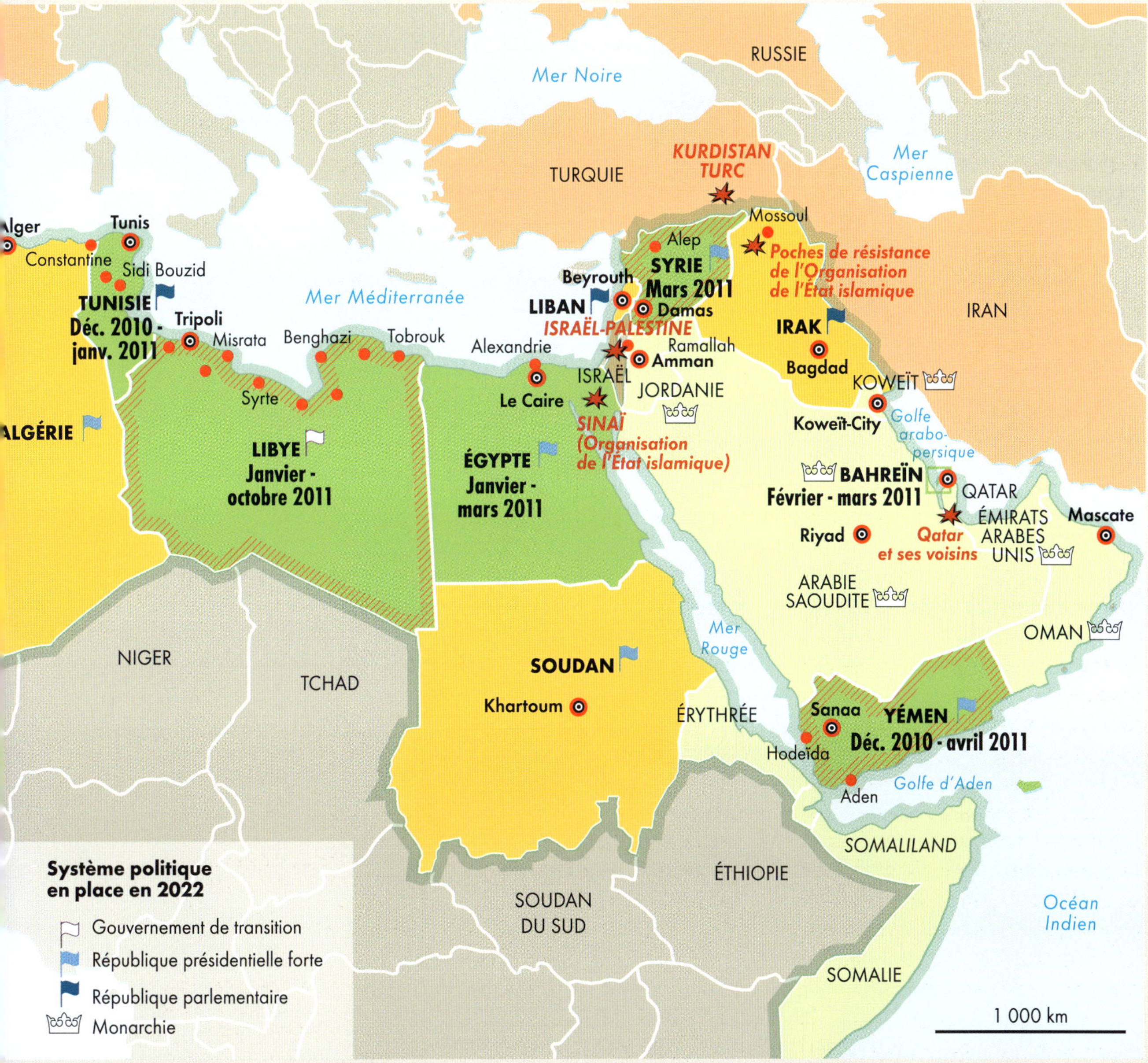

18 MARS 2014
L'annexion de la Crimée par la Russie

Avec le recul, l'annexion de la Crimée apparaît comme le premier acte de l'invasion de l'Ukraine par la Russie, lancée le 24 février 2022. Elle traduit la volonté de Moscou de conserver une sphère d'influence dans l'ex-espace soviétique, voire de recréer l'URSS.

L'étranger proche ukrainien

Alors que l'Ukraine a voté en grande majorité pour l'indépendance en 1991, la Russie voit avec regret un territoire, qu'elle considère comme son berceau et où elle dispose d'intérêts économiques et stratégiques (base de Sébastopol), s'éloigner de son giron. La création d'une Communauté des États indépendants au lendemain de l'éclatement de l'URSS, puis la définition d'un « étranger proche » comme une sphère d'influence à conserver vise à pallier la perte de l'URSS et particulièrement de ses composantes slaves (Biélorussie ou Russie blanche et l'Ukraine appelée dans l'Empire des tsars la « petite Russie »).

Malgré un accord en 1997 sur le maintien de la base Sébastopol sous souveraineté russe, les relations entre Russie et Ukraine sont émaillées de tensions, de fait proportionnelles au processus de démocratisation ukrainien qui heurte Moscou par le rapprochement qu'il induit avec l'Union européenne et l'OTAN. Ses tensions s'amplifient avec l'arrivée à la présidence russe de Vladimir Poutine en 2000 qui considère que la dissolution de l'URSS est « la plus grande catastrophe géopolitique du XXe siècle ».

De la « guerre du gaz » à l'annexion

En janvier 2006, la Russie suspend ses livraisons de gaz russe à Kiev pendant plusieurs jours après son refus de se soumettre à l'augmentation des prix exigée par la compagnie gazière Gazprom, contrôlée par l'État russe. Pour Moscou, il s'agit aussi de montrer qu'elle dispose d'une influence « certaine » ou plutôt d'un pouvoir de nuisance sur l'Ukraine. Elle condamne ainsi le processus démocratique de la « révolution orange » de décembre 2004 qui a conduit à un rapprochement de l'Ukraine avec l'Union européenne et l'OTAN, dont l'extension en 2004 et 2007 a porté l'organisation aux frontières de la Russie.

De nouveau, en 2013-2014, la Russie ne souhaite pas voir l'Ukraine se rapprocher de l'Union européenne, au détriment de la Communauté économique eurasiatique dirigée par Moscou. Les manifestations des Ukrainiens sur la place Maïdan, qui actent le choix populaire et démocratique d'un rapprochement avec Bruxelles heurtent le Kremlin. La Crimée devient alors rapidement le principal enjeu des tensions et de la crise entre Kiev et Moscou. La région est peuplée à majorité de russophones et est stratégique par la présence de la base de Sébastopol ; elle n'a été intégrée à la République soviétique d'Ukraine qu'en 1954, alors qu'elle était russe depuis le XVIIIe siècle. En février 2014, l'occupation de la Crimée par des troupes prorusses conduit à son indépendance immédiatement reconnue par Moscou, qui organise le 16 mars un référendum appelant à son rattachement ainsi que la ville de Sébastopol à la Fédération de Russie. Celui-ci est en vigueur dès le 18 mars 2014.

La Russie dans le jeu géopolitique

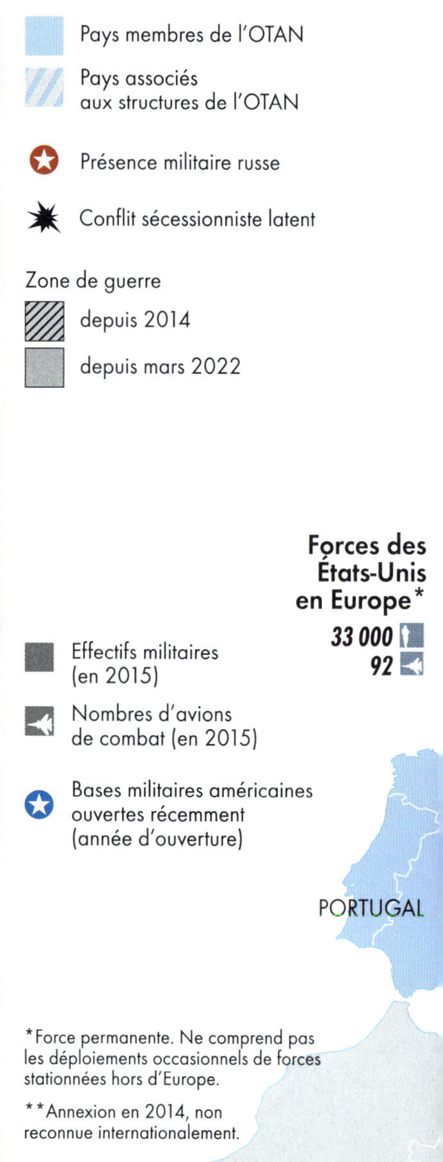

QUESTIONS À…

Adrien Nonjon, doctorant en histoire à l'Institut national des langues et civilisations orientales de Paris, chercheur au Centre de recherches Europe(s) Eurasie.

La prise de la Crimée était-elle la première étape de la guerre actuelle en Ukraine ?

Tirant bénéfice de l'instabilité post-révolutionnaire en Ukraine, l'occupation de la Crimée par la Russie en mars 2014 fut un coup d'éclat géopolitique. Au-delà des simples prétentions stratégiques de la Russie, souhaitant à tout prix éviter une « atlanticisation » de la mer Noire, cette opération a su d'abord sédimenter un discours. Depuis le milieu des années 2000, la Russie de Vladimir Poutine a opéré un virage nationaliste. Faisant de la Crimée le symbole d'une reconquête légitime labellisée sous le terme de « retour à la mère patrie », le régime russe entendait ainsi faire table rase des « erreurs historiques » ayant en 1954 et 1991 arrimé ce territoire à une région et une nation lui étant étrangères. Cette occupation a aussi permis de mettre en pratique une tactique « hybride » inédite basée sur la désinformation et l'emploi de forces armées non identifiées.

Si la Crimée cristallise depuis 2014 les tensions entre Kiev et Moscou, elle n'est pas à proprement dit le point de départ de l'invasion de 2022. Bien sûr, l'état-major russe entend profiter de la conquête du sud-est pour désenclaver la péninsule, mais c'est pourtant au Donbass que la guerre débute. Contrairement à la Crimée, le Donbass n'avait pu reproduire le même scénario et s'est engagé dans une guerre larvée, devenant ainsi l'épicentre du conflit russo-ukrainien. Face aux impasses des différents processus de paix, la Russie a donc amorcé dès le 21 février 2022, sur fond de révisionnisme et « d'anti-fascisme », un conflit direct visant à conquérir l'Est sous prétexte de le protéger.

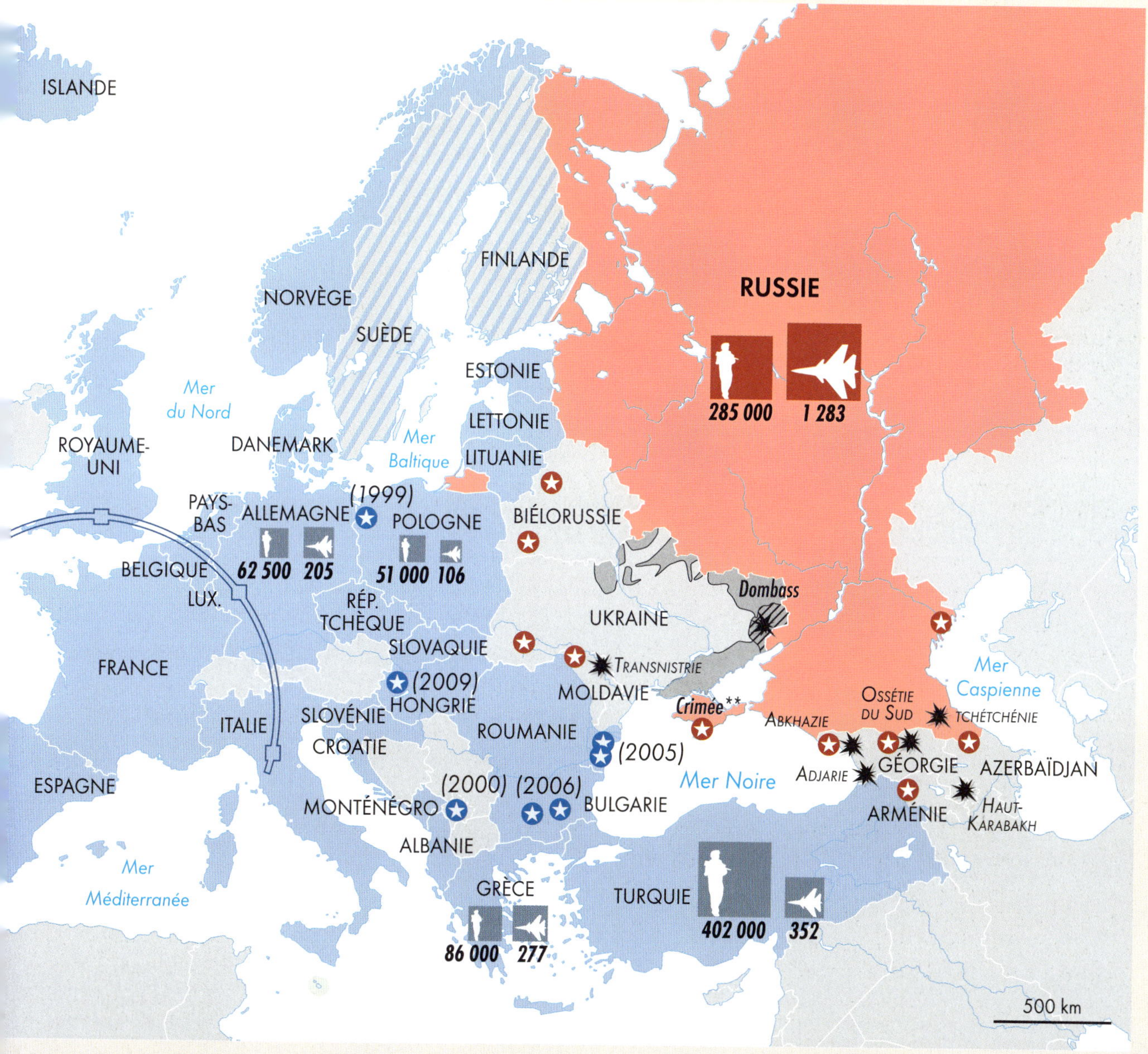

JANVIER 2015

Terreur au nom de l'Islam

Le 7 janvier 2015, le journal satirique *Charlie Hebdo* est l'objet d'un terrible attentat, tuant 12 personnes. Celui-ci est suivi le lendemain d'une fusillade à Montrouge et le 9 janvier 2015, d'une prise d'otages dans un magasin Hypercacher, porte de Vincennes à Paris. Quatre personnes sont tuées en plus des trois terroristes.

Le terrorisme djihadiste

Le terrorisme n'est pas un phénomène nouveau, mais ces attentats sont les pires qu'ait connus la France, avant ceux du 13 novembre 2015 qui font 130 victimes. Moyen de lutte politique visant par des actes de violence à créer un climat d'insécurité et à faire pression sur un État et son opinion publique, le terrorisme est depuis plus de deux décennies l'apanage du djihadisme qui cherche à déstabiliser l'Occident.

Alors que le djihad désigne littéralement un effort sur soi pour devenir

Daech : extension et réseaux

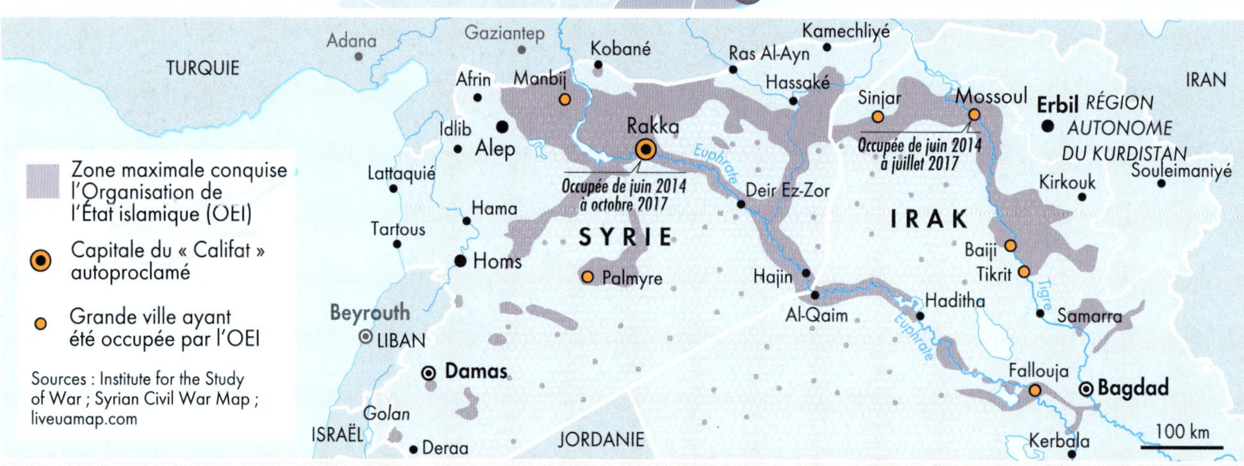

un meilleur musulman, il est instrumentalisé par des fondamentalistes, principalement salafistes, qui lancent des attentats au nom de l'islam contre ceux qu'ils jugent en être les ennemis, en raison d'une interprétation littérale et très stricte du Coran et d'un anti-occidentalisme culturel. Divers dans ses structures, le terrorisme djihadiste mêle des organisations locales engagées dans des conflits ancestraux comme les groupes islamistes armés en Algérie, des réseaux internationaux tels qu'Al-Qaida, et l'organisation État islamique (dont Daech est l'acronyme en arabe) qui a revendiqué les attentats du 13 novembre. Il est aussi perpétré par des cellules ou des individus isolés mais solidaires qui portent la guerre chez « l'ennemi lointain » c'est-à-dire l'Occident, à l'instar d'Amedy Coulibaly, radicalisé en prison et via Internet et responsable de l'un des attentats parisiens de janvier 2015.

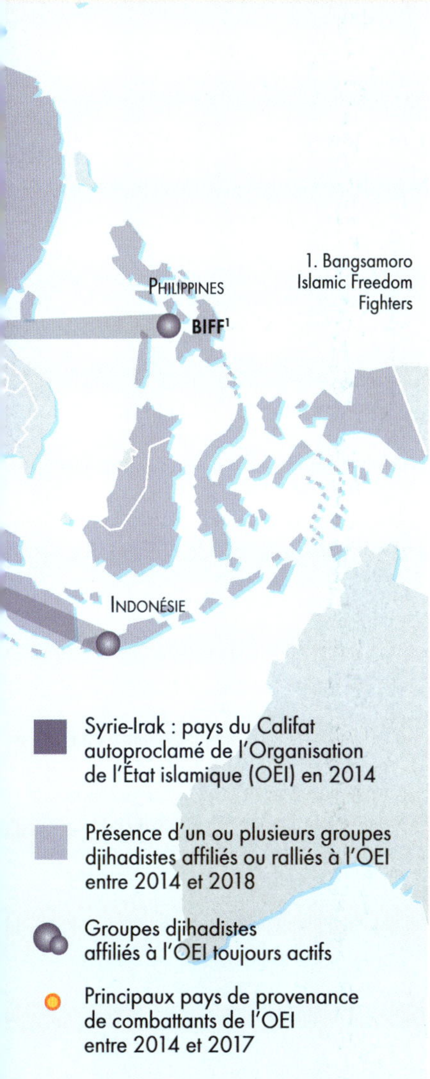

Sources : Centre d'études stratégiques de l'Afrique ; Institute for the Study of War ; France 24.

Une organisation terroriste sous forme d'État

Né en Irak en 2013, Daech profite de la guerre civile pour former une entité territoriale, « l'Etat islamique en Irak et au Levant ». À la différence d'Al-Qaida, très affaibli depuis la mort d'Oussama Ben Laden en 2011, Daech ne dépend donc d'aucune autorité souveraine, mais est maître d'un espace conquis par la force sur lequel il organise, avec une froide logique totalitaire, un maillage systématique du territoire et le contrôle d'une population, soumise à l'extrême violence de sa répression et à l'efficacité mortifère de sa propagande. Ce territoire dispose d'un exceptionnel potentiel aussi bien sur le plan géostratégique, avec une longue frontière avec la Turquie, que sur le plan économique grâce à des ressources en pétrole, de vastes espaces agricoles et des sites archéologiques d'une valeur inestimable. Il détient également de gigantesques stocks d'armes.

Tous ces éléments ont concouru à octroyer à l'État islamique une force d'attraction sans égale auprès de groupes djihadistes étrangers, qui sont nombreux à lui avoir fait allégeance. À cela s'ajoute l'impact de la proclamation du califat en 2014 par son chef, Abou Bakr Al-Baghdadi, dont la résonance symbolique a été très intense auprès de sunnites socialement en déshérence, séduits par cette utopie salafiste qu'ils croient salvatrice. L'extrême radicalité idéologique de l'État islamique fascine en effet de nombreux jeunes en quête d'absolu, au point que certains d'entre eux, venant d'autres régions du monde (notamment d'Europe), décident de s'enrôler dans ses rangs.

QUESTION À...

Pierre-Jean Luizard,

directeur de recherche émérite au CNRS (Groupe Sociétés, Religions, Laïcités, UMR 8582 CNRS/EPHE/ PSL).

L'irruption de Daech, conséquence de la faillite des États ?

L'irruption brutale de Daech au Moyen-Orient arabe a suscité un état de sidération dans le monde entier. Comment un groupe salafiste-djihadiste encore largement inconnu a-t-il pu s'emparer, sans pratiquement tirer un coup de feu, du tiers du territoire irakien, de la vallée de l'Euphrate en Syrie et menacer le Liban, jusqu'à la Libye, comme ce fut le cas au printemps 2014 ?

Le succès de ce nouvel acteur illustre la faillite d'États arabes emprisonnés dans le piège du confessionnalisme politique. La dégénérescence confessionnelle des Printemps arabes de 2011 a mis à jour le caractère irréformable de systèmes politiques dont la genèse mandataire demeure le principal point commun. Après avoir vaincu les forces ottomanes lors du premier conflit mondial, la France et la Grande-Bretagne se sont en effet réparti les provinces arabes en instrumentalisant les communautés religieuses locales, mettant fin aux espoirs d'un grand royaume arabe promis par les Alliés. En 1920 furent ainsi créés l'Irak, la Syrie et le Liban.

À l'exception du Liban, qui se voulait le refuge des minorités, les deux autres États ont été fondés contre les majorités, arabe chiite en Irak et arabe sunnite en Syrie. Le refus du mandat, se nourrissait aussi du tropisme des puissances mandataires en faveur des minorités.

Daech ne s'est pas privé d'instrumentaliser à son tour l'Histoire. Après sa défaite militaire et la chute de son califat territorialisé (2017), le principal atout de l'organisation repose sur le maintien de systèmes politiques qui empêchent toute citoyenneté commune et tout espace public. La guerre entre la Russie et l'Ukraine a été l'occasion pour Daech d'appeler à intensifier les attaques contre les pays occidentaux.

8 AVRIL 2015
La télévision « hackée »

En avril 2015, des hackers se revendiquant de Daech attaquent la chaîne de TV5 Monde. Des messages de propagande djihadiste sont diffusés à la place de ses programmes habituels. Depuis, les cyberattaques se multiplient, apparaissant comme des prolongements de la guerre économique et militaire à des fins d'espionnage, de sabotage ou de subversion.

Avec le développement du Web, il y a une trentaine d'années, est né un nouvel espace virtuel, sans frontières et sans chef, où se croisent chaque jour plus de 4,5 milliards de personnes (57 % de la population mondiale). C'est un espace de liberté, d'expression publique, utile pour véhiculer, répandre et confronter de nouvelles idées, comme l'a démontré le rôle des réseaux sociaux lors du Printemps arabe ou l'apparition d'« hacktivistes », luttant pour une cause, à l'instar du mouvement Anonymous. Toutefois, la Toile présente l'inconvénient d'être difficilement contrôlable, notamment parce qu'elle permet l'anonymat. Cette situation favorise le développement de nouvelles formes de criminalité. Il y a celle qui utilise Internet comme terrain d'action, en y diffusant des contenus racistes, pornographiques, pédophiles ou diffamatoires, visant à ridiculiser l'adversaire, le déstabiliser, comme en témoignent les campagnes présidentielles de 2016 aux États-Unis et de 2017 en France. Il s'agit également d'extorquer et d'escroquer les internautes, essentiellement par le vol de numéros de carte ou de comptes bancaires (*phishing*). Il y existe aussi une criminalité qui cible les réseaux, soit en les piratant (*hacking*) ou en attaquant les systèmes (*cracking*), soit en s'introduisant sur des sites de façon illégale pour en prendre le contrôle ou les données personnelles, quitte à exiger une rançon pour les récupérer (rançongiciel), ou les saboter à l'aide de *malwares* (logiciels espions) et *botnets* (réseau d'ordinateurs infectés et commandés à distance).

Même si aucune cyberguerre n'a encore eu lieu, on peut faire remonter la première cyberattaque à 2007, lorsque l'ensemble du réseau informatique et Internet de l'Estonie fut entièrement paralysé. Depuis, les phénomènes de ce genre se sont multipliés. Le virus informatique Stuxnet découvert en juin 2010 a, par exemple, infecté les systèmes informatiques des installations nucléaires de l'Iran, retardant, selon certains analystes, le programme nucléaire militaire de six à vingt-quatre mois. À qui profite le crime ? Aux États-Unis et à Israël qui, d'après un journaliste américain, en seraient à l'origine dans le cadre d'une opération secrète. En 2012, un virus informatique baptisé Flame, conçu à des fins d'espionnage, est identifié après avoir infecté un millier d'ordinateurs dans plusieurs pays du Proche et Moyen-Orient, dont l'Iran, l'Égypte, Israël et l'Arabie saoudite. L'ombre de Washington plane de nouveau sur l'origine du virus, démontrant combien le cyberespace est devenu le nouveau terrain de jeu des services secrets ou des industriels des grands États. Des hackers liés à l'Iran ripostent quelques mois plus tard en ciblant des banques américaines.

En raison du potentiel déstabilisant des cyberattaques, la cybersécurité est devenue une priorité nationale dans la plupart des pays du monde, et un objet de coopération internationale.

QUESTION À...

Louis Pétiniaud,

chercheur postdoctoral au centre GEODE, université Paris 8.

La cyberguerre : mythe ou réalité ?

Dans un livre ayant fait date, Thomas Rid prédisait en 2012 que « la cyberguerre n'aura[it] pas lieu ». Rid justifiait sa position notamment par le fait que les effets létaux et physiques des cyberattaques étaient indirects. Aujourd'hui, l'apposition du mot « guerre » au préfixe « cyber » – qui relève des activités humaines *via* le réseau Internet – demeure contesté. Tandis que le cyber est généralement considéré comme un outil sous le seuil de ce qui constitue un acte de guerre, certains États et organisations militaires reconsidèrent désormais la question.

Cela s'explique notamment par le fait que le nombre, l'ampleur, et la diversité des cibles des cyberattaques ont largement augmenté durant les années 2010 et 2020. Des attaques mondiales, telle NotPetya en 2017, ou des attaques contre des infrastructures vitales, comme celle contre le réseau électrique en Ukraine en 2015, ont constitué d'importants précédents ayant provoqué des effets cinétiques considérables.

La guerre menée par la Russie contre l'Ukraine à partir d'avril 2014, et plus encore à partir de 2022, s'est aussi accompagnée de multiples initiatives offensives dans le domaine du cyber de part et d'autre du conflit, ce qui a contribué à brouiller les lignes de ce qui constitue dans ce domaine un acte de guerre. Il est difficile d'affirmer si la « cyberguerre » adviendra ou non, mais il est certain que l'augmentation du nombre de cibles potentielles, à mesure de la numérisation des sociétés, a créé autant d'opportunités, limitées surtout par les bonnes pratiques de sécurité des organismes privés et publics.

La cybercriminalité dans le monde

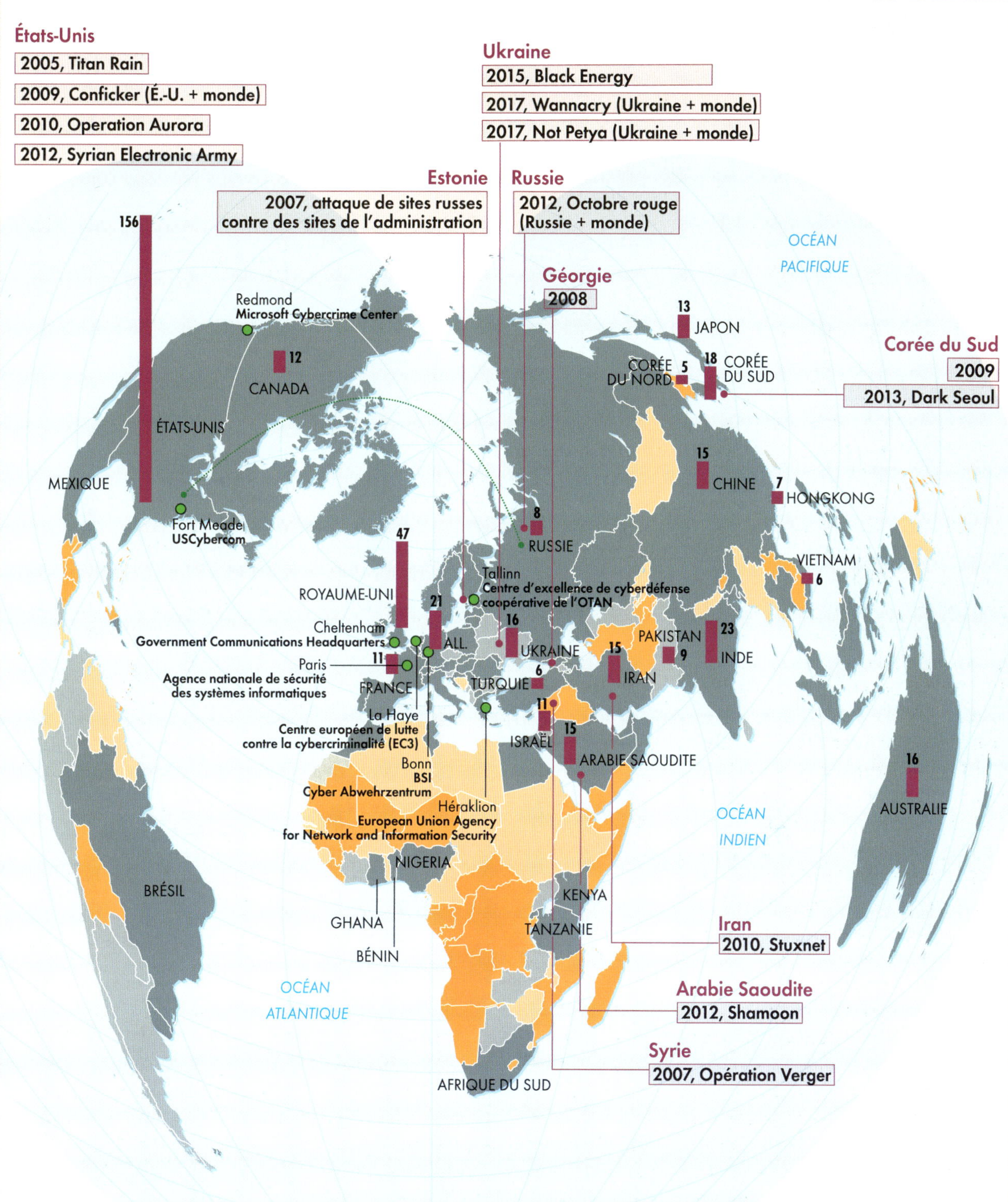

Attaques cybercriminelles

50 Cyberattaques majeures contre des gouvernements ou des entreprises de technologie ou de défense (pertes supérieures à 1 million de dollars) pour la période 2006-2020

Principales grandes cyberattaques connues depuis 2007

Protection contre la cybercriminalité

Indice de cybersécurité de l'UIT[1]

- de 0 à 25, pays les moins bien protégés
- de 26 à 50
- de 51 à 75
- de 76 à 100, pays les mieux protégés

Lutte contre la cybercriminalité

- Centre de lutte contre la cybercriminalité
- Traité bilatéral Russie-États-Unis (établit un téléphone rouge et des mesures de confiance dans la lutte contre le cybercrime)

1. L'Union internationale des télécommunications (UIT) est l'institution spécialisée des Nations Unies pour les technologies de l'information et de la communication

Sources : ITU, Global Cybersecurity Index 2020 ; Specops Software ; www.enigmasoftware.com ; Symantec, 2018 ; Agence ecofin.

14 JUILLET 2015
Un accord avec l'Iran, pour rien ?

L'accord du 14 juillet 2015 signé entre l'Iran et la communauté internationale après douze années de négociations permettait d'encadrer le programme nucléaire iranien et à Téhéran de sortir de son isolement, avant d'être remis en cause par les États-Unis, trois ans plus tard.

Vaste territoire de 1,6 million de mètres carrés, l'Iran est le pays le plus étendu du Moyen-Orient, après l'Arabie saoudite et avant l'Égypte. Il est aussi le plus peuplé, avec 83 millions d'habitants. Disposant de 9,3 % des réserves mondiales prouvées de pétrole, et des deuxièmes réserves mondiales de gaz, l'Iran compte parmi les dix plus grands producteurs d'hydrocarbures mondiaux.

C'est à l'époque où l'Iran était un allié occidental, dans les années 1950, qu'il a commencé à développer un programme nucléaire civil, grâce à l'aide de la France et des États-Unis. Interrompu par la Révolution, il a été relancé dans les années 1990 avec l'aide de la Russie. Or en 2002, de sérieux doutes apparaissent sur la portée de ses recherches, lorsque sont découverts deux sites nucléaires dissimulés à l'Agence internationale de l'énergie atomique (AIEA), organe international chargé de la surveillance de la prolifération nucléaire, dont un site d'enrichissement d'uranium à Natanz. Grâce à ses installations, l'Iran semble être alors sur le seuil du nucléaire militaire, si bien que l'on craint qu'il puisse se doter en quelques années d'une arme opérationnelle. La République islamique affirme toutefois que son programme nucléaire est à vocation exclusivement civile. Les inspections menées l'AIEA à partir de 2003 ne laissent cependant aucun doute aux experts sur les intentions militaires de l'Iran.

La crainte que la nucléarisation de l'Iran puisse remettre en cause l'équilibre régional et entraîne la prolifération nucléaire au Moyen-Orient et dans le monde arabe, alors qu'Israël est déjà doté de l'arme nucléaire et que l'Irak de Saddam Hussein cherchait à le faire, conduit à un bras de fer entre l'Iran (soutenu par la Russie) et la communauté internationale, avec à leur tête les États-Unis et plusieurs pays de l'Union européenne. Quatre séries de sanctions lui sont imposées en raison de ses activités jugées contraires au Traité de non-prolifération, dont elle est signataire. Après de longues négociations étalées sur plus de dix ans, un accord-cadre est finalement signé en mars 2015, grâce à la médiation d'Oman. Cet accord prévoit la réduction du nombre de ses centrifugeuses et de son stock d'uranium enrichi, son engagement à ne conserver qu'un site d'enrichissement à Natanz et à accepter les inspections de l'AIEA, en échange des levées des sanctions. Mais pour certains États comme Israël ou l'Arabie saoudite, il n'écarte pas tous les risques de prolifération.

Un accord définitif est finalement conclu sous l'égide des États-Unis le 14 juillet 2015, permettant d'encadrer le programme nucléaire iranien. Il conduit début 2016 à la levée partielle des sanctions internationales établies à l'encontre de l'Iran. Mais le président américain Donald Trump le remet en cause en 2018, anéantissant les espoirs d'ouverture de l'Iran, et obligeant la nouvelle administration Biden, au pouvoir depuis 2021, de relancer un cycle de négociations.

L'Iran, au cœur des enjeux géopolitiques

Éléments de géopolitique

- Pays allié
- Membres du conseil de coopération du Golfe
- Ennemi historique
- Zones de peuplement kurde
- Principaux bassins producteurs d'hydrocarbures
- Intervention militaire iranienne
- Soutien à un mouvement rebelle
- Mouvement politique allié
- Contentieux territorial entre l'Iran et les Émirats
- Bases américaines
- Base française

Installations nucléaires iraniennes

- Centrale nucléaire en service
- Centrale nucléaire en projet
- Réacteur ou centre de recherche
- Mine d'uranium
- Usine de traitement du minerai

Sources : irancarto.cnrs.fr ; Bernard Hourcade.

QUESTION À…

Bernard Hourcade, directeur de recherche émérite, CNRS, Centre de recherche sur le monde iranien (CeRMI).

Le programme nucléaire iranien est-il toujours une menace ?
Non, le programme nucléaire iranien n'est pas une menace, car la bombe atomique iranienne n'existe pas (encore). L'Iran islamique n'était pour rien dans les attentats du 11 septembre 2001, mais la politique nucléaire clandestine de Téhéran a dès lors été médiatisée par George W. Bush et Israël comme la principale menace pour la paix mondiale. Cette « diabolisation » a servi l'Iran qui a subi des sanctions internationales mais a finalement obtenu de poursuivre son programme civil après l'accord de 2015 (JCPOA) signé avec les cinq membres permanents du Conseil de sécurité et l'Union européenne. Les contrôles de l'Agence internationale de l'énergie atomique sont désormais très stricts et empêchent tout projet d'arme atomique. Enfin, l'expérience militaire de l'Iran a montré que les armes conventionnelles et les missiles étaient plus utiles qu'une arme nucléaire encore virtuelle qui n'avait apporté que sanctions économiques et isolement politique.
Oui, le programme nucléaire iranien reste un danger. En réponse au retrait de Donald Trump de l'accord de 2015, la République islamique a repris l'enrichissement de l'uranium à un très haut niveau. Aujourd'hui, l'Iran est devenu un « pays du seuil ».
Il dispose des capacités technologiques pour fabriquer en quelques années, s'il le voulait, une bombe atomique. Un projet abandonné mais dont rêvent encore certains Gardiens de la révolution. Le danger le plus grand reste cependant le risque de prolifération nucléaire incontrôlée, celui du mauvais exemple iranien, d'un État émergent et nationaliste, qui a fini par arriver au « seuil », et pourrait inspirer d'autres États.

24 AOÛT 2015 L'Allemagne annonce vouloir accueillir 800 000 Syriens

Diffusée dans le monde entier durant l'été 2015, la photo du petit Syrien de 3 ans, Aylan, mort sur une plage turque à la suite du naufrage du bateau conduisant sa famille de Syrie en Grèce, a contribué à remettre en question l'approche sécuritaire de l'Europe vis-à-vis des migrations. L'Allemagne annonce alors qu'elle va accueillir 800 000 réfugiés syriens.

Cernée par des conflits, l'Europe fait face à une crise migratoire inédite à partir de l'année 2014. 626 000 demandes d'asile sont alors enregistrées, selon le HCR, un chiffre jamais atteint depuis la signature de la convention de Genève en 1951. Plus d'un million de personnes sont arrivées en Europe en traversant la Méditerranée en 2015, contre 219 000 l'année précédente, et plus de 3 700 y ont perdu la vie.

L'Italie a longtemps été au centre des arrivées, du fait de la proximité de l'île de Lampedusa avec les côtes d'Afrique. Les migrants (Érythréens, Somaliens, Soudanais, Nigériens...) passent par la Libye où Daech contrôlerait le trafic. Mais, à partir de 2015, c'est la Grèce qui devient le « point chaud » de l'Europe, incapable de gérer les flux massifs de Syriens, d'Afghans et d'Irakiens qu'elle voit arriver par ses îles les plus à l'est, et par la frontière terrestre gréco-turque, en Thrace. Elle a même élevé un mur pour empêcher le franchissement de la rivière Evros qui la sépare de la Turquie. Cette dernière s'est vue octroyer par l'Union européenne 3 milliards d'euros en 2015 pour maintenir hors d'Europe les réfugiés du Proche-Orient. La Turquie a également obtenu, dans le cadre d'un accord de réadmission des migrants en situation irrégulière avec l'UE signé en mars 2016, la libéralisation du régime de visas des Turcs voulant se rendre dans l'espace Schengen.

De son côté, la Hongrie a construit un mur au sud du pays pour stopper les migrants passés par la Serbie et la Croatie. En France, le contrôle de l'accès à l'Eurostar a été renforcé aux abords de l'entrée du tunnel sous la Manche, fréquenté par les Syriens, Afghans, Kurdes, Irakiens et Africains souhaitant se rendre au Royaume-Uni. L'objectif défendu par certains de « faire la guerre aux migrants » en fermant les frontières nationales, en chassant et en détruisant les embarcations de passeurs, et en éliminant les trafiquants du passage clandestin, manque de réalisme.

La volonté d'accueil par l'Allemagne des réfugiés s'accompagne donc de nombreuses remises en cause, comme la chute de popularité d'Angela Merkel en Allemagne et les refus hongrois, slovaque, tchèque et roumain d'accepter les « quotas » de réfugiés proposés par Bruxelles. Un tel défaut de solidarité s'explique également par le fait que la mise en œuvre d'une politique de l'asile à l'échelon européen est laissée aux mains des États membres. Des solutions existent pour sortir de cette crise, comme l'application d'une directive de 2001 sur la protection temporaire en cas d'afflux massif de personnes déplacées, ou l'ouverture plus grande aux migrations de travail pour éviter que les flux mixtes ne soient traités par la demande d'asile. Le terrorisme en France et les violences en Allemagne de fin 2015 ont mis un terme à l'élan de générosité survenu à l'égard des Syriens.

Les migrations en Europe

Limites de l'espace Schengen

Migrants réguliers...

Part des migrants internationaux[1] (en situation régulière) dans la population totale, en 2019

- de 1,5 à 4,9 %
- de 5 à 11,9 %
- de 12 à 14,9 %
- de 15 à 19 %
- de 29 à 48 %

Flux migratoire d'origine externe

Migrations internes

Point de transit

... et irréguliers

Nombre de migrants illégaux interceptés par Frontex en 2019

Décès de migrants décomptés par l'OIM en 2019

1. Selon le Département de la population des Nations unies, un migrant international est quelqu'un qui vit dans un autre pays que celui dans lequel il est né pour une durée égale ou supérieure à un an.

Sources : United Nations Department of Economic and Social Affairs (UNDESA), International Migration Report 2019 ; Organisation internationale des migrations (OIM), Missing Migrants Project, 2020 ; Frontex, juin 2020.

QUESTIONS À…

Catherine Wihtol de Wenden, directrice de recherche émérite au CNRS (CERI).

L'Union européenne accueille-t-elle des migrants aujourd'hui ?

Malgré une politique d'immigration tournée vers le contrôle de ses frontières extérieures, l'UE accueille des migrants correspondant aux statuts pour lesquels elle a signé des conventions internationales et des textes à valeur constitutionnelle. C'est l'Allemagne qui, de loin, a accueilli le plus grand nombre de demandeurs d'asile depuis les années 1990, notamment lors de la crise de 2015. Les Ukrainiens bénéficient, depuis fin février 2022, d'une directive européenne de 2001 sur la protection temporaire. Le regroupement familial, les migrations étudiantes ou les migrations de travail (parfois suspendues puis rétablies pour recruter des migrations très qualifiées) sont les principales causes d'entrée dans l'UE.

Les migrants sont-ils instrumentalisés aujourd'hui, à l'exemple de la Biélorussie ?

Fin 2022, la Biélorussie, sanctionnée par l'UE, a décidé de faire venir des migrants du Proche et du Moyen-Orient pour les amasser aux frontières de la Pologne et forcer l'UE à changer de dispositions à son égard. La Pologne a vigoureusement réagi, entraînant des morts à la frontière et rendant cette tentative d'utilisation des migrants inopérante. Quand la Turquie, après avoir accepté les accords de 2016 avec l'UE lui demandant de maintenir sur son territoire les quelque 4 millions de Syriens, a protesté car ses autres demandes n'avaient pas eu de réponse (allègement des visas et reprise des négociations pour sa candidature à l'UE), elle a brièvement décidé d'ouvrir ses frontières vers la Grèce aux demandeurs d'asile, en affrétant des bus, mais cette opération a tourné court en février 2020, à cause du Covid-19. De même, à l'été 2021, le Maroc a ouvert brièvement les passages vers l'Espagne en protestation de l'accueil par ce pays d'un militant du Front Polisario du Sahara occidental.

12 DÉCEMBRE 2015
L'accord de Paris sur le climat

Lors de la Conférence des parties de la convention-cadre des Nations unies sur les changements climatiques (COP21) à Paris, 195 États se sont engagés à maintenir l'augmentation de la température mondiale en dessous du seuil des 2 °C. Un accord inédit qui s'inscrit dans la lutte contre le réchauffement climatique mise en œuvre à l'échelle de la planète depuis 1992.

La lutte contre le réchauffement climatique est, depuis le sommet de la Terre de Rio en 1992, à l'origine d'une gouvernance mondiale, certes imparfaite, mais unique en son genre, dans le dépassement des singularités voire des égoïsmes nationaux. L'efficacité de cette coopération passe par l'organisation de conférences annuelles (COP), qui sont l'occasion de réunir chefs d'État et de gouvernement de la quasi-totalité des pays de la planète, qui s'accordent généralement sur des principes communs plus ou moins ambitieux. La dynamique de la négociation collective amène les plus réticents à faire des concessions pour rester dans le concert des nations. La comparaison des situations et des politiques climatiques de chaque pays permet d'en esquisser la somme et d'estimer le chemin qu'il reste à parcourir. Ces sommets accueillent également des ONG environnementalistes, syndicats de salariés et de patrons, des agences intergouvernementales de développement, des institutions internationales, des représentants de peuples autochtones et de mouvements sociétaux (femmes, artistes, internationalistes…), ainsi que des fondations humanitaires, écologistes, scientifiques et des laboratoires de recherche travaillant aux stratégies d'atténuation et d'adaptation aux changements climatiques. La forte médiatisation de ces sommets climatiques contribue enfin à accroître la transparence de la négociation envers les citoyens, tout en relayant la pression de l'opinion publique sur les politiques.
Le premier accord contraignant issu de ces conférences est le protocole de Kyoto signé en 1997, qui fixe un objectif mondial de baisse des émissions de gaz à effet de serre (GES) par rapport au niveau de 1990, décliné ensuite en objectifs nationaux, soumis à contrôle et pénalisation en cas de fraude ou d'échec. Dans un premier temps (2008-2012), les 35 pays industrialisés ayant ratifié l'accord se sont engagés à réduire de 5,2 % leurs émissions. L'UE a annoncé une baisse de 8 %. Un chiffre « collectif », qui masque de grandes différences : obligation de -28 % pour le Luxembourg, autorisation d'émettre limitée à +27 % pour le Portugal et 0 % pour la France et la Finlande. L'objectif collectif des pays industrialisés a été atteint sans pour autant infléchir la courbe croissante des émissions globales.
Outre les Américains, principaux émetteurs mondiaux qui n'ont pas ratifié l'accord, les pays en développement, dont la Chine, bénéficient de dérogations. Au nom des principes de « responsabilités communes mais différenciées » et de « capacités respectives » de la Convention Climat de Rio de 1992, ils ne se sont pas vus imposer d'objectifs précis en matière de réduction des GES. Or, entre 1997 et 2012, Chine, Inde, Brésil ou encore Afrique du Sud se sont industrialisés massivement, au point de devenir des émetteurs majeurs.
Faute d'accord au sommet de Copenhague (COP15), le sommet de Paris était donc la dernière chance pour parvenir à un objectif limitant l'augmentation de la température à 2 °C, seuil au-delà duquel les dérèglements climatiques sont des plus inquiétants pour les humains. L'accord est entré en vigueur le 4 novembre 2016.

Le climat au cœur des préoccupations mondiales

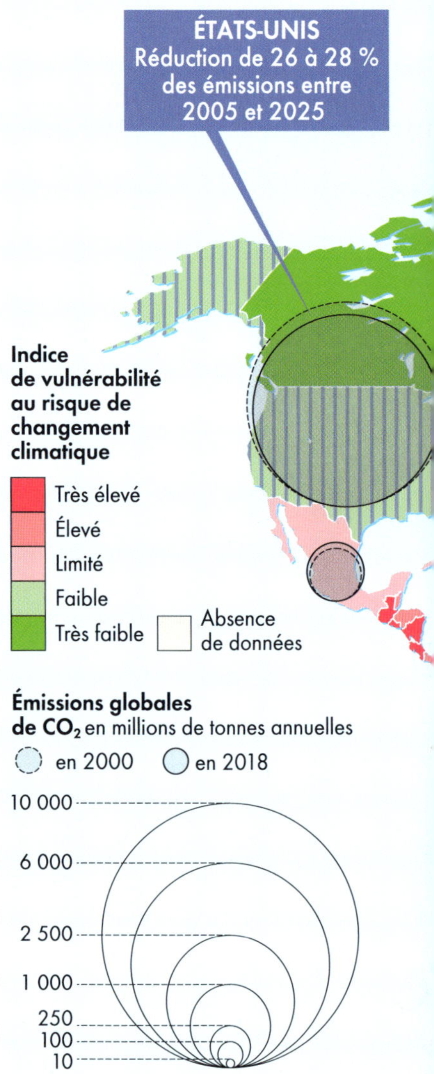

Sources : globalcarbonatlas.org, 2019 ; World Risk Index 2018 ; World Resources Institute, Climate data explorer (https://cait.wri.org).

QUESTION À...

François-Marie Bréon, chercheur au laboratoire des sciences du climat et de l'environnement.

Va-t-on vers une catastrophe climatique ?

Le 6e rapport du GIEC a été publié. Il confirme les messages principaux des rapports précédents : le changement climatique est bien visible partout sur la planète (canicules, précipitations extrêmes, sécheresses agricoles, montée du niveau des mers) ; il a déjà des conséquences importantes sur les infrastructures, les écosystèmes et la production agricole ; ce changement climatique va s'amplifier avec une augmentation des impacts associés, au point que certaines parties du monde pourraient devenir invivables, nécessitant donc des migrations. Pourtant, le futur n'est pas écrit et il est encore possible de limiter le réchauffement entre 1,5 et 2 degrés (en référence à la période pré-industrielle). Il y a quelques motifs d'espoir comme le fait que certains pays ont réussi à découpler leur émission de CO_2 de la croissance économique, ou la diminution rapide du coût des énergies renouvelables. Pourtant, à l'échelle mondiale, les émissions de CO_2 et autres gaz à effet de serre ont continué d'augmenter malgré les alertes successives des scientifiques et les objectifs affichés des gouvernements lors des COP annuelles. L'objectif d'un réchauffement limité à 1,5 degré, affiché à l'occasion de la conférence de Paris, est quasiment hors de portée. L'engagement à moins de 2 °C, niveau auquel des conséquences graves sont déjà attendues, nécessiterait une diminution très rapide des émissions de CO_2 et autres gaz à effet de serre. Cela nécessiterait une modification radicale de nos modes de vie, mais aussi de la gouvernance étatique. Sommes-nous prêts à faire les sacrifices nécessaires pour laisser à nos descendants une planète permettant d'accueillir 10 milliards d'humains et des écosystèmes préservés ?

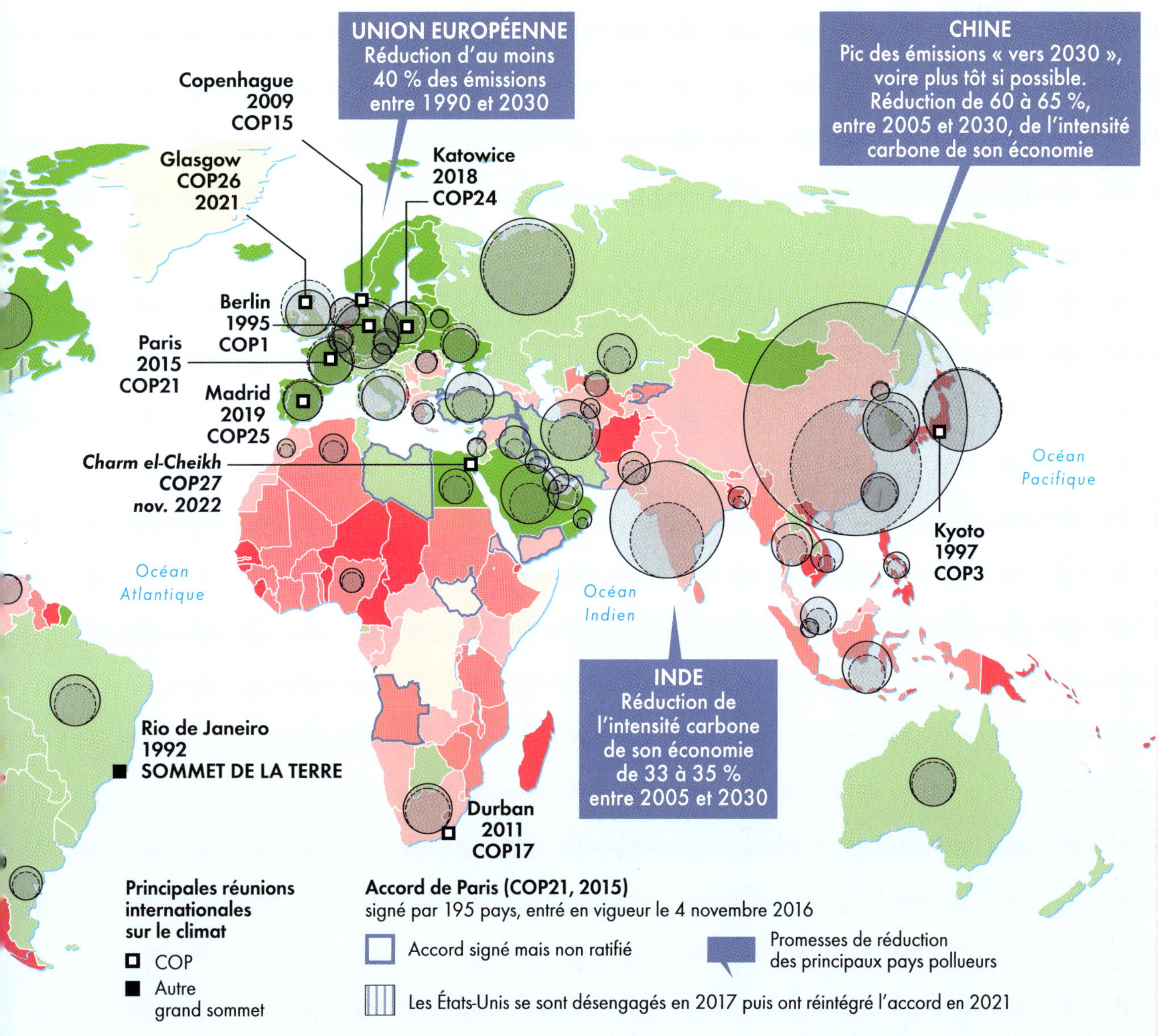

20 JUIN 2016
Le Brexit

Lors d'un référendum national, les Britanniques ont voté à 51,9 % pour la sortie de leur royaume de l'Union européenne. Ce vote historique témoigne de l'euroscepticisme croissant d'une majorité de citoyens européens.

Née de la volonté de favoriser la paix en Europe au lendemain de la Seconde Guerre mondiale, la construction européenne a contribué à la mise en place d'un espace de coopération économique approfondie. En 1957, la Communauté économique européenne (CEE) jette les bases d'un marché commun et d'une intégration institutionnelle. D'abord réalisée entre six États d'Europe de l'Ouest, la CEE, qui devient l'Union européenne (UE) en 2002, s'élargit progressivement à 9, 10, 12, puis 15 États, avant d'en intégrer 10 nouveaux en 2004, scellant les retrouvailles d'une Europe divisée pendant quarante-cinq ans de guerre froide. Avec l'entrée de la Croatie en juillet 2013, l'Union européenne compte 28 États, et plusieurs pays sont candidats à une adhésion.

Parallèlement à cette extension des frontières, l'UE est devenue une organisation supranationale, compétente dans plusieurs domaines, où les États membres partagent leur souveraineté dans une union monétaire avec l'euro, un espace de libre circulation et des politiques communes (commerciales, agricoles, de cohésion, etc.). Pour garantir sa sécurité et sa stabilité, l'UE a aussi mis en place une politique de voisinage active dans de nombreux domaines (énergie, culture, commerce, environnement...) et d'harmonisation de règles et normes techniques et juridiques. L'UE représente 40 % du commerce mondial des marchandises, 35 % des exportations mondiales, et devient la première puissance économique de la planète devant les États-Unis, la Chine et le Japon, même si son poids relatif décline, notamment en raison de la croissance plus rapide de l'Asie orientale.

Reste que, face aux flux migratoires massifs en provenance du Moyen-Orient et de l'Afrique, l'UE peine à trouver des solutions adaptées à l'urgence de la situation. Au niveau économique, avec la crise de la dette grecque, un éclatement de la zone euro est même évoqué, certains arguant qu'une sortie de la zone redonnerait de plus grandes marges de manœuvre aux États. Au niveau politique, les élections européennes de 2014 marquent la montée de l'euroscepticisme dans les États mêmes, qui traduit le discrédit et le désaveu des électeurs vis-à-vis du projet européen. Arrivés en tête de leurs pays avec environ un quart des suffrages, le Front national en France, l'UKIP au Royaume-Uni, et le Parti populaire danois (DF) au Danemark sont la manifestation la plus visible de cette vague europhobe. Les thèmes qui les rassemblent sont le rejet de la bureaucratie bruxelloise, de l'immigration et de l'euro.

Cette progression de l'euroscepticisme a poussé le Premier ministre britannique, David Cameron à organiser un référendum sur le maintien ou non de son pays dans l'UE. Son verdict, véritable coup de semonce pour le projet européen, fragilise un royaume de plus en plus « désuni » dans une lutte face aux nationalistes écossais et aux Irlandais du Nord majoritairement pro-européens.

QUESTION À...

Mark Bailoni,

géographe, maître de conférences à l'université de Lorraine - LOTERR.

Le Brexit affaiblit-il le Royaume-Uni ?

Si le Royaume-Uni apparaît comme un État particulièrement fragilisé, les causes profondes sont antérieures au Brexit (nationalisme écossais, question nord-irlandaise, disparités sociales, questionnements identitaires, enjeux migratoires, etc.). Cependant, le référendum a clairement révélé les fractures socio-spatiales dans le pays, et le processus de retrait de l'UE a exacerbé davantage ces tensions. La question de la frontière irlandaise et ses conséquences en Irlande du Nord le montrent bien. Au niveau économique, les conséquences directes du Brexit restent difficiles à déterminer, alors que le Royaume-Uni est confronté aux conséquences de la pandémie du Covid-19 et aux phénomènes internationaux de hausses des cours et de l'inflation. Le contexte international qui se dessine depuis quelques mois questionne sur l'opportunité à long terme du Brexit. La guerre entamée par la Russie en Ukraine, et de potentielles autres crises à venir, polarisent fortement les relations internationales politiques et économiques. Dans ce contexte, le « petit » Royaume-Uni post-Brexit, qui se rêvait à nouveau puissance mondiale, pourrait se trouver isolé ou relégué au second plan des initiatives menées par les États-Unis et une UE reconsolidée et réunifiée. Le bilan de la stratégie de la Global Britain reste très limité, le pays n'ayant signé aucun accord international significatif. Toutefois, malgré ce contexte très compliqué, les différents sondages réalisés depuis le référendum sur le Brexit montrent que finalement peu d'électeurs du Brexit regrettent leur vote, signe que les fractures internes sont toujours vives.

Le Royaume-Uni et le Brexit

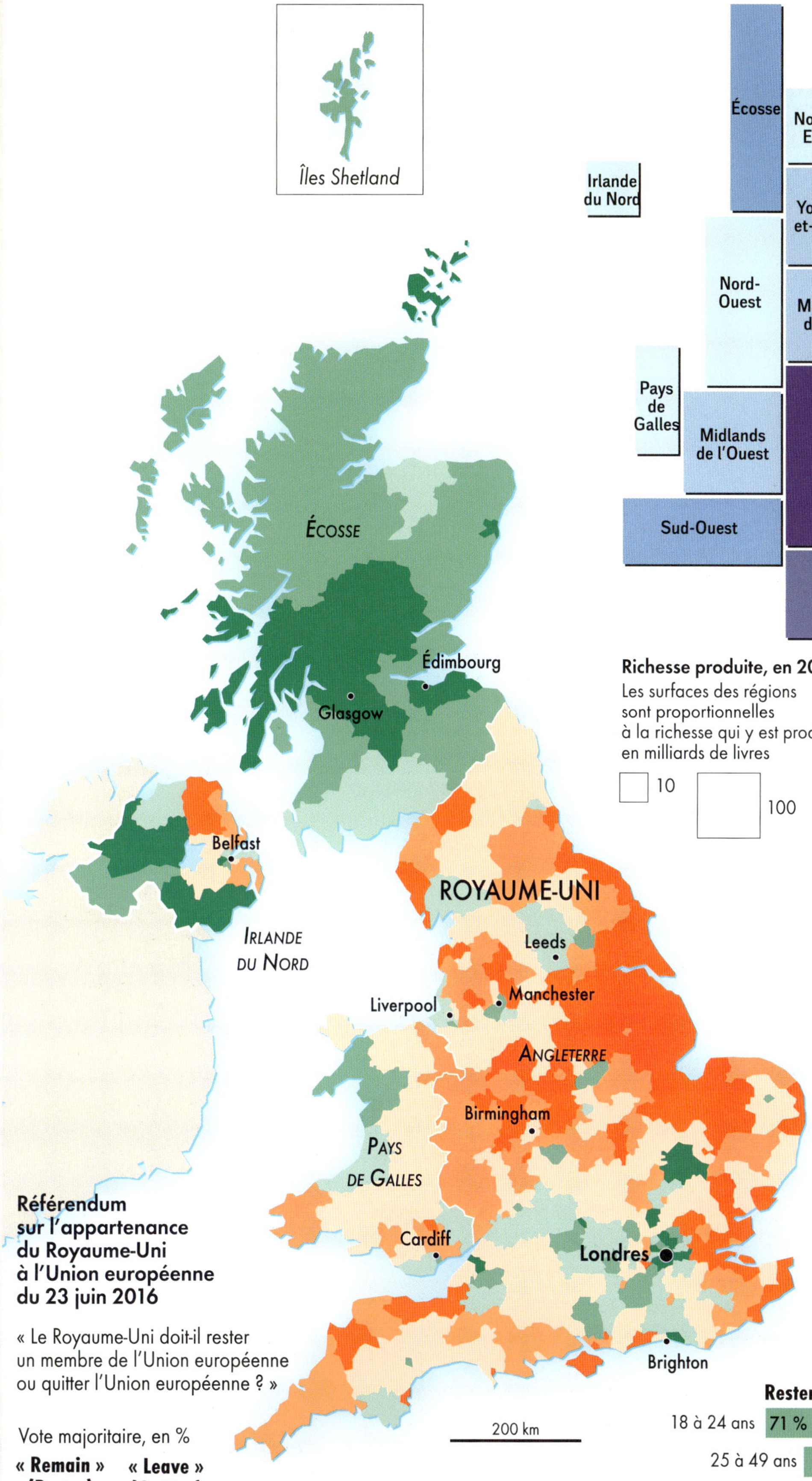

Référendum sur l'appartenance du Royaume-Uni à l'Union européenne du 23 juin 2016

« Le Royaume-Uni doit-il rester un membre de l'Union européenne ou quitter l'Union européenne ? »

Vote majoritaire, en %

« Remain » (Rester) — **« Leave » (Quitter)**

60 55 | 55 60

Taux de participation : 72,2 %
Rester : 48,1 % Quitter : 51,9 %

Source : *Images économiques du monde 2017*, Armand Colin, 2016.

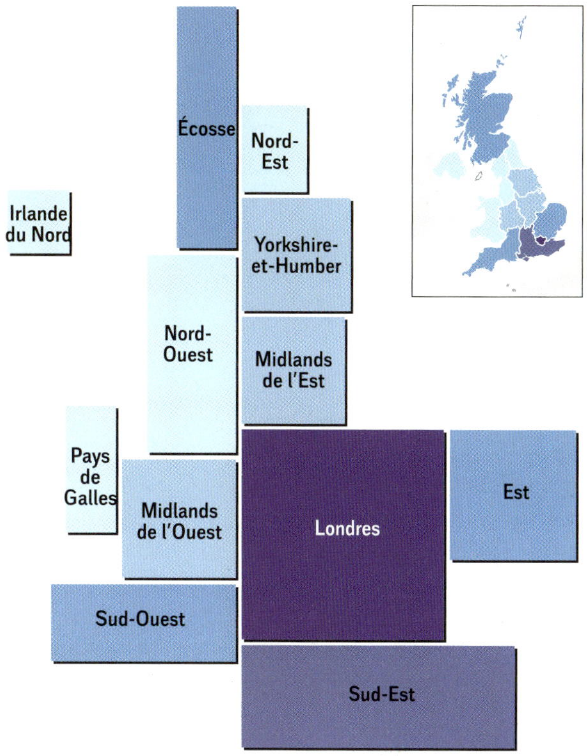

Richesse produite, en 2015
Les surfaces des régions sont proportionnelles à la richesse qui y est produite, en milliards de livres

10 — 100

Richesse produite en livres par habitant en 2015

18 000
20 000
22 000
24 000
27 850
43 630

Source : Office for National Statistics, « Regional gross value added (income approach) reference tables », 2017.

Votes par tranches d'âge

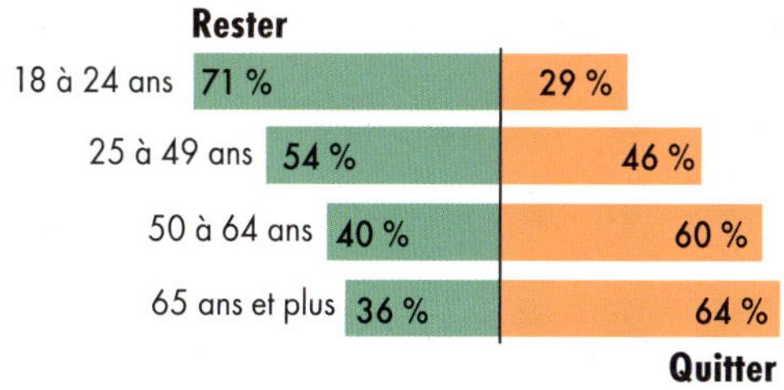

Source : YouGov, sondage sortie d'urne, ajusté après résultats définitifs, 24 juin 2016.

8 NOVEMBRE 2016 Le populisme fait son entrée à la Maison-Blanche

L'année 2016 aura été celle de l'extension mondiale du populisme : après le Brexit au Royaume-Uni, l'élection de Donald Trump à la Maison-Blanche a marqué le pas, suivie par la progression de Marine Le Pen et Jean-Luc Mélenchon lors de l'élection présidentielle française de 2017. Ce phénomène aussi vieux que la démocratie traduit-il un repli face à la mondialisation ou un malaise plus profond ?

Sous le terme de populisme, on regroupe des réalités disparates, qui ont en commun un style politique fondé sur une rhétorique enflammée, dénonçant les inégalités et prônant l'unité de la nation sous l'autorité d'un leader. Selon le sociologue Alain Touraine (*La Parole et le Sang*, 1988), « le populisme est cette réaction, de type national, à une modernisation dirigée du dehors. Son thème central est de rejeter les ruptures imposées par l'accumulation capitaliste ou socialiste [...], et de maintenir ou de recréer une identité collective à travers des transformations économiques à la fois acceptées et rejetées ».

L'Amérique latine est depuis plus d'un siècle une terre d'élection du populisme. Dans les années 1940, Getúlio Vargas au Brésil et Juan Domingo Perón en Argentine sont de véritables archétypes du leader populiste, providentiel et charismatique. Mais le coût élevé de leurs réformes sociales et de l'industrialisation artificielle au nom de l'indépendance nationale se heurte aux réalités économiques et à la lassitude des élites, conduisant à leur chute. Depuis les années 1990, de nombreux dirigeants politiques sud-américains se rattachent à la tradition populiste. Ces néopopulistes sont des présidents classés à droite comme à gauche du spectre politique, brouillant encore plus les limites du phénomène : à droite, Carlos Menem en Argentine et Alberto Fujimori au Pérou, puis dans les années 2000, Álvaro Uribe en Colombie. À gauche, l'incarnation du néopopulisme est le président vénézuélien Hugo Chávez, et dans sa lignée Rafael Correa (Équateur) et Evo Morales (Bolivie). Tous les trois ont engagé leur pays dans des processus de changements de régime, marqués par une escalade rhétorique dans la relation avec leurs opposants, à l'intérieur comme à l'extérieur (États-Unis). Ils utilisent les mêmes techniques de mise en scène de l'exercice du pouvoir, notamment la télévision, d'où leur surnoms de « télé-présidents ».

L'Europe a également vu émerger sur sa scène politique, au cours des années 2000, des forces « nationalistes-conservatrices » (Pologne, Hongrie) et des partis « national-populistes » (Italie, France, Royaume-Uni, Autriche, Pays-Bas) qui rejettent en bloc Europe, migrants et mondialisation. En Russie et en Turquie, des figures autoritaires et charismatiques, Vladimir Poutine et Recep Tayyip Erdogan, incarnent une sorte de populisme d'État en mobilisant les sentiments nationalistes de leurs concitoyens face à un monde étranger présenté comme hostile. En Asie, c'est en Inde et aux Philippines que le phénomène est le plus marqué, avec Narendra Modi, leader nationaliste hindou du BJP, et Rodrigo Duterte, le candidat « des gens d'en bas de l'échelle ». Aux États-Unis, le nouveau président Donald Trump incarne la voix retrouvée du peuple, l'homme providentiel qui, en alliant nationalisme et protectionnisme, cherche à résister aux accords de libre-échange et à la Chine, néfastes aux intérêts du peuple américain, et à redonner toute sa place à l'Amérique (« *America First* »).

Le populisme dans le monde

QUESTION À...

Sylvain Kahn, professeur d'histoire à Sciences Po Paris.

Pourquoi le populisme est-il de plus en plus présent en Europe ?

En ce début de XXIe siècle, le populisme est une force d'attraction et de mobilisation qui cherche à accéder au pouvoir pour miner les régimes démocratiques de l'intérieur – y compris aux États-Unis sous Trump (2016-2020). Sa vigueur et ses nombreux échecs témoignent, tout particulièrement en Europe, de l'intensité de l'affrontement entre le populisme et le progressisme tout comme de l'ancrage en profondeur du libéralisme politique et de la capacité de la démocratie libérale à s'actualiser.

En Europe, depuis 1945, les mouvements populistes se caractérisaient par leur fonction tribunicienne : critiquant les élites qui auraient trahi le peuple, ils proposaient d'autant plus des programmes irréalisables qu'ils ne voulaient accéder au pouvoir. Les années 2010 signalent une inflexion : les partis populistes ont pour objectif de gouverner ; et un certain nombre d'entre eux y parviennent. Cette dynamique nouvelle a produit la démocratie illibérale. Celle-ci se caractérise par le maintien de la compétition électorale pluripartite et des gouvernements élus démocratiquement à l'issue d'élections parlementaires générales. Mais les partis qui se réclament de l'illibéralisme (tels le Fidesz en Hongrie ou le PiS en Pologne), prétendant incarner le peuple et non le représenter, considèrent que la majorité a tous les droits et que les minorités (politiques, culturelles, ethniques, sexuelles...) corrompent l'unité du peuple. Si le populisme est illibéral, c'est qu'il érode et amenuise tout ce qui garantit et institutionnalise le pluralisme, c'est-à-dire ce qui rend la démocratie vivante : l'État de droit, l'indépendance de la justice, l'indépendance de la presse et des médias, l'égalité des chances – et, de fil en aiguille, les libertés individuelles garanties par le droit constitutionnel. Du libéralisme, il ne garde que les élections libres, qu'il coupe de leur écosystème.

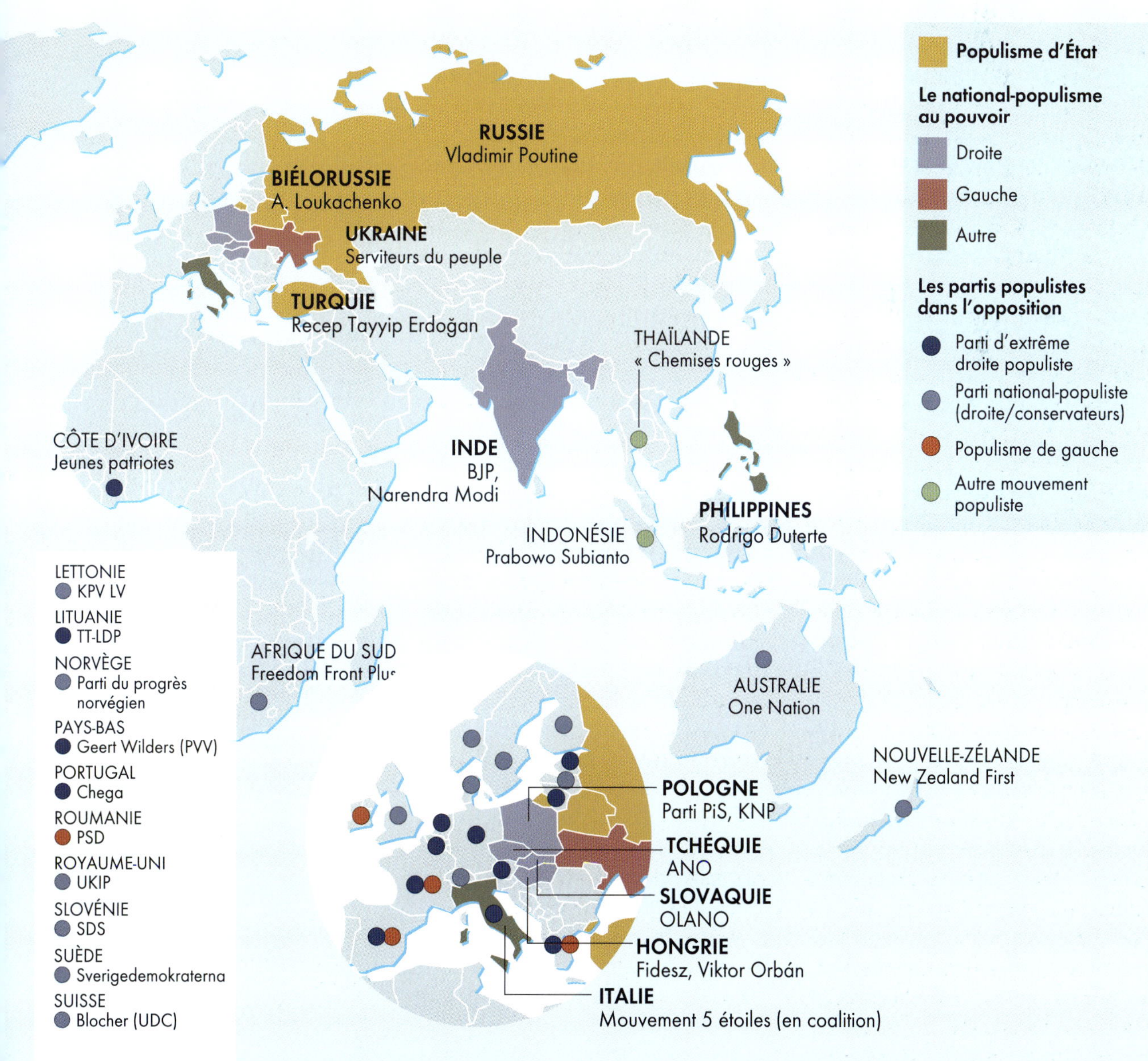

17 MARS 2020 La pandémie du coronavirus met le monde à l'arrêt

Partie de Wuhan en Chine fin 2019, l'épidémie de coronavirus a en quelques mois paralysé les trois quarts de l'humanité, contrainte au confinement pour éviter sa diffusion. Les premiers cas seraient apparus en décembre 2019 dans le marché de la ville de Wuhan (province chinoise de Hubei).

Les chauves-souris semblent être le réservoir du virus, mais un hôte intermédiaire serait intervenu dans la chaîne de contamination : le pangolin. Une fois la transmission interhumaine établie, celle-ci se fait par les postillons. Les coronavirus forment une vaste famille de virus pathogènes, à l'origine, par exemple, du syndrome respiratoire du Moyen-Orient (MERS) ou du syndrome respiratoire aigu sévère (SRAS). Tous ces virus semblent similaires mais leur pouvoir infectant, et la sévérité de la maladie, sont différents. Érigé en pandémie le 11 mars 2020 par l'OMS, le Covid-19, coronavirus très virulent, s'est rapidement diffusé à toute la planète. Personne n'imaginait alors qu'on compterait à la mi-juin 2020, *a minima*, 8 millions de cas dans le monde dans 188 pays touchés. Alors que l'épidémie, partie de Chine en décembre 2019, a d'abord touché ses voisins asiatiques et l'Iran, puis l'Europe en février, faisant de l'Italie et de l'Espagne les deux pays européens les plus affectés, le bilan à la mi-juin montre que l'Amérique est devenue le premier foyer de contamination. On recense alors 2 millions de cas pour les seuls États-Unis, 772 000 pour le Brésil, 208 000 pour le Pérou, suivi du Chili et du Mexique. Viennent ensuite la Russie, le Royaume-Uni et l'Inde. Quant à l'Afrique, elle semble moins touchée.

Pour juguler la diffusion du virus, presque les trois quarts de l'humanité ont mis en place, pour la première fois de l'histoire, des mesures de confinement constituant une mise en quarantaine forcée des populations, ainsi que des flux économiques et humains. Le principe de distanciation physique a été au centre de ce dispositif. Il s'est accompagné de la fermeture des écoles, des frontières terrestres et aériennes de la plupart des pays infectés, entraînant l'arrêt presque complet du trafic aérien. Le télétravail a été généralisé dans la plupart des économies développées, la classe virtuelle a remplacé les cours en présentiel dans plusieurs pays, la télémédecine s'est souvent imposée. Les déplacements ont été limités au strict minimum pour subvenir aux besoins alimentaires ou pour se rendre au travail lorsque cela était indispensable.

Le monde est passé en quelques semaines au tout Internet, et au sans contact. La fracture numérique a révélé ou s'est superposée à la fracture sociale, aux inégalités scolaires et spatiales. Les GAFAM américaines sont apparues comme vitales au fonctionnement de la société confinée, sans qu'aucun ne prenne la mesure de leurs capacités à collecter les informations et données personnelles des usagers, au détriment de leurs libertés.

Les conséquences de cette pandémie sont donc multiples : les générations futures porteront longtemps le coût économique de cette crise ; sur le plan sanitaire, elle conduit à repenser notre système préventif et curatif ; les libertés individuelles et publiques ont été mises à mal. Cet arrêt prolongé du monde a aussi contribué à exacerber les tensions entre la Chine et les États-Unis, en raison de la mise en cause de la Chine dans la responsabilité de la pandémie, et de son ambition de passer pour un modèle de bonne gestion de la crise (son faible nombre de morts restant internationalement contesté).

Circulation du virus (foyers et diffusion 2020-2021)

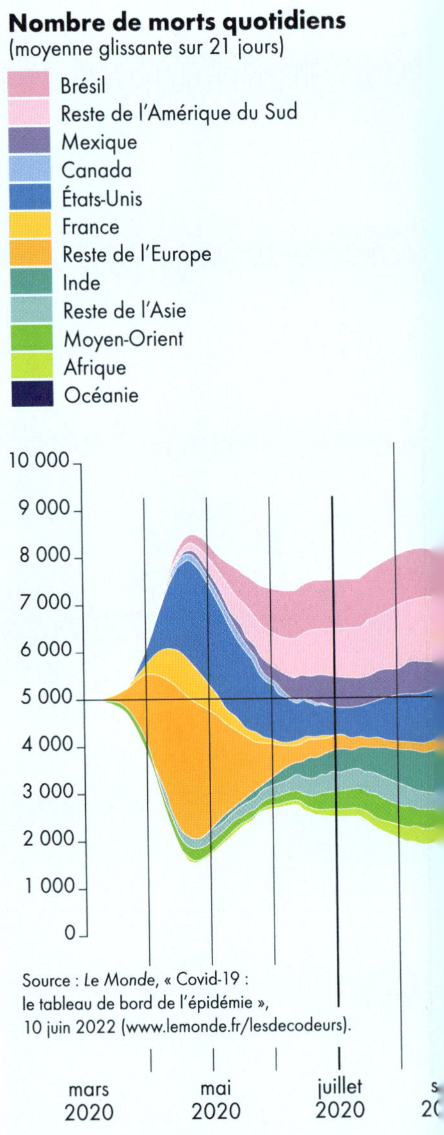

Source : *Le Monde*, « Covid-19 : le tableau de bord de l'épidémie », 10 juin 2022 (www.lemonde.fr/lesdecodeurs).

QUESTIONS À...

Serge Morand, directeur de recherche CNRS à l'unité MIVEGEC (CNRS-IRD-université de Montpellier).

Le Covid-19 pourra-t-il être éradiqué ?

Le Covid-19, dû à l'émergence du virus SARS-CoV2, est en passe de rejoindre le fardeau des maladies infectieuses endémiques. En effet, les possibilités d'éradication de la maladie sont des plus faibles. En premier lieu, du fait que les vaccins actuellement disponibles ne permettent pas de stopper la transmission du virus mais seulement de prévenir la gravité des symptômes. Ensuite, en raison de l'inégalité de couverture vaccinale mondiale qui favorise une circulation encore importante du virus. Le virus montre également des capacités remarquables d'évolution avec l'apparition de nouveaux variants pouvant potentiellement échapper à la vaccination. Enfin, le passage de variants du SARS-CoV2 chez la faune sauvage (visons, rongeurs, cervidés) offre des opportunités pour le virus de se maintenir dans de nouveaux réservoirs.

Comment se prémunir des risques d'épidémies ?

Le Covid-19, comme les précédentes épidémies, nous démontre que la biosurveillance et les mesures de préparation bien qu'indispensables sont insuffisantes pour se prémunir des risques et des impacts de nouvelles épidémies. Si on est assuré de faire face à de nouvelles émergences et épidémies, il est difficile, voire impossible, de prédire quel type de pathogènes va émerger, à quel endroit de la planète et à quel moment. Il convient de s'attaquer aux causes et pas seulement de traiter les conséquences des épidémies et d'investir dans la prévention.
Pour cela, il faut réduire les facteurs de risques épidémiques qui sont liés à l'intensification agricole, l'accroissement de l'élevage, la déforestation et l'extension des plantations commerciales, le développement des infrastructures, l'augmentation des échanges internationaux. De telles mesures s'articulant aux échelons territoriaux comme internationaux auraient l'avantage de contribuer efficacement à la réduction des impacts du changement climatique, à la protection de la biodiversité, à la sécurité alimentaire tout en diminuant les risques sanitaires pour les humains, les animaux sauvages et domestiques.

Diffusion mondiale du virus de décembre 2019 à mi-2020

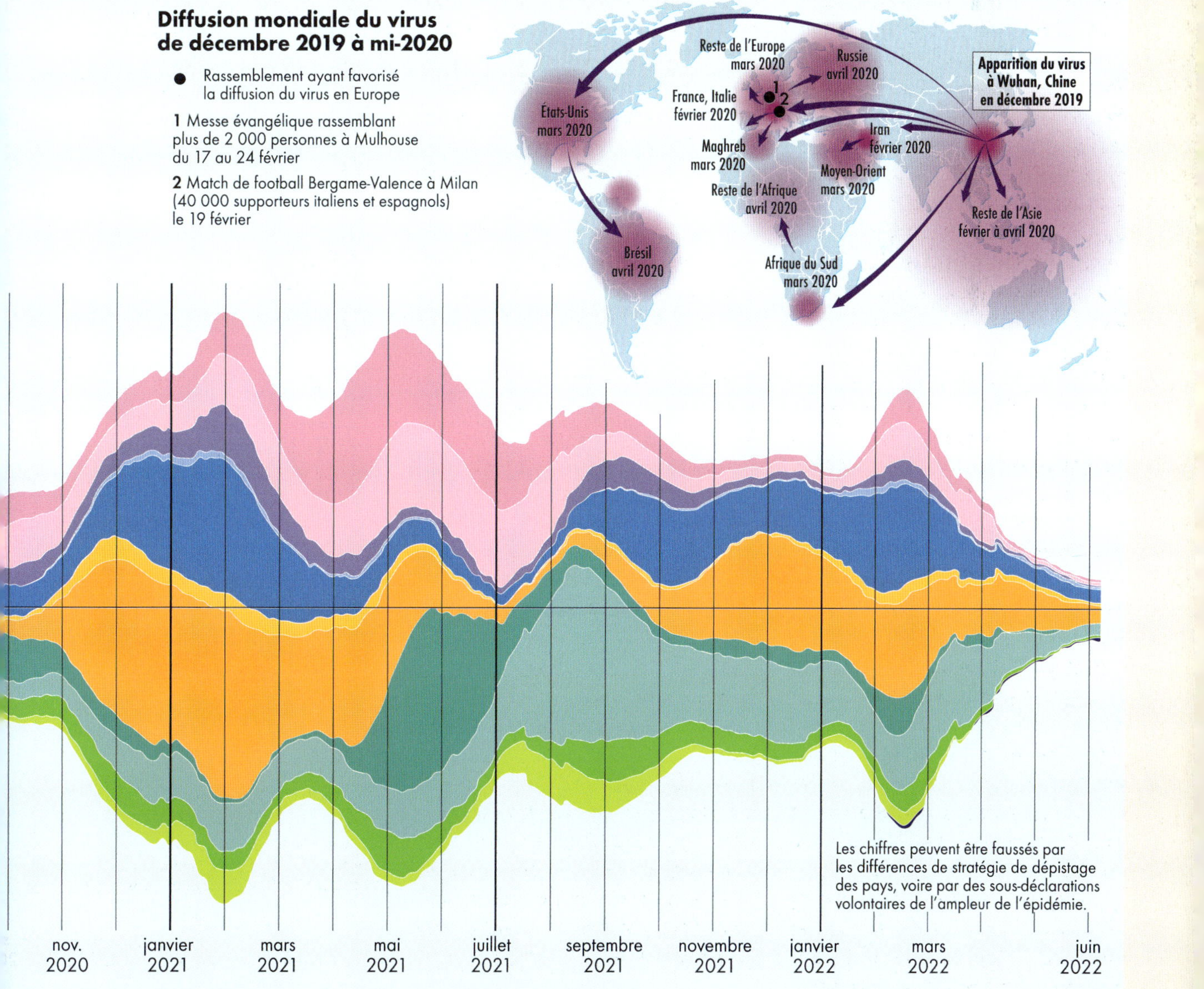

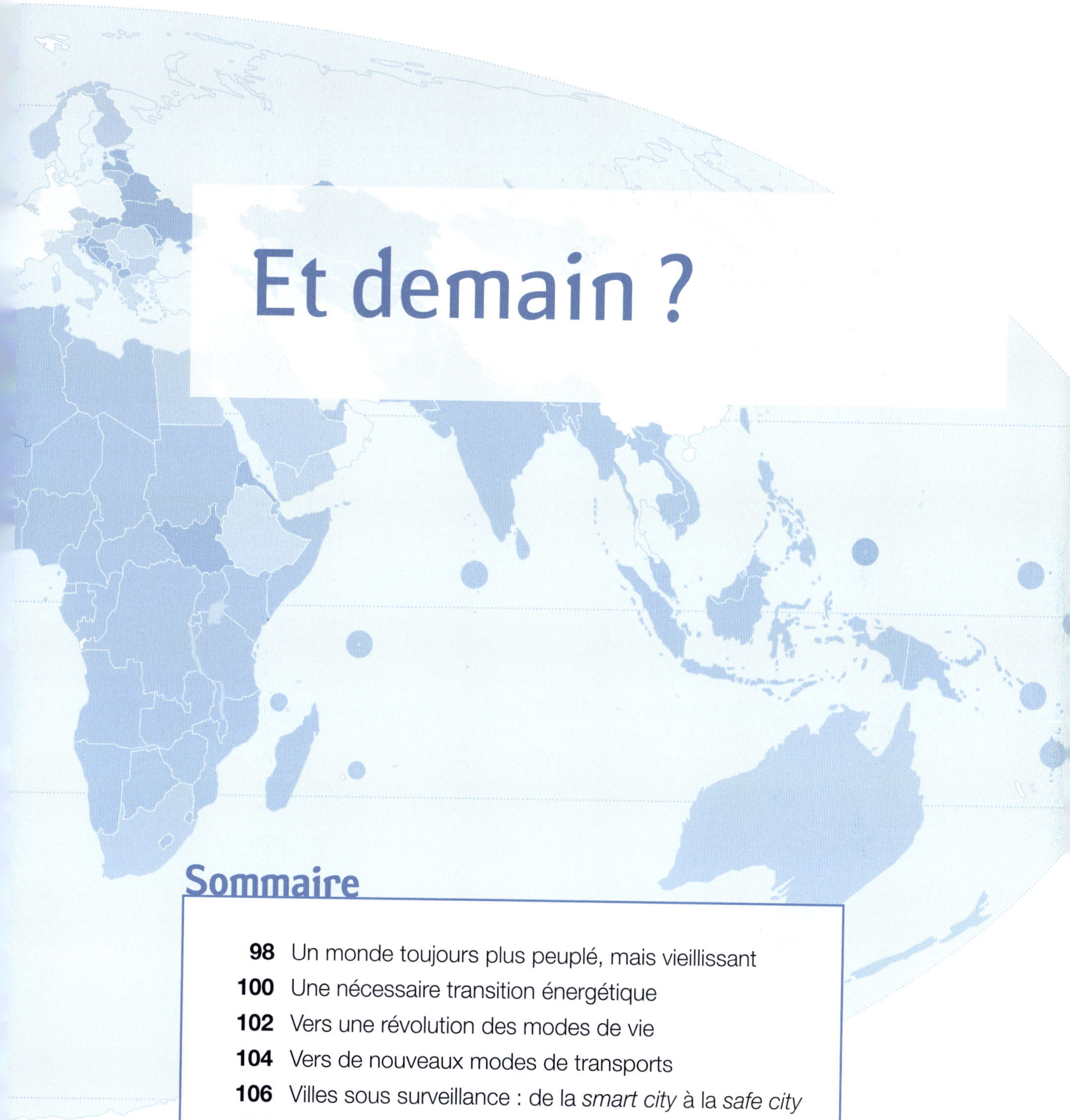

Et demain ?

Sommaire

Un monde toujours plus peuplé, mais vieillissant

Le 19 avril 2022, la doyenne de l'humanité, Kane Tanaka s'est éteinte à l'âge de 119 ans. Si les personnes de plus de 60 ans sont encore minoritaires dans le monde, elles pourraient être aussi nombreuses que les 15-24 ans dès 2026. Quant à la population mondiale, elle n'a jamais été aussi nombreuse qu'aujourd'hui.

Selon l'ONU, la population mondiale atteignait 7,7 milliards de personnes en 2020 et devrait être de 8,55 milliards en 2030, de 9,77 milliards en 2050, et peut-être dépasser les 11 milliards en 2100. Dans les années 1970, la croissance de la population était de 2,07 % par an, elle n'est plus aujourd'hui que de 1,08 % par an. L'indice synthétique de fécondité, qui correspond au nombre moyen d'enfants par femme en âge de procréer (15 à 49 ans) à l'intérieur d'une population est de 2,4 aujourd'hui. Il se situe juste au-dessus du seuil de renouvellement naturel des générations établi à 2,05 enfants par femme. Or il était de 3,9 dans le

Population mondiale en 2000 et 2050

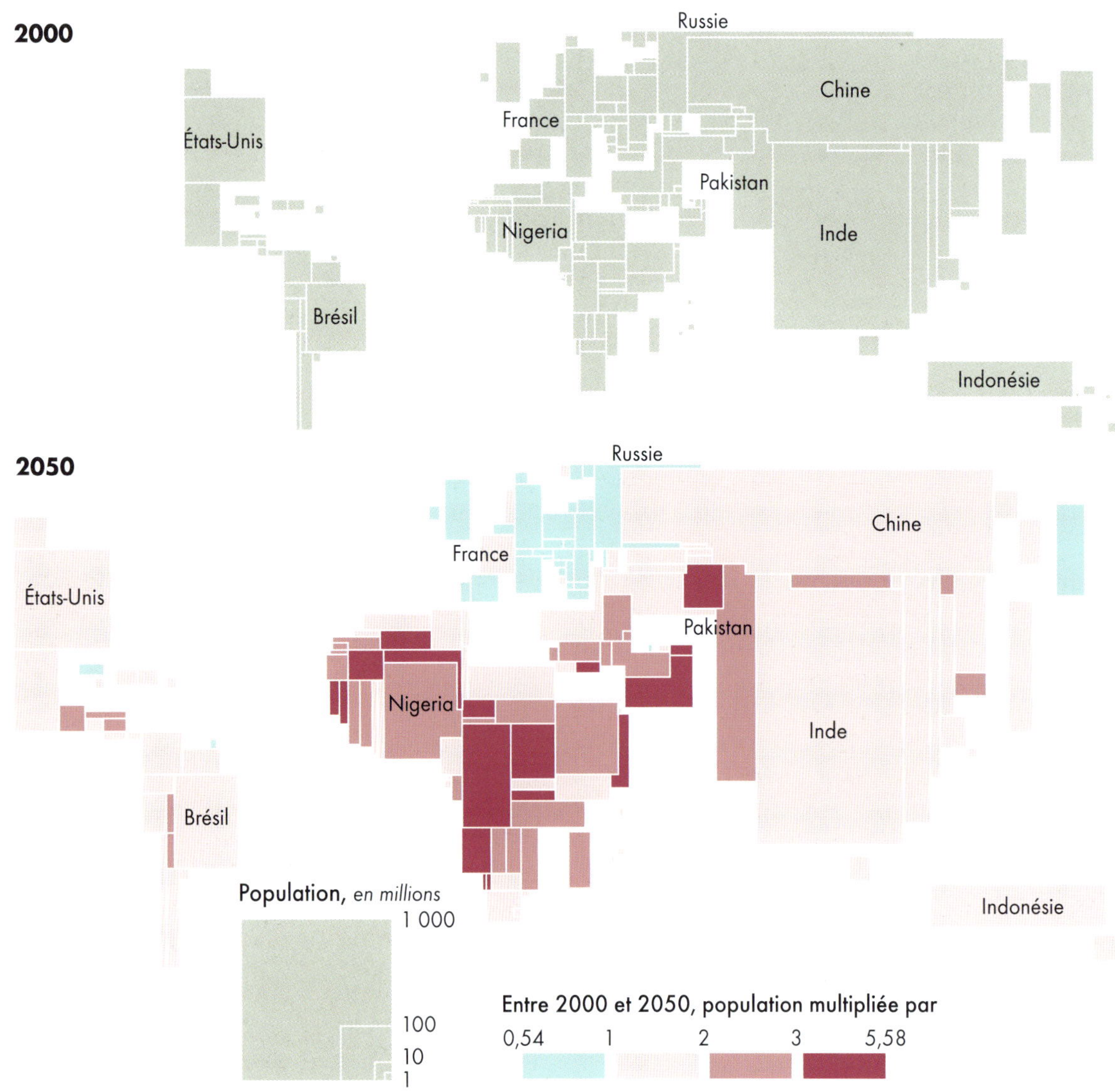

Source : *World Population Prospects : The 2000 Revision*, division de la Population des Nations unies.

Pyramides des âges 1970, 2015 et 2060

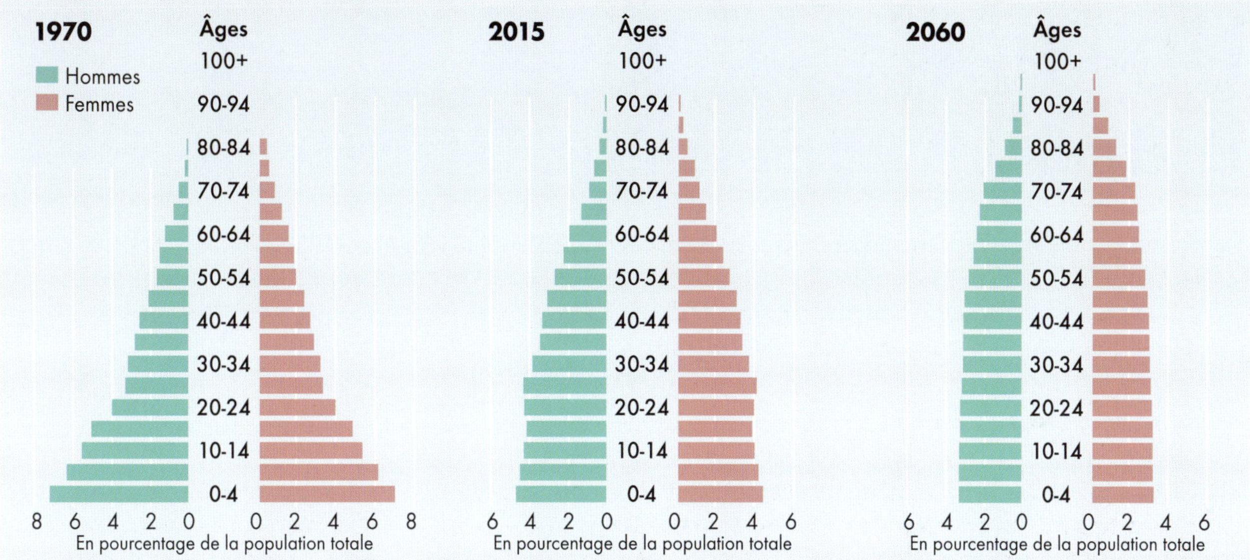

Source : Ined.

monde en 1980 et pourrait être de 1,9 en 2100. Entre 1950 et 2015, la fécondité moyenne dans le monde est passée de 5 enfants par femme à 2,4. Cette situation a des causes multiples : développement économique, état de santé des populations (baisse de la mortalité infantile, meilleure alimentation associée à une agriculture plus productive), éducation des femmes. On a longtemps considéré que le développement économique allait de pair avec le ralentissement de la croissance démographique, on constate cependant que ce développement ne paraît pas indispensable à la baisse de la fécondité, celle-ci pouvant être à son tour un moteur de la modernisation.

L'Inde bientôt plus peuplée que la Chine

Dans les quarante ans à venir, le poids démographique de l'Europe devrait diminuer, celui de l'Amérique du Nord augmenter faiblement tandis que la croissance démographique se concentrera dans les régions en développement, Afrique, Amérique latine et Caraïbes, Asie (hors Japon) et notamment dans une dizaine de pays : Inde, Nigeria, République démocratique du Congo, Pakistan, Éthiopie, Tanzanie, Ouganda, Indonésie, Brésil. L'Inde devrait être d'ici à 2025 le pays le plus peuplé, devant la Chine marquée par la politique démographique « dite de l'enfant unique ». L'assouplissement de cette politique depuis 2013 n'aura des conséquences qu'à long terme. La population de l'Inde (1,3 milliard d'habitants) continuera à croître, le pays a une fécondité supérieure à celle de la Chine et le déficit de filles y est moindre. En 2050, l'Asie (notamment l'Inde, la Chine, le Pakistan) devrait représenter un poids considérable en termes de population. Le poids de l'Afrique subsaharienne va continuer à augmenter. L'Afrique devrait atteindre environ 1,6 milliard d'habitants en 2030, près de 2,4 en 2050 : en termes démographiques, c'est « le continent de demain ».

Un fort vieillissement

Les pyramides des âges, qui représentent la répartition par sexe (hommes à gauche et femmes à droite) et âge de la population à un instant donné, sont le résultat des interactions passées de la fécondité, de la mortalité et des migrations. Néanmoins, la forme de la pyramide et les variations de celle-ci avec les années dépendent principalement des variations de la fécondité. La pyramide de 1970 a une base large, témoignant d'une forte natalité et d'un nombre élevé de jeunes alors que la population âgée est assez réduite. En 2015, la base s'est réduite et le sommet de la pyramide élargi, situation plus marquée encore en 2050 qui souligne l'importance du vieillissement mondial. En 1950, les personnes âgées (60 ans et plus) représentaient 8 % de la population mondiale, contre 22 % en 2060, soit quelque 2,5 milliards d'individus.

Actuellement, à l'échelle mondiale, les 15-24 ans dépassent de presque 32 % les personnes de 60 ans et plus, ces deux groupes seront égaux en 2026, puis les plus de 60 ans seront plus nombreux que les jeunes. Les Nations unies prévoient que l'âge médian mondial, aujourd'hui proche de 30 ans, atteindra 36 ans en 2050, celui du Japon qui est déjà de 47 ans, serait alors de 53 ans. Le vieillissement, très marqué au Japon, sera un peu moindre en Europe et en Amérique du Nord, tandis que le poids démographique de l'Asie et celui de l'Afrique ne feront qu'augmenter au cours du XXIe siècle modifiant les « équilibres » mondiaux. Quel développement durable peut-on envisager dans de telles conditions, inédites jusqu'ici, notamment dans les pays vieillissants ?

CENTENAIRES RECORDS

- Avec **86 500 centenaires**, le **Japon** a la population la plus âgée au monde, selon la dernière estimation du ministère de la Santé en septembre 2021.
- La **France** ne compte que **29 900 centenaires** en 2022 selon les projections de l'INED, mais pourrait en compter 270 000 en 2070.

Une nécessaire transition énergétique

Selon le dernier rapport du GIEC publié le 28 février 2022, il ne nous reste que trois ans pour limiter les effets sur le long terme du changement climatique. La transition énergétique, qui vise au passage des énergies fossiles (pétrole, charbon, gaz) vers les énergies renouvelables, est donc indispensable pour réduire les émissions de CO_2 et éviter un réchauffement de plus de 1,5 °C, auquel se sont engagés les États lors de la COP21 à Paris en 2015.

Accélérer la transition : un défi

Aujourd'hui, le système énergétique mondial repose sur les énergies fossiles, le pétrole (31 %), le charbon (29 %) et le gaz naturel (22 %). Selon un certain nombre de spécialistes, ces énergies demeureront importantes au milieu, voire jusqu'à la fin, du XXIe siècle, en raison notamment d'une demande croissante d'énergie de la part des pays en développement (PED) – où plus d'un milliard de personnes n'ont pas accès à l'électricité – et de la présence de gisements dans un certain nombre de pays. La grande rigidité de ce système, associée à de lourdes infrastructures qui acheminent l'énergie depuis le gisement jusqu'au consommateur, contribue aussi à la lenteur de la transition.

Pour d'autres, les énergies renouvelables (EnR) seront dominantes dès 2050 conformément aux attentes de la COP21. Fin 2015, les EnR représentaient 19,3 % de la capacité énergétique mondiale, elles devraient atteindre 66 % en 2050. En 2020, les EnR fournissent un quart environ de l'électricité mondiale ; en 2050, 64 % de l'électricité devrait être d'origine renouvelable, 48 % de l'électricité étant fourni par l'éolien et le photovoltaïque. De nombreux pays industrialisés ont pour objectif de réduire leurs émissions de GES de 75 % à l'horizon 2050 par rapport au niveau de 1990, tandis que les PED verront leurs émissions continuer à croître.

Selon l'agence internationale pour les énergies renouvelables (IRENA), la consommation de la Chine en EnR devrait passer de 7 % en 2015 à 67 % en 2050, l'Union européenne (UE) de 17 % à plus de 70 %, celle de l'Inde et des États-Unis pourrait atteindre 66 % ou plus. Les PED devraient favoriser les énergies renouvelables produites localement. Les énergies renouvelables, notamment éoliennes et solaires photovoltaïques, ont attiré les investisseurs depuis 2006, mais dès 2016 ces investissements ont chuté, particulièrement ceux du solaire photovoltaïque en Chine, tandis que l'éolien a enregistré une hausse grâce à la croissance des investissements au Brésil et en Inde. Ces énergies ne sont pas exemptes de problèmes ; elles sont intermittentes, et nécessitent donc des solutions complémentaires. La fabrication des éoliennes demande beaucoup d'énergie pour élaborer, transporter le béton des socles, et l'acier ; celle des panneaux solaires utilise des quantités importantes de terre rares.

Les dix premiers producteurs d'énergie renouvelable

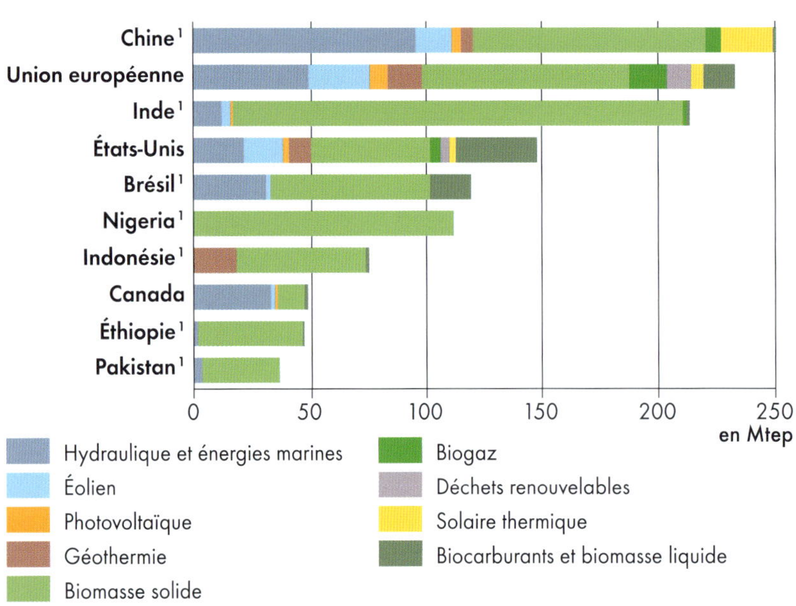

1. Pour les pays non membres de l'OCDE, les données relatives à la biomasse solide sont des estimations. Étant donné leur poids important au sein des énergies renouvelables, les classements sont donc à prendre avec précaution.

Source : AEI, *World Energy Balances*, 2016, ©OCDE/AEI, 2016.

Accroître l'efficacité énergétique

L'efficacité énergétique accrue résulte de la réduction de la consommation et de la diminution du gaspillage énergétique. L'intensité énergétique de l'économie mondiale devrait diminuer d'environ deux tiers d'ici à 2050. Celle-ci est un indicateur qui permet de mesurer le degré de l'efficacité énergétique d'une économie envisagée par le rapport entre la

Adaptation au changement climatique

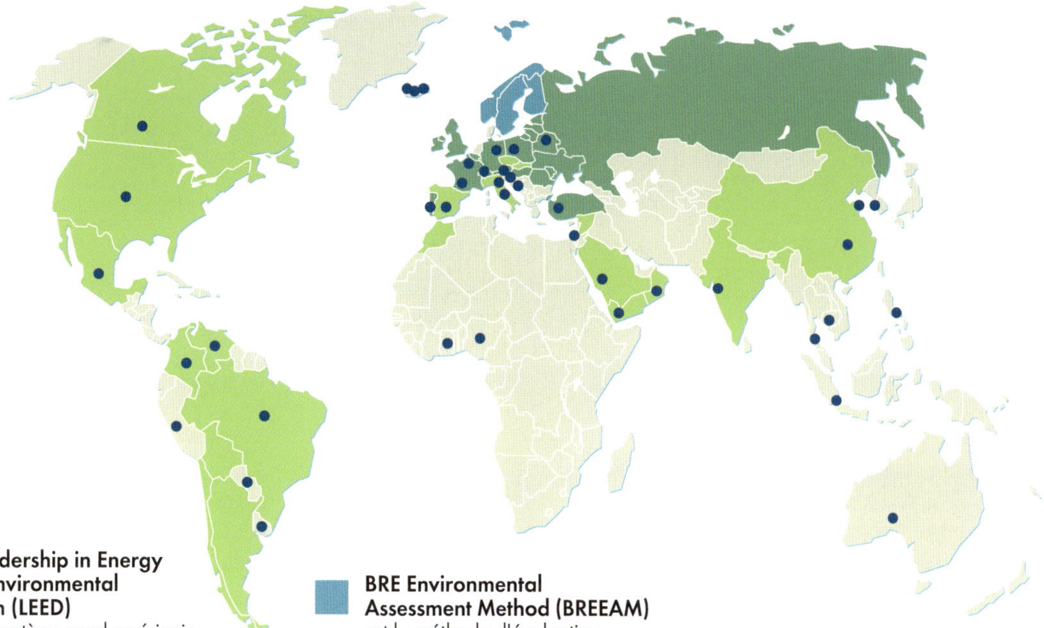

Source : https://www.lemoniteur.fr/article/breeam-leed-et-hqe-a-la-conquete-du-monde-16142824

consommation d'énergie d'un pays et son produit intérieur brut (PIB).

Dans les secteurs des transports, du bâtiment, de l'urbanisme ou de l'agriculture, des efforts doivent être réalisés pour économiser les énergies ou pour en produire dans le cadre de l'économie circulaire, qui occupe une place centrale dans la transition énergétique. L'économie circulaire implique notamment l'approvisionnement durable des ressources, l'écoconception, mais aussi une consommation responsable et l'allongement de la durée d'usage des produits.

Dejà de nombreuses innovations technologiques labellisées (BiodierCity, Breeam, BBCA...) concernent les bâtiments. Les *smart grids*, réseaux décentralisés de gestion de l'énergie, permettent d'optimiser l'équilibre demande/production, de stocker l'énergie en excédent dans des batteries ou de la revendre à un autre réseau. L'électricité d'origine renouvelable devrait occuper une part croissante dans le domaine de la mobilité, grâce à la mise au point de véhicules dotés d'une plus grande autonomie et à la multiplication des stations de recharge rapide.

• Selon le dernier rapport du GIEC de 2022, **un développement résilient au changement climatique est encore possible**, en consacrant des efforts financiers plus importants en priorité dans la transition énergétique, afin de réduire les émissions de CO_2.

Trois axes pour réduire la consommation d'énergie

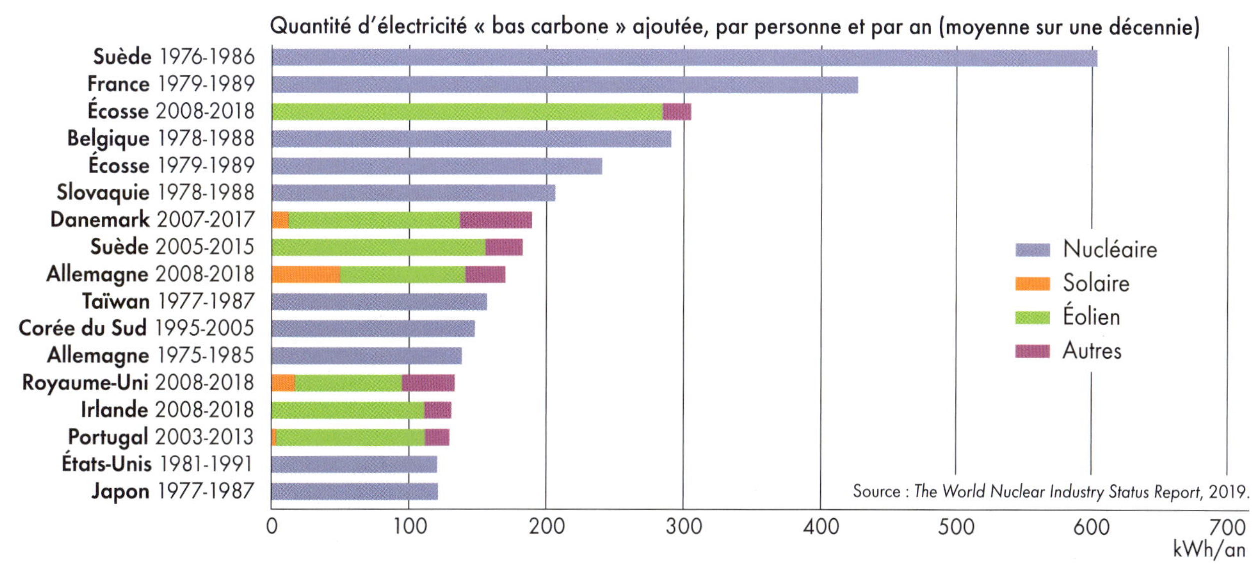

Source : *The World Nuclear Industry Status Report*, 2019.

Vers une révolution des modes de vie

En 2022, 56 % de la population mondiale vit dans les villes et ces dernières sont à l'origine de 70 % des émissions de gaz à effet de serre (GES). La lutte contre le réchauffement climatique y est donc primordiale et elle passe par une nouvelle vision de l'urbanisme, l'innovation sociale, des moyens techniques et une plus forte solidarité entre villes du Nord et villes du Sud.

L'enjeu des villes

Sous la contrainte climatique, les villes des pays industrialisés ont les moyens de changer d'organisation spatiale. La densité urbaine permet le développement de transports en commun efficaces. La proximité du travail permet de s'y rendre à pied ou en vélo. Quand l'emploi est éloigné de la zone d'habitation, l'entreprise peut développer le télétravail.

Dans les pays en voie de développement, l'exode rural participe de la formation de mégapoles. La classe moyenne en formation y aspire à adopter le mode de vie occidental, carboné. Sans soutien financier et technologique des pays riches, les émissions de GES ne cesseront de croître. Le partage des rêves urbains est indispensable à la culture d'un destin commun.

Ville intelligente ou écoville ?

L'approche climato-compatible de la ville fait émerger une vision écosystémique de la cité. Elle se traduit par deux types de discours qui, tout en étant frappés au sceau du développement durable, divergent sur sa mise en place.

La ville intelligente relève d'une vision technologique du monde, règne des innovations digitales, nanotechnologiques, robotiques. Les logements et bureaux sont à énergie positive, produisant davantage d'énergie qu'ils n'en consomment. L'éclairage public obéit à des caméras sensibles à la lumière et à la fréquentation des lieux publics, associés à un système de sécurité des biens et des personnes qui dissuade la délinquance. De petites fermes high-tech, autonomes en énergie, produisent des légumes alimentés par des systèmes de goutte à goutte d'eau chargée de nutriments. Dans ce scénario, la production d'énergie serait toujours centralisée et les experts en logique des systèmes cybernétiques traiteraient simultanément des millions de données sur la consommation d'énergie et d'eau, le fonctionnement des services publics, les mouvements de population… et pourraient prévoir tout excès de demande énergétique, toute menace à l'ordre social. Dans cette ville « mise en équation », il y aurait toujours autant de consumérisme, toujours autant d'argent en circulation, mais le fond de l'air serait pur et les oiseaux les plus fragiles nicheraient à nouveau dans les jardinets et sur les toits-jardins. Le capitalisme serait sauvé par la transition énergétique, la croissance verte et un certain amour de la nature.

Quant à l'écoville, elle s'appuierait à la fois sur les démarches individuelles comme la « ville intelligente » et sur les visions collectives du futur, toujours envisagées sous son meilleur jour. On y retrouverait une même ode au bien-être individuel, une morale

Itinéraire d'un steak haché

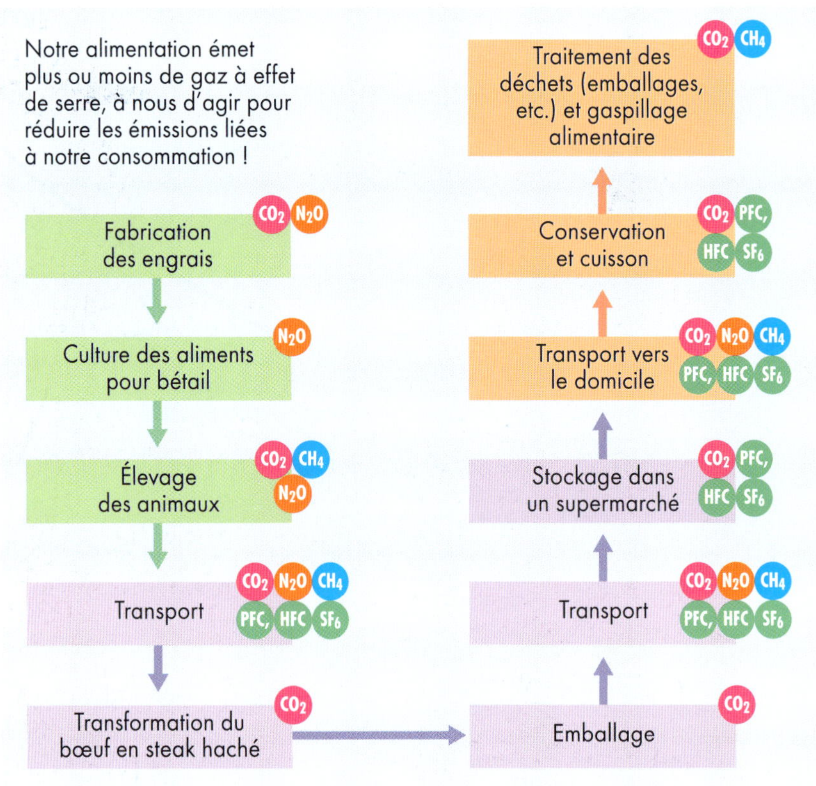

Source : Réseau action climat, *Kit pédagogique sur les changements climatiques*, 2015.

éco-responsable stricte et une tendance à vouloir recouvrer un équilibre idéal, gravé dans le marbre d'un âge d'or. Ce scénario ferait appel à moins de technologie, moins de consumérisme, plus de jardins partagés, de circuits courts de distribution (grâce aux ceintures maraîchères), de covoiturage, d'économie sociale et collaborative, de recyclage, de démocratie locale et de sobriété énergétique. Cette énergie serait le plus souvent produite localement, par des régies municipales, des coopératives de citoyens, des partenariats locaux public-privé qui miseraient sur des « bouquets » mêlant, selon les situations, éolien, hydrolien, marémoteur, solaire, géothermique, biogaz, etc. Le capitalisme serait en quelque sorte amendé par la société civile.

Deux visions systémiques de la ville et de la société

L'une – avec son versant technologique – est construite de haut en bas par un collège d'experts techniques, l'autre – plus collective – est élaborée de bas en haut par des gens reliés par un idéal excluant les « non croyants ». Les deux chapelles mêlent des aspects « bisounours » du climato-politiquement correct et d'autres dictatoriaux. La ville a toujours été le miroir d'un rapport de force politique. L'envisager comme une expression de la liberté est une dangereuse illusion, un retour à la pensée des lendemains qui chantent où tout est résolu. De fait, une norme en remplace toujours une autre. Les deux approches oublient dans leurs trajectoires respectives deux facteurs essentiels : le pouvoir déstabilisateur des jeux financiers internationaux (sur la bourse aux matières premières agricoles, sur l'électricité renouvelable, sur les composants électroniques et les terres rares, etc.) et celui de l'expression sociale (contestation sociale, etc.). L'avenir dira ce qui comptera dans cette vision de la ville durable écosystémique : l'individu ou le collectif, l'intérêt économique ou le dialogue croissance-décroissance…

Augmentation du télétravail en Europe

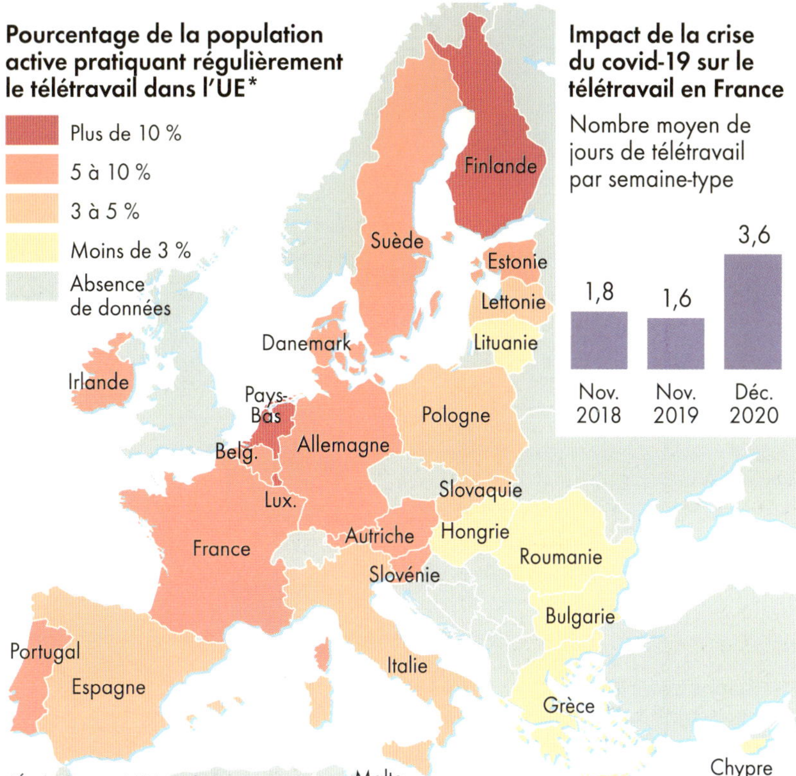

*Étude de mars 2020, réalisée avant la pandémie de covid-19.

Sources : Eurostat ; INSEE ; Malakoff Humanis, 2021.

Poids de notre consommation

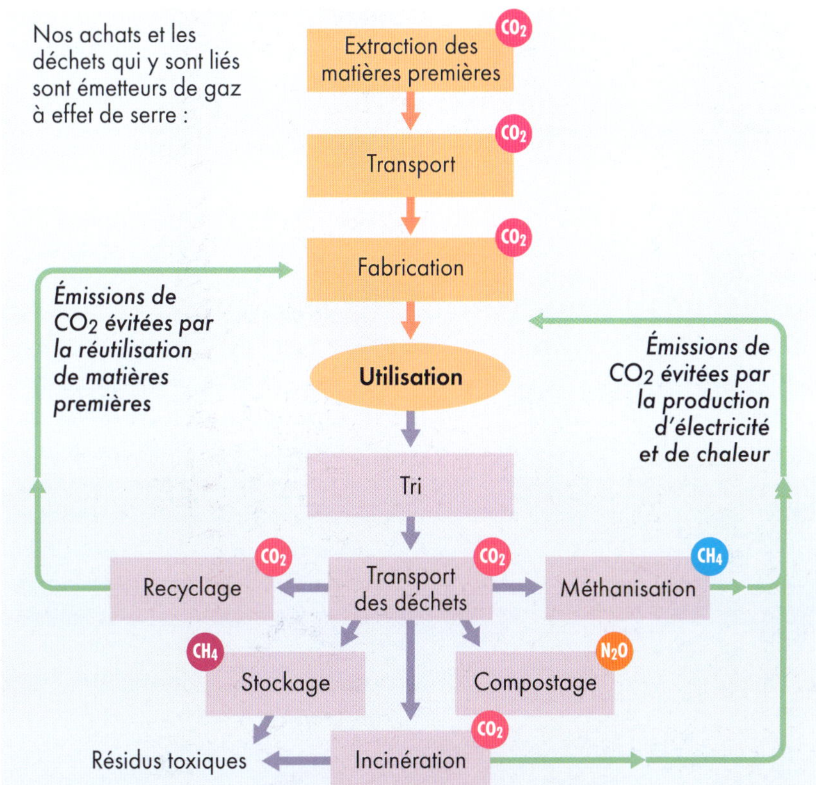

Source : Réseau action climat, *Kit pédagogique sur les changements climatiques*, 2015.

• L'urbanisme du XIXe siècle était fonctionnel, hygiéniste, basé sur la parcellisation de l'espace.
Chaque activité humaine (habitat, sports, loisirs, mobilité) était sectorisée.
Les mégapoles du XXe siècle furent plus le fruit d'une croissance imposée par les migrations de populations, et pensées dans l'urgence.

Vers de nouveaux modes de transports

Le XXe siècle a été celui du développement gigantesque et multiforme des moyens de communication. Or ces moyens portent trop souvent la marque du carbone et des gaz à effet de serre. Pour garder la liberté de circuler dans les années à venir, les transports nécessitent donc une révision systémique associant particuliers et entreprises, secteurs public et privé, avec pour ambition de passer à la « mobilité durable ».

Vers une mobilité durable

Automobiles, autocars, motos, camions, cargos, trains, avions se sont développés sur la base de combustibles fossiles, propulsant les transports individuels et collectifs au rang des plus grands pollueurs : le transport est ainsi devenu le premier émetteur de CO_2 de la planète.

Dans ce contexte, l'effort de réduction des émissions de CO_2 passe par le développement des transports en commun. La « mobilité durable » est celle qui assure les besoins en déplacement des personnes tout en préservant l'intégrité de l'environnement et en garantissant l'équité d'accès des usagers aux services, aux commerces, aux entreprises, à la santé publique. La mobilité se doit d'être pensée de manière collective comme un maillage de la géographie humaine et physique, ce qui suppose une évaluation sociologique des besoins, us et coutumes. Elle s'exprime en réseaux interconnectant les différents modes de transport (y compris l'interface transport individuel/transport collectif) et est donc partie intégrante de l'urbanisme. Elle doit également compter dans les réflexions d'aménagement du territoire pour ce qui est des liaisons ville-banlieue et ville-campagne. En plus de respecter les contraintes écologiques, la mobilité durable doit rester économiquement abordable pour l'usager. Cela suppose un investissement public dans les infrastructures, mais aussi dans la recherche et l'innovation (amélioration des véhicules, des carburants, gestion informatisée des réseaux). L'attractivité des transports en commun passe également par l'offre multimodale, c'est-à-dire la possibilité de choisir entre plusieurs modes de transport : vélo, covoiturage, taxi, transports en commun.

Émissions de CO_2 par passager

Émissions des différents mode de transport en grammes équivalents de CO_2 par passager-km (moyennes mondiales)

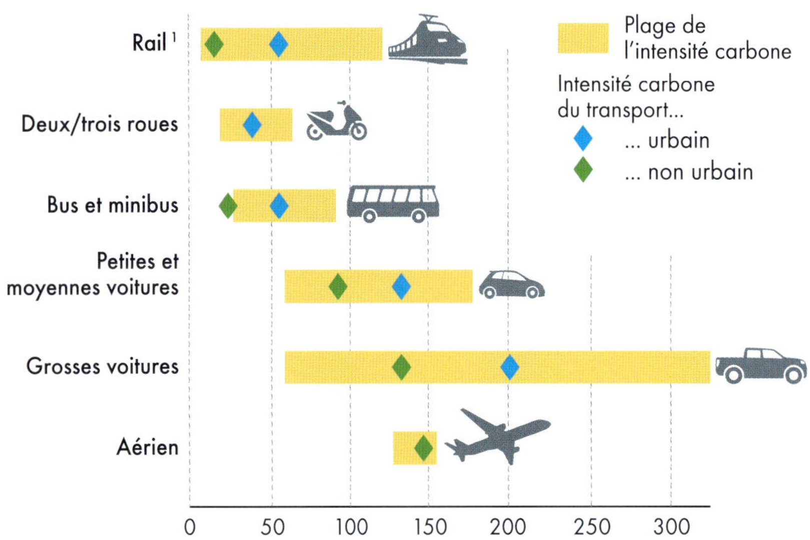

1. Les émissions associées au rail dépendent de la source d'énergie utilisée. En France, le rail émet nettement moins de CO_2 que la moyenne mondiale.

Source : AIE, 2020.

Emplois dans l'efficacité énergétique des transports

Nombre d'emplois par secteurs, en milliers

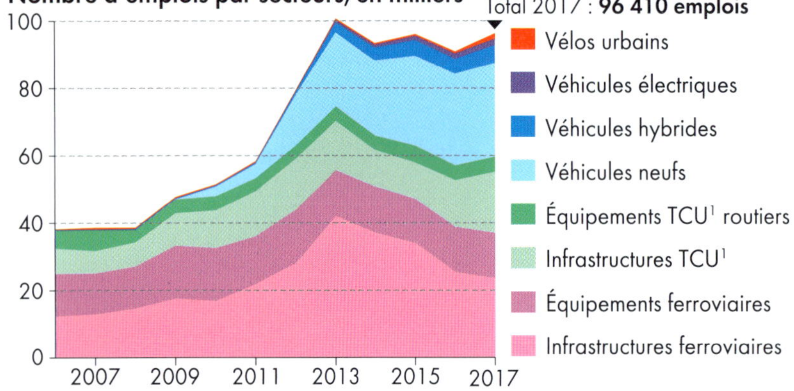

Source : Ademe, *Marchés et emplois liés à l'efficacité énergétique dans le secteur des transports, Situation 2014-2016*, 2019.

1. Transports collectifs urbains.

Voitures et vélos en libre-service

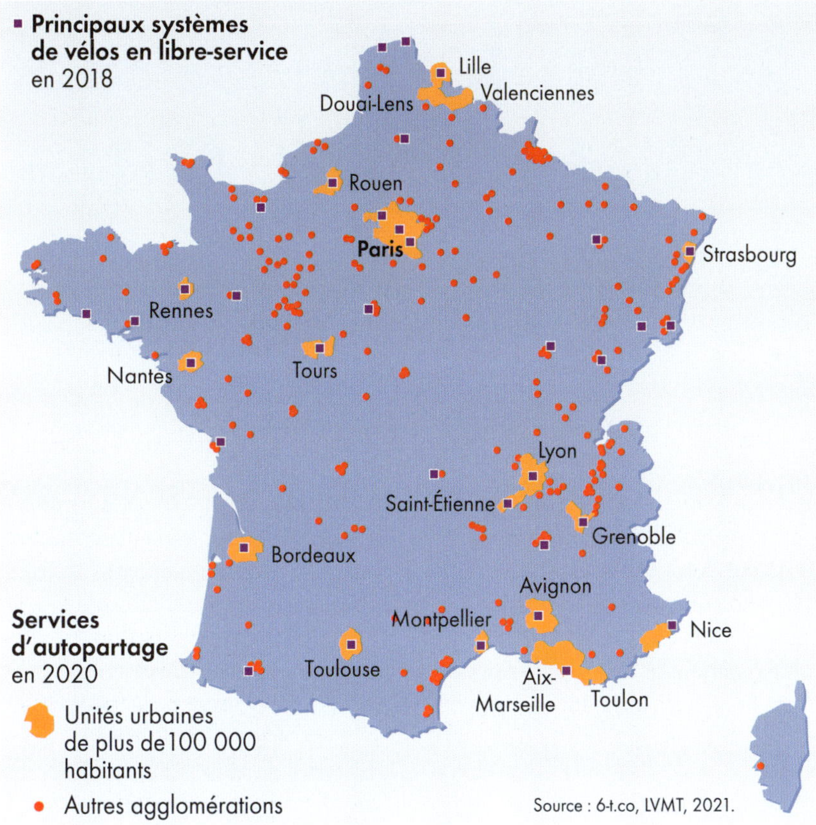

Source : 6-t.co, LVMT, 2021.

Production de bioéthanol dans le monde

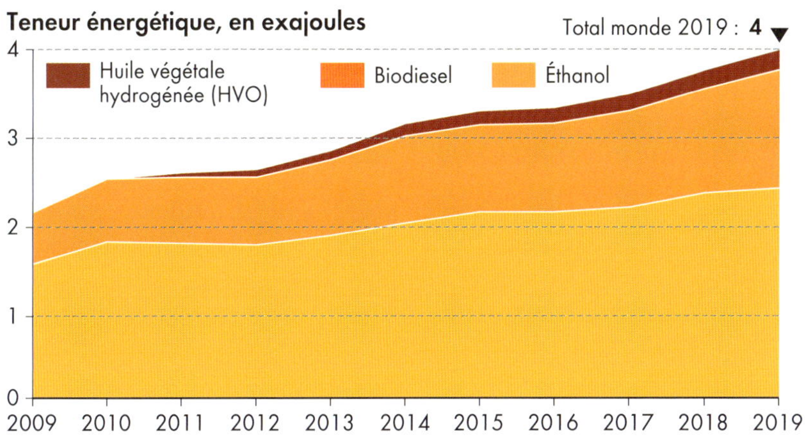

Source : REN21, *Renewables 2020, Global Status Report.*

Croissance des modes de transport

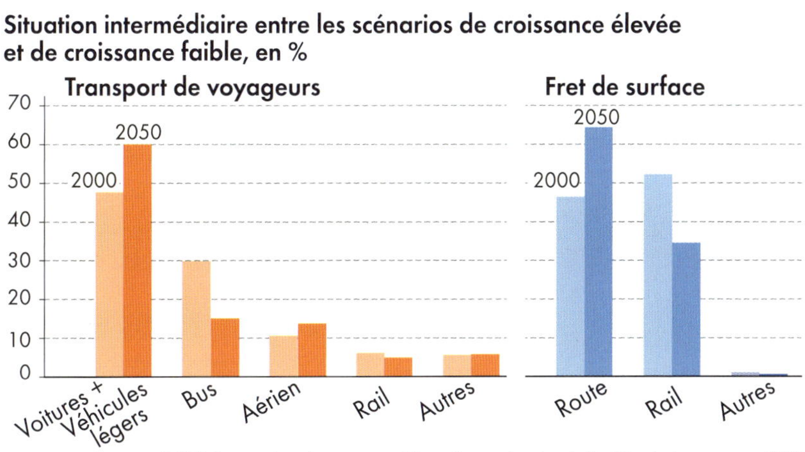

Source : OCDE, *Perspectives de transports, Répondre aux besoins de 9 milliards de personnes*, 2011.

Le transport de marchandises

Les flux de marchandises participent du dynamisme de l'économie et relèvent de multiples acteurs privés et publics. La globalisation des échanges caractérisée par le développement des pratiques de flux tendus et d'obsolescence programmée des objets ont fait naître une activité de logistique organisée en sites industriels, commerciaux, administratifs, artisanaux pour répondre au fractionnement des flux et à l'accroissement de la diffusion géographique des marchandises. Une des conséquences est la charge accrue du système de transport et ses émissions de CO_2.

À l'avenir, adopter des transports de marchandises plus propres passera par le développement de modes alternatifs à la route et à l'avion, et par l'adaptation et l'innovation des moyens de transport aux défis environnementaux, tels que les autoroutes ferroviaires, les cargos à hydrogène ou à voiles, les réacteurs d'avions à algues, ou les avions électriques...

Le défi de la voiture électrique

La technologie des batteries a fortement progressé ces dernières années, ce qui permet d'envisager le développement d'une flotte significative de voitures électriques. Certains pays prévoient déjà de supprimer toute voiture thermique et donc de basculer complètement vers la voiture électrique. Il y a des bénéfices immédiats pour la pollution dans les villes. Pour le climat, l'impact dépend du mode de production de l'électricité. Si cette électricité est produite à partir du charbon, le gain est quasi nul. Il est donc nécessaire de produire une électricité propre, à partir d'énergie renouvelable ou nucléaire.

• **L'automobile est avec l'avion le moyen de transport le plus polluant.** Elle pèse pour moitié dans les émissions de GES du secteur des transports. En France, elle monopolise **84 % des déplacements de personnes**. Chaque citoyen peut agir au quotidien sur ses émissions de GES en empruntant les transports en commun et, parmi eux, préférer le rail à la route.

Villes sous surveillance : de la *smart city* à la *safe city*

La multiplication des caméras de surveillance et le perfectionnement de la reconnaissance faciale sont déployés pour assurer ordre et sécurité en ville, parfois au nom de la lutte contre le terrorisme, parfois comme outil d'une gouvernance autoritaire, remettant en cause nos libertés fondamentales.

Surveiller pour sécuriser l'espace urbain

Les technologies de surveillance, dont l'introduction dans l'espace public urbain est souvent justifiée par l'impératif d'un rétablissement de l'ordre public en temps de crise (caméras en Angleterre lors des attentats menés par l'IRA dans les années 1980) sont désormais des composantes ordinaires de l'environnement urbain. Du bertillonnage de la population (identification biométrique des criminels) à la vidéosurveillance, par circuit fermé (CCTV) ou utilisant les réseaux de 4G ou de 5G, intégrant le recueil de données biométriques et la reconnaissance faciale, les objectifs visent à assurer un contrôle permanent et total de l'espace urbain, en le rendant visible pour le superviser, le sécuriser, et prévenir les comportements considérés comme criminels.
La croissance des revenus du marché de la surveillance urbaine (+33 % entre 2018 et 2022) est soutenue par la forte demande des régimes autoritaires mais aussi des gouvernements démocratiques, qui font le pari de la surveillance pour assurer la sécurité de leur population. La Chine représente ainsi 47 % du marché de la vidéosurveillance en 2020.
Les outils de cette technopolice se sont miniaturisés, digitalisés et sont devenus quasiment invisibles, les angles morts de l'espace urbain se réduisant à mesure des progrès de la technologie, désormais volante. Ainsi, en avril 2020, le ministère de l'Intérieur français lance un appel d'offres portant sur l'acquisition de 650 drones dont 565 dits « microdrones du quotidien ». Les centres de supervision urbaine sont les lieux de cette surveillance par excellence, salles de contrôle centralisant images et données recueillies, comme le Centre C5 à Mexico. Ils permettent la coordination de nombreux dispositifs, fixes, mobiles, et l'intégration de contenus produits par la population, grâce à la constitution de plateformes de données en réseau.

Une surveillance entre les mains du privé

Les acteurs puissants du secteur de la surveillance urbaine sont les entreprises privées (Thalès, Engie, IBM, Samsung, Huawei), qui développent ces technologies et les vendent aux États, par l'intermédiaire des ministères de la Défense et de l'Intérieur en charge de la surveillance de la population et du territoire, ou aux collectivités territoriales en charge de la police urbaine.
Le gouvernement chinois a organisé l'intégration civilo-militaire, par la constitution d'un véritable conglomérat entre la sphère technologique et les organes du Parti communiste. Dans des contextes plus démocratiques, la libéralisation des politiques publiques a parfois conduit les municipalités à être très exposées aux solutions privées de surveillance urbaine : Huawei à Valenciennes et Nairobi, IBM à Saint-Louis et à Toulouse, Thalès à Nice.

Un risque pour nos libertés ?

Les protocoles et procédures de surveillance urbaine sont indécelables et favorisent une reproduction des inégalités sociales (biais racistes de la

Les promesses de la *smart city*, exemple de Songdo

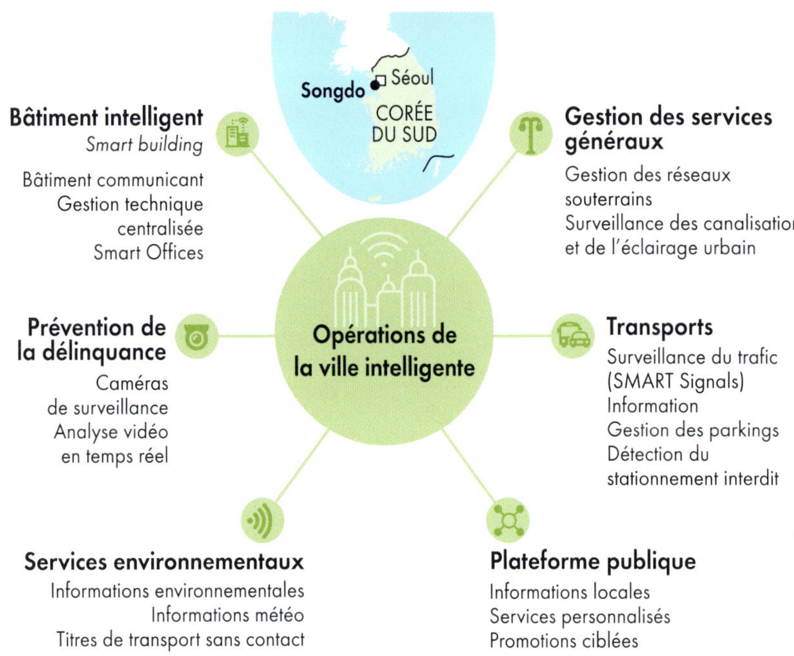

Source : smartcitykorea.com.

Villes britanniques sous surveillance

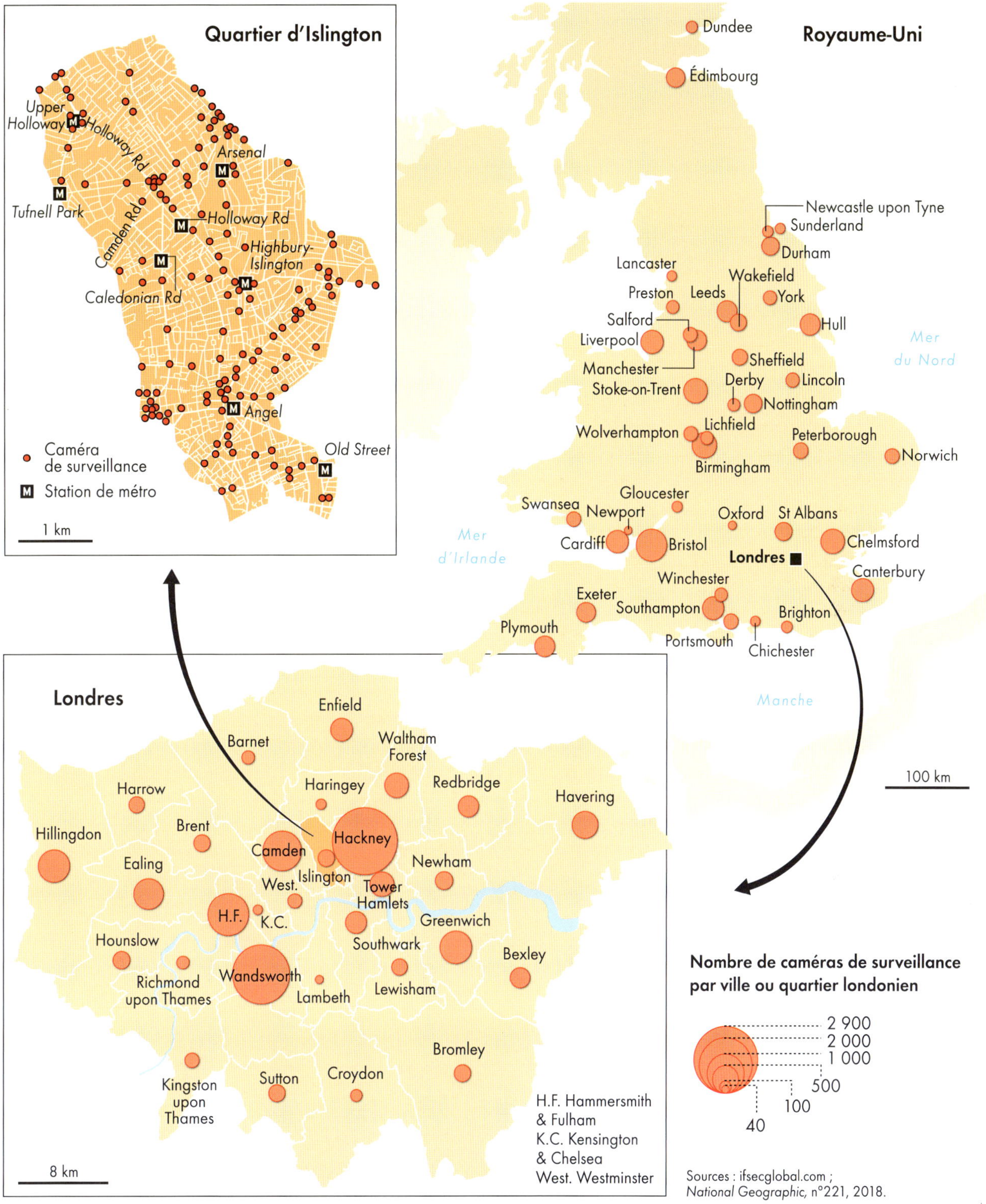

Sources : ifsecglobal.com ; *National Geographic*, n°221, 2018.

reconnaissance faciale) puisque les principes à partir desquels ils sont établis ne sont pas débattus collectivement. En contexte démocratique, la législation n'impose pas d'intégrer les populations surveillées à l'élaboration des conditions de la surveillance, tout au plus elle exige la visibilité des équipements par une signalétique spécifique. Elle protège cependant en partie les données personnelles collectées, à l'échelle nationale (CNIL en France) ou à l'échelle européenne (RGPD).

De nombreux acteurs militent pour l'encadrement strict de technologies dénoncées comme liberticides, comme le lobby European Digital Rights qui a interpellé en mai 2020 l'Union européenne.

LA FRANCE SOUS SURVEILLANCE

En France, selon la *Gazette des communes*, le nombre de caméras de vidéosurveillance dans les **50 villes les plus peuplées** est passé de **4 800 à 11 400 entre 2013 et 2020**.

Changer de modèle agricole

Même contenu et atténué, le changement climatique oblige les agricultures du monde à s'adapter pour produire à la hauteur des besoins alimentaires. Le modèle agronomique de la « révolution verte », basé sur l'intensification de la production par les engrais de synthèse, la concentration des exploitations et la mécanisation doit être révisé à l'aune des nouvelles contraintes climatiques, des modifications de la biodiversité et de la réduction des émissions de gaz à effet de serre.

Diversifier les modèles agricoles

Selon les scientifiques, l'agriculture mondiale émet en moyenne 14 % de gaz à effet de serre (GES) dus aux activités humaines (30 % quand on prend en compte la déforestation). Les principaux postes en accusation sont les engrais et pesticides de synthèse, la consommation d'énergie fossile et les éructations de méthane des ruminants. Le menu occidental, démesurément riche en viande d'animaux nourris aux céréales pèse donc très lourd en GES. Variétés et races locales amènent le consommateur à redécouvrir la richesse de l'agriculture de proximité. En s'éloignant du modèle uniformisé de consommation alimentaire, on gagne en bilan carbone (ne serait-ce qu'en termes de transport) et la part de gaspillage due au circuit industriel diminue.

L'agriculture, l'élevage et la sylviculture sont parmi les premières activités humaines à être touchées de plein fouet par le changement climatique. Force est de constater que la remise en cause des modèles traditionnels semble inéluctable. Pour ce faire, la solution semble être de s'appuyer sur les écosystèmes locaux et régionaux, afin d'y puiser ressources et résistances indispensables pour s'adapter aux modifications des régimes de précipitations et de température.

Privilégier le bio

Contrairement à l'agriculture intensive, l'agriculture biologique ou agrobiologie s'interdit tout recours aux engrais minéraux, aux pesticides de synthèse et aux OGM. Elle assure la fertilisation du sol et la protection contre les parasites par des

Le bio en Europe

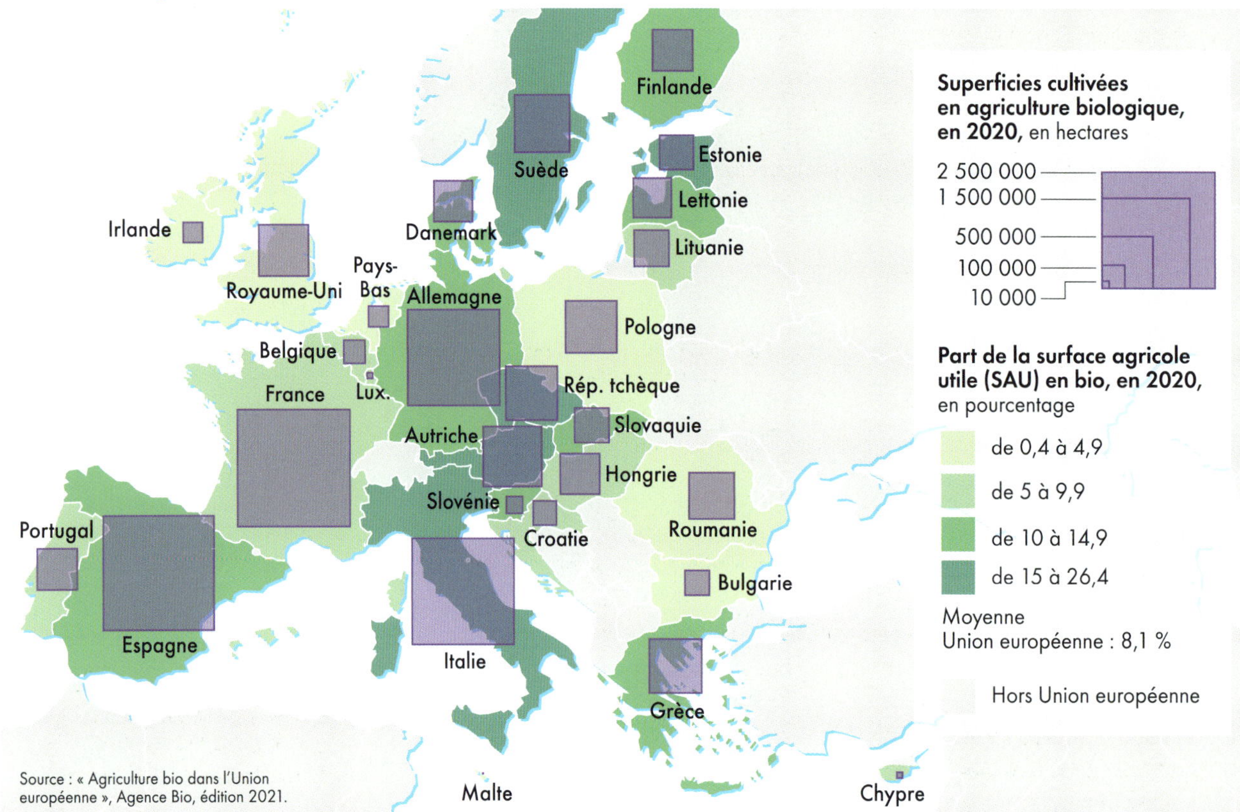

Source : « Agriculture bio dans l'Union européenne », Agence Bio, édition 2021.

Les principes de l'agroforesterie

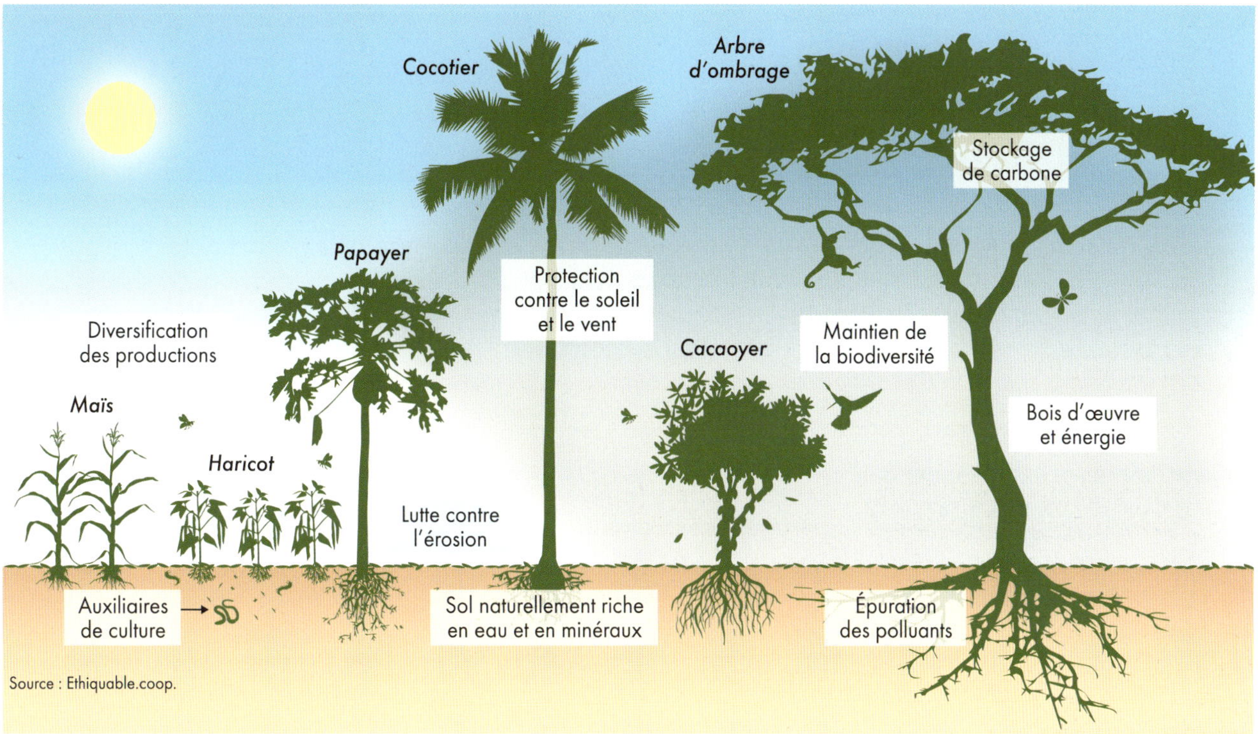

Source : Ethiquable.coop.

processus biologiques et des cultures associées. En cultivant et multipliant les variétés locales, elle assure le brassage génétique nécessaire à l'adaptation des plantes au climat. Olivier de Schutter, rapporteur spécial des Nations unies sur le droit à l'alimentation, a présenté l'agrobiologie comme la meilleure solution pour nourrir 9 milliards d'êtres humains en 2050 et adapter l'agriculture au défi climatique, à condition de se donner les moyens de la développer à grande échelle. En 2015, la superficie en culture biologique certifiée ne représente que 1,1 % de la surface agricole utilisée mondiale. C'est en Océanie et en Europe qu'elle occupe aujourd'hui plus de place.

Développer l'agroforesterie et la permaculture

La FAO promeut l'agroforesterie, démarche proche de l'agrobiologie mais sans le refus des produits de synthèse. Elle associe sur une même parcelle des arbres et des cultures annuelles ou des pâturages. En zone tempérée, on redécouvre les vertus des « prés-vergers » et des bocages, en zone tropicale les pratiques de culture sous couvert forestier. Les arbres – fruitiers ou forestiers – plantés en lignes diminuent l'impact des aléas météorologiques extrêmes, et l'on cultive dans les allées. Par leur système racinaire, les arbres limitent l'érosion des sols, facilitent l'infiltration de l'eau en profondeur, altèrent la roche-mère riche en matière organique et font remonter les nutriments vers les plantes cultivées. Les mêmes racines interceptent les excès d'azote des cultures et protègent ainsi la ressource en eau. Les rendements peuvent aller jusqu'à 60 % de gain de biomasse par rapport aux cultures seules. Le maillage forestier et les haies attirent les pollinisateurs, fixent les insectes ravageurs et ceux qui, rampants ou volants, les contrôlent, ce qui limite, voire supprime, l'usage de pesticides. Côté climat, tant qu'ils poussent, les arbres séquestrent du carbone (1 à 4 tonnes par hectare et par an). L'agroforesterie comme l'agrobiologie sont moins mécanisées, ce qui permet une économie de carburant. Et l'agriculteur profite de deux revenus, agricole et forestier. À une échelle locale se développe aussi de plus en plus la permaculture, concept né en Australie dans les années 1970 qui vise à réaliser des écosystèmes, en s'inspirant du fonctionnement de la nature. Comme l'agrobiologie, elle n'utilise pas de produits chimiques ni de synthèse, mais tire en plus partie des interactions naturelles entre êtres vivants.

Choisir sa viande

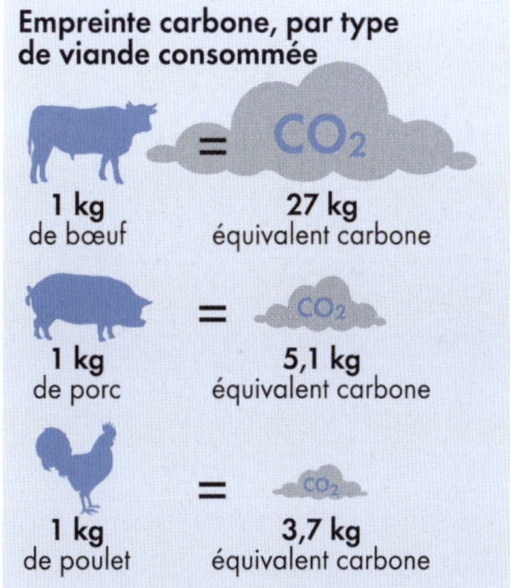

Source : Chiffres-carbone.fr, 2015.

LA FRANCE DÉGRADÉE

D'après *Le Monde*, **18 % du territoire français** est concerné par **la perte de biodiversité et l'érosion des sols** (soit 27 millions d'hectares concernés en France).

Vers un monde sans forêts ?

La déforestation amazonienne est particulièrement médiatisée. Faut-il pour autant craindre la disparition des forêts dans le monde à moyen terme ? Les atteintes aux surfaces forestières touchent de fait toutes les latitudes, mais avec une grande variation d'intensité et d'intentions d'aménagement. Le réchauffement climatique en cours depuis un siècle se traduit aussi par des modifications des paysages forestiers du monde.

Une déforestation radicale et permanente ?

Les forêts tropicales jouent un rôle capital pour l'environnement et sont essentielles à la vie de millions de personnes, depuis des temps immémoriaux. Pourtant, l'avènement de l'anthropocène a amplifié les activités humaines menaçantes pour l'ensemble des écosystèmes de la planète (intensification de l'agriculture, exploitation forestière). Il en ressort une déforestation généralisée des zones tropicales et une dégradation intense des forêts dans le monde. Cependant, la dégradation s'explique différemment selon les régions et ne se cantonne pas aux zones tropicales.

L'indicateur TCL permet de souligner le facteur dominant de perte de couvert forestier. Il se décline en cinq modalités :

- la déforestation pour l'exploitation de matières premières agricoles, minières ou énergétiques, très prégnante en Amérique du Sud et en Indonésie ;
- l'urbanisation, qui est, à travers le monde entier, une cause de perte massive et durable de forêts ;
- l'agriculture itinérante très commune en Afrique et en Amérique subéquatoriales ;
- les coupes forestières au sein des forêts aménagées et des plantations d'Europe, de l'est des États-Unis ou du sud-est de la Chine ;
- les feux de forêt, qui touchent des régions de feux endémiques du bouclier canadien, de la Sibérie ou de l'Australie.

La déforestation peut donc être plus ou moins temporaire. L'exemple de la déforestation pour la culture du café

Déforestation par grandes causes

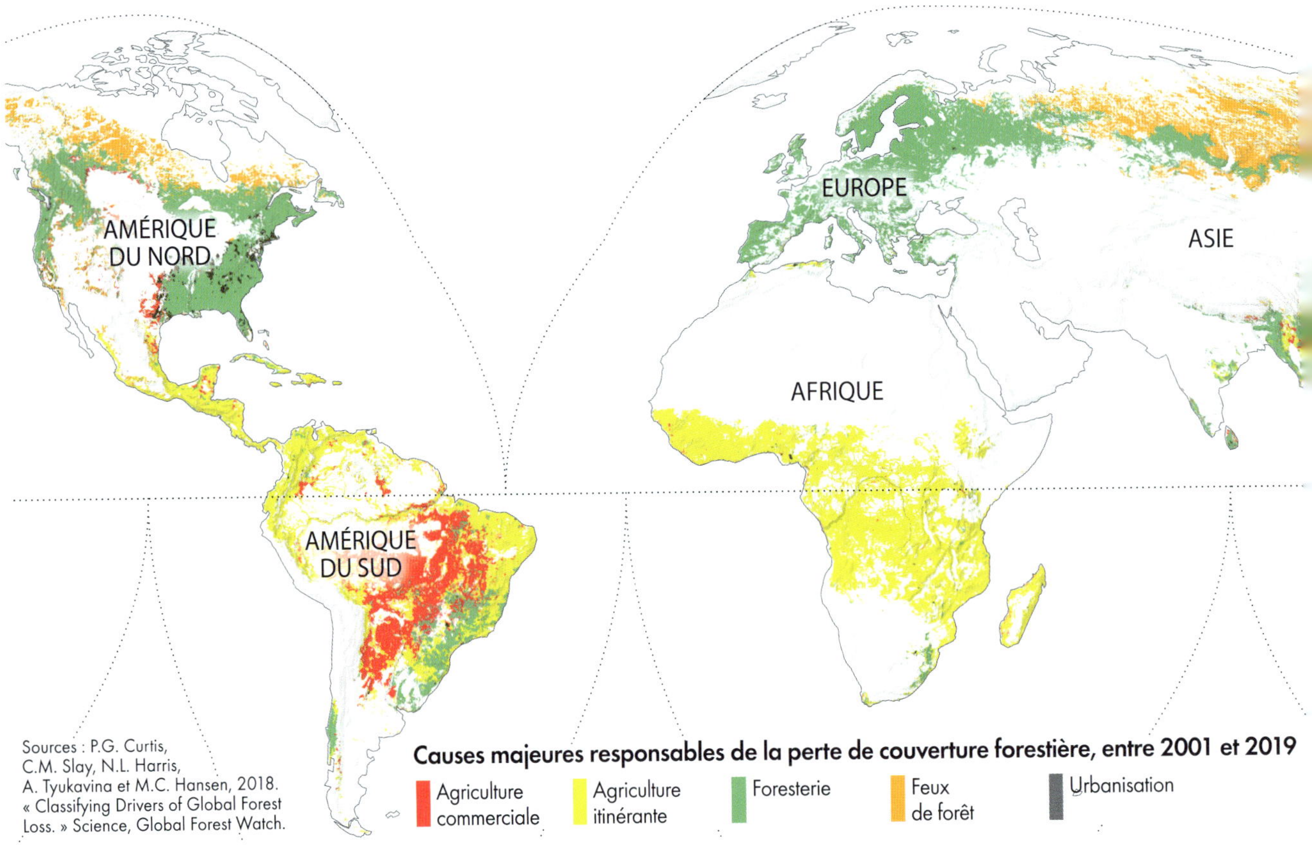

Sources : P.G. Curtis, C.M. Slay, N.L. Harris, A. Tyukavina et M.C. Hansen, 2018. « Classifying Drivers of Global Forest Loss. » Science, Global Forest Watch.

Évolution du couvert forestier en Europe

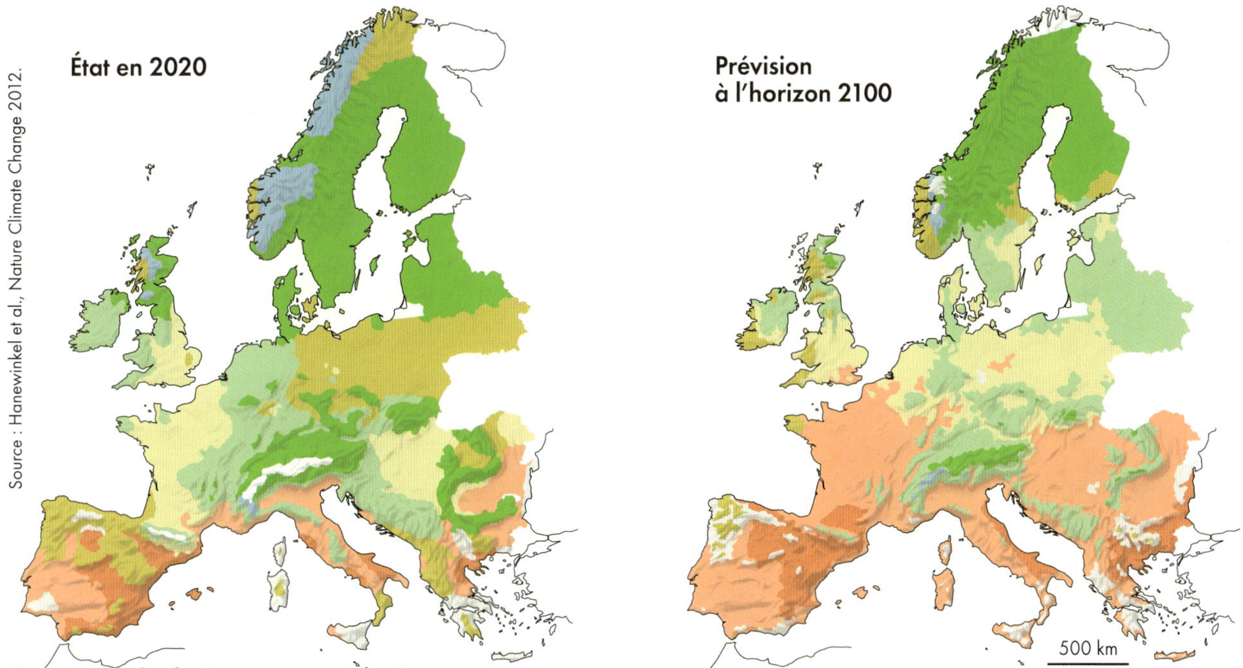

Composition des forêts, par essence dominante

Hêtre · Épicéa · Chêne *(d'Europe centrale)* · Pin *(d'Europe centrale)* · Bouleau · Chêne *(méditerranéen)* · Pin *(méditerranéen)* · Autres espèces

peut amener en quelques décennies à la mise en place d'une agroforesterie peu agressive.

Une reforestation discutable

À l'inverse, des mesures de reforestation peuvent cacher une réalité ambiguë. En Uruguay, une évidente croissance des surfaces forestières masque un raz-de-marée de la foresterie industrielle et spéculative autour de l'eucalyptus non indigène. En 2020, les surfaces plantées en eucalyptus ont dépassé toutes les attentes, avec près de 7 % de la surface du pays. Les vagues de plantations correspondent à de nouveaux contrats avec des compagnies internationales, notamment pour la production de pâte à papier. L'écosystème forestier uruguayen s'en trouve très déséquilibré (augmentation de ravageurs, pathogènes…) mais, en l'état, contribue pour une large part à la balance commerciale du pays.

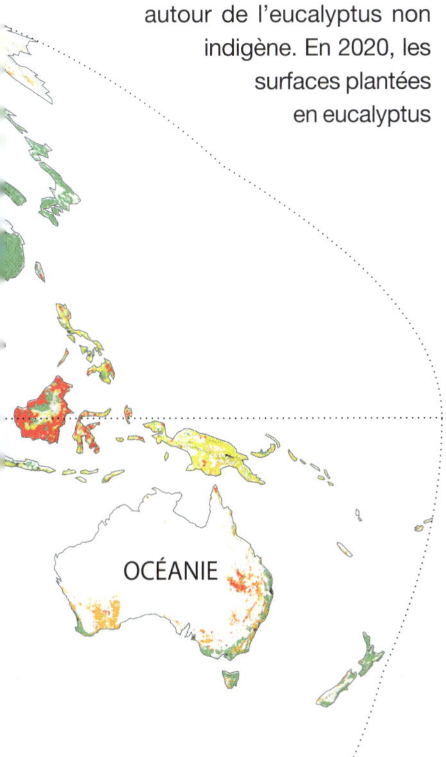

Des forêts qui migrent… ou qui meurent ?

Une augmentation moyenne des températures de l'ordre de 1 °C se traduit par un déplacement des isothermes d'environ 150 à 200 kilomètres en latitude. Si l'on applique de telles prévisions à la géographie des forêts, on imagine aisément le bouleversement profond qui en résulterait. Des simulations montrent l'Europe de l'Ouest couverte d'une végétation méditerranéenne, la forêt boréale réduite à quelques lambeaux d'altitude.

L'adaptation des arbres au changement climatique peut se faire de diverses manières : certains, comme le pin sylvestre, peuvent s'adapter et réagir en modifiant leur développement ; d'autres peuvent muter sur une ou plusieurs générations, les mieux adaptés aux nouvelles conditions se reproduisant plus facilement. La migration constitue une dernière adaptation possible mais suppose que le changement climatique ne soit pas trop rapide.

Les interactions entre l'augmentation des températures, la sécheresse, les insectes, les pathogènes indigènes et les feux de forêt d'une gravité inhabituelle entraînent aujourd'hui une mortalité forestière supérieure à celle observée au XXᵉ siècle. Les sécheresses plus intenses affectent les forêts car des températures plus élevées augmentent le stress hydrique des arbres, en accroissant la demande d'eau par évaporation de l'atmosphère.

• **Si le passé témoigne de l'ampleur des migrations des forêts au cours du Quaternaire, l'inquiétude provient aujourd'hui du rythme des changements.** Les travaux réalisés en Europe montrent des vitesses de recolonisation au cours du Quaternaire d'environ 50 kilomètres par siècle pour les chênes, 20 kilomètres pour le hêtre et 200 pour l'épicéa, bien inférieures aux centaines de kilomètres prévus par les principaux scénarios du Giec d'ici la fin du siècle.

Courrier international

TECHNOLOGIE

Séquestrer le CO_2, une bonne idée ?

Extraire le dioxyde de carbone de l'air. Le pétrifier sous terre pour accélérer la décarbonation. Cette méthode, utilisée par un nouveau site pilote en Islande, est-elle vraiment la solution à l'urgence climatique ?

—Die Zeit *(extraits) Hambourg*

Au milieu des montagnes verdoyantes d'Islande, à une trentaine de kilomètres à l'est de la capitale, Reykjavík, se dresse une machine censée nous donner du temps. Huit conteneurs rectangulaires posés sur des blocs de béton gris. D'un côté, des lamelles grillagées à travers lesquelles entre l'air, de l'autre, 12 ventilateurs. Ils sont censés empêcher le réchauffement climatique en extrayant le CO_2 de l'atmosphère. Tel un filtre à air géant.

La technologie sur laquelle repose cette usine, appelée [en anglais] *direct air capture* (DAC) [capture directe de CO_2], suscite de grands espoirs pour la protection du climat. Mais que peut-elle vraiment? Fait-elle miroiter de simples promesses ou peut-elle réellement jouer un rôle important? La réponse à la question nécessitait de faire le voyage.

L'usine, baptisée Orca, est entrée en fonction [début septembre 2021]. Mais quiconque veut en comprendre le fonctionnement et les particularités doit d'abord faire un détour par la Suisse, et par le site d'incinération des ordures ménagères de Hinwil. Là-haut, sur le toit du bâtiment avec vue sur les contreforts nord des Alpes, trône la première version commerciale au monde du DAC, en service depuis 2017. C'est un peu la grande sœur d'Orca. Toutes deux ont été conçues et sont gérées par l'entreprise zurichoise Climeworks.

"Ce que nous faisons ici, c'est une sorte de photosynthèse industrielle", résume Christoph Beuttler, l'employé de l'entreprise qui nous guide ce jour-là. Il doit parler fort pour couvrir les grondements et les bips de la centrale thermique qui se mêlent aux vrombissements des ventilateurs. L'air ambiant est aspiré à travers un filtre qui absorbe le CO_2, explique-t-il. Quand le filtre est saturé, les ouvertures des deux côtés se ferment et l'air contenu est chauffé à 100 °C. C'est ainsi que le dioxyde de carbone est dissocié de l'air pour en être extrait. Le cycle dure environ quatre heures.

Dix mille ans de stockage. Le problème, c'est qu'ensuite il faut bien faire quelque chose de tout ce CO_2. À Hinwil, on le vend. À deux clients, notamment à l'exploitation voisine, dont les serres de tomates, concombres, aubergines et, pendant les six mois les plus froids de l'année, de mâche, couvrent l'équivalent de six terrains de football. *"Une conduite part de là-haut pour aller directement jusqu'aux plantes"*, indique Christoph Beuttler. Sur le même site, une seconde usine Climeworks fournit, depuis 2019, Coca-Cola. Le CO_2 finit sous forme de petites bulles dans l'eau pétillante Valser, qui appartient au groupe. Mais pour combattre à long terme le réchauffement climatique, il ne suffit pas de recycler le CO_2, il faut le faire disparaître.

L'usine islandaise a la solution. *"La grosse différence, c'est qu'à Orca, nous ne revendons pas le CO_2. Nous le stockons sous terre"*, souligne Christoph Beuttler. *"Pour au moins dix mille ans."* C'est ce qu'on peut déjà observer aujourd'hui, à quelques centaines de mètres de là, par un beau matin de la fin du mois d'août. Kári Helgason, casque sur la tête, roule en Tesla au sein de la centrale géothermique de Hellisheidi. Le vent fouette la plaine. Grâce à leur procédé, Kári Helgason et ses neuf collaborateurs veulent faire de l'île un grand centre de stockage définitif de CO_2 : *"En Islande, nous avons énormément de place. Suffisamment pour stocker 100 fois les émissions annuelles de la planète."*

Kári Helgason dirige le département recherche de la start-up Carbfix. Lui et ses collègues ont mis au point une méthode qui, en deux ans à peine, permet de minéraliser le CO_2 en carbonate. Autrement dit, le CO_2 qu'Orca extrait de l'air devient aussi solide que de la pierre, sous terre.

Sur le site de la centrale thermique de Hellisheiði, on se croirait dans un autre monde. Des igloos d'acier argentés se dressent sur la terre volcanique noire, de la vapeur d'eau blanche s'élève au loin dans le ciel. Kári Helgason gare la voiture et entre dans l'un des igloos. Il laisse les portes ouvertes pour éviter l'asphyxie en cas de fuite. À l'intérieur, deux tuyaux massifs se rejoignent et disparaissent dans le sol : l'un contient le CO_2 sous forme d'eau gazeuse; l'autre achemine de l'eau salée. Le mélange est injecté à 800 mètres sous terre.

Climeworks place de grands espoirs dans cette technologie. Son modèle économique repose sur la certitude qu'il ne suffira pas de réduire nos émissions [de CO_2] pour atteindre les objectifs de l'accord de Paris [sur le climat de 2015].

À Zurich, Christoph Gebald, un des

En Islande, la plus grande usine de captage de CO_2 du monde. *Photo Climeworks*

“En Islande, nous avons énormément de place. Suffisamment pour stocker 100 fois les émissions annuelles de la planète.”

Kári Helgason,
DIRECTEUR DU DÉPARTEMENT DE RECHERCHE DE CARBFIX

deux dirigeants de Climeworks, se veut optimiste. Orca est, selon lui, la première usine pouvant faire la différence. *“Elle nous permet, au quotidien, d’avoir une influence directe, concrète, et d’obtenir un réel refroidissement de l’atmosphère.”*

Ce qu’il ne dit pas et que l’on ne voit qu’en se penchant de près sur les chiffres : cette influence reste très minime. Orca est pour l’heure la plus grosse installation en son genre au monde. Or elle ne peut capter que 4000 tonnes de CO_2 par an. À titre de comparaison, les émissions mondiales se montent à 40 gigatonnes par an, soit 10 millions de fois plus. La contribution de cette technique à la préservation du climat dépend donc de son coût, ainsi que du nombre et de la taille des usines qui seront construites.

Un coup de fil à Jessica Strefler, de l’Institut de recherche de Potsdam sur les effets du changement climatique, devrait nous apporter quelques éclaircissements. Elle étudie le potentiel de l’élimination du CO_2 et y voit de réelles opportunités. Le captage direct de l’air ne nécessite pas beaucoup de place. *“En principe, on peut construire ces usines partout,* souligne-t-elle. *Comme elles n’ont besoin que d’énergie et d’espace de stockage, on peut aussi bien les implanter dans le désert.”*

Le stockage du CO_2 est considéré comme relativement peu risqué. L’un de ses inconvénients en revanche, c’est que cette technologie consomme énormément d’électricité, qui ne peut provenir que d’énergies renouvelables. En conséquence, on ne peut installer de telles centrales que là où il y a de l’électricité verte à foison, comme en Islande.

Levier de croissance. Second point noir : son coût élevé. Jusqu’à présent, cette industrie a été essentiellement financée par le secteur privé. Des grands noms comme Microsoft et Audi ont investi; en août [2021], le réassureur suisse Swiss Re a annoncé son intention de financer le retrait de CO_2 [de l’atmosphère] à hauteur de 10 millions de dollars [8,7 millions d’euros]. Même les particuliers peuvent participer. Pour 49 euros par mois, Climeworks s’engage à éliminer une cinquantaine de kilos de CO_2 atmosphérique. À ce jour, plus de 9 000 personnes ont souscrit un abonnement dans l’espoir que cette technologie change la donne.

Pour mieux comprendre l’avenir de cette méthode, il faut remonter dans le temps, à la rencontre de l’homme qui en a eu l’idée. Klaus Lackner habite à Phoenix, aux États-Unis. Sur Zoom, il raconte qu’il a acheté à Climeworks une tonne de CO_2 pour 1 000 euros. Klaus Lackner dirige le Centre pour les émissions négatives de CO_2 (CNCE) de l’université d’État d’Arizona. Sans lui, l’entreprise suisse n’existerait peut-être pas.

Klaus Lackner est un physicien de Heidelberg [en Allemagne], parti aux États-Unis à la fin des années 1970 poursuivre des recherches postdoctorales. En 1999, il est le premier scientifique à proposer, dans une publication, de capter artificiellement le dioxyde de carbone dans l’air pour lutter contre le réchauffement climatique. Le procédé de *direct air capture* est devenu son domaine d’expertise. Mais que faut-il pour que cette technologie s’impose? Lackner voit dans son coût le principal levier de croissance : *“Quand la capture du CO_2 coûte 1 000 dollars par tonne, tout le monde s’accorde à dire que ça ne marche pas. Si elle ne coûtait que 5 dollars, on ne se poserait plus de questions.”* Dans les années 2000, avec l’énergie solaire et éolienne, on a vu à quelle vitesse une technologie pouvait devenir bon marché. Chaque fois que la production doublait, le prix chutait de 20 % à 25 %. Mais Klaus Lackner sait aussi ceci : l’énorme succès des énergies renouvelables est dû à des décisions politiques.

Une chose est sûre : il faudra du temps avant que l’idée de Lackner rapproche le monde de ses objectifs climatiques. Et toutes les personnes que nous avons rencontrées s’accordent sur ce point : le procédé de capture directe ne constituera qu’une pièce d’un grand puzzle. Il s’agit d’un complément à la réduction massive des émissions – il ne nous exemptera pas de purger notre peine.

Quoi qu’il en soit, Climeworks prévoit de mettre en fonction, d’ici deux à trois ans déjà, sa prochaine usine, dix fois plus grande qu’Orca. Puis, de 2025 à 2030, l’entreprise entend franchir la barre d’une mégatonne et à partir de 2050, elle espère retirer une gigatonne de CO_2 de l’atmosphère par an. D’autres entreprises planchent sur le sujet. Bref, si Orca ne constitue pas encore la solution, c’est au moins un début. Depuis [le 8 septembre], en Islande, les ventilateurs tournent à plein régime.

—Ricarda Richter et Maren Jensen

Publié le 2 novembre 2021

SOURCE

DIE ZEIT

Hambourg, Allemagne

Hebdomadaire

zeit.de

C’est la publication allemande de référence. Tolérant et libéral, il paraît tous les jeudis. Créé en 1946 par la force d’occupation britannique, il appartient au groupe Holtzbrinck.

franceinfo:

Photographie : © SN VFX / Shutterstock.
La planète géante Jupiter avec ses quatre lunes galiléennes Io, Europa, Ganymède et l'illustration de rendu 3d Callisto.

En route vers Ganymède

Au printemps prochain, la sonde européenne JUICE s'envolera vers les profondeurs de notre système solaire à la rencontre des lunes de Jupiter et de leurs mystérieux océans.

C'est un très long et périlleux voyage qui attend JUICE (Jupiter Icy Moons Explorer), première sonde ainsi développée par l'Agence spatiale européenne pour explorer l'univers lointain : huit années à travers l'espace pour ce satellite de six tonnes, déployé par une fusée Ariane 5, et qui va devoir résister aux radiations et intenses changements de températures rencontrés sur son parcours. Il s'aidera des forces gravitationnelles centrifuges de Vénus et de la Terre pour se déplacer et enfin rejoindre l'orbite de Jupiter et de trois de ses lunes : Europe, Callisto et surtout Ganymède, objectif principal de cette mission.

Ganymède, à peine plus petite que Mars, est la plus grosse lune du système solaire. Sous sa croûte glacée, elle cache d'immenses océans d'eau salée, quatre à dix fois plus vastes que tous les océans de la Terre, substrat adéquat à l'apparition de formes de vie. Près de trente ans après les premières données recueillies par la sonde américaine Galileo, les scientifiques veulent désormais observer de près ces masses d'eau et leur environnement grâce aux différents instruments placés à bord de JUICE : des caméras et spectromètres pour scruter sol et atmosphère, des lasers et radars pour établir la topographie de ces mers souterraines, d'autres appareils enfin pour caractériser les environs de cette lune, notamment le champ magnétique qui l'entoure.

JUICE devrait fournir des données au moins jusqu'en 2035, aidée et complétée par les observations d'une autre sonde, Europa Clipper, qui doit, elle, être lancée dans deux ans par la NASA. Et les scientifiques imaginent déjà la suite : de nouvelles missions qui pourraient se poser sur ces lunes joviennes glacées, et pourquoi pas un jour en rapporter des échantillons.

Olivier Émond,
journaliste, chef du service Sciences, Santé, Environnement, Technologies de franceinfo

Russie, une puissance en action

Sommaire

La Russie, une puissance en action

La campagne militaire déclenchée le 24 février 2022 contre l'Ukraine sur ordre du président Vladimir Poutine marque le retour de la guerre en Europe et l'affirmation de la puissance russe tant sur la scène européenne qu'internationale. Après une décennie de tensions croissantes avec l'UE et ses membres, la Russie est passée à l'action.

Regagner son rang

À la tête depuis 1999 de la Russie, plus vaste pays du monde, Vladimir Poutine, ancien officier du KGB, a eu pour principal objectif de redonner à la Russie son rang de grande puissance, qualifiant la disparition de l'URSS comme « la plus grande catastrophe géopolitique ». D'emblée, il s'est lancé dans une « opération contre-terroriste » en Tchétchénie sécessionniste, devenue un lieu de criminalité et de radicalisme musulman, afin de restaurer l'autorité de l'État russe. Au terme de dix ans de guerre, quelque 160 000 morts et un territoire tchétchène ravagé, la Tchétchénie est rentrée dans le rang.

Pour recouvrer la croissance économique, assainir ses finances publiques et attirer les investissements directs étrangers, la Russie a profité de la hausse des prix de ses richesses en hydrocarbures, durant les années 2000-2010. À l'extérieur, ses ressources énergétiques lui servent parfois de moyen de pression sur son « proche étranger », c'est-à-dire les anciens territoires soviétiques voisins, telle l'Ukraine en 2006. Par cette action, la Russie cherche à montrer l'influence dont elle dispose sur l'Ukraine après la révolution orange de décembre 2004 qui a marqué un rapprochement de ce pays avec l'Union européenne et l'OTAN, devenues frontalières de la Russie après leurs extensions de 2004 et 2007, occasionnant un sentiment d'encerclement.

Divisions administratives

Source : Courrier international, Hors-série, « Russie : Vingt ans après la fin de l'URSS », 2011.

La Russie et le monde

Recréer l'URSS

La perte de l'Ukraine, que la Russie considère comme le berceau de la nation russe et qui l'a privée d'une façade maritime stratégique sur la mer Noire où se situe la base navale de Sébastopol, guide cette politique de nuisance vis-à-vis de Kiev. Elle explique que la Crimée, peuplée à majorité de russophones, soit devenue fin 2013-2014 le principal enjeu des tensions entre Kiev et Moscou, conduisant à son annexion. Moscou ne souhaite pas voir l'Ukraine se rapprocher de l'Union européenne et quitter son giron, au détriment de la communauté eurasiatique qu'elle dirige. Mais ses actions ont en fait contribué à accélérer le rapprochement et provoquer une rupture avec Kiev, qui aboutit en février 2022 à l'invasion du pays par la Russie avec l'objectif de chasser le président pro-européen Volodymir Zelenski du pouvoir, au terme d'une guerre éclair.

Intervenir dans le monde

Convaincu de la faiblesse de l'Occident, Poutine était déjà militairement intervenu contre la Géorgie en 2008 et pour soutenir son allié syrien, utilisant ce conflit comme levier diplomatique, afin de mettre en scène sa puissance, et consacrer son retour au Moyen-Orient.

Depuis l'annexion de la Crimée en 2014, la Russie se tourne vers la Chine. Outre des ventes d'armements et d'hydrocarbures, les relations avec la Chine reposent sur une même vision : celle de la non-ingérence dans les affaires de l'autre et de la méfiance vis-à-vis des États-Unis.

> **« Au nom du refus absolu de l'entrée de l'Ukraine dans l'Otan, Poutine a poussé Kiev dans les bras de l'Occident et plus spécifiquement de l'Europe. Jamais sans doute face aux pressions et menaces de la Russie, une majorité aussi large d'Ukrainiens ne s'est-elle sentie aussi européenne. »**
>
> **Dominique Moïsi,**
> 21 février 2022.

La formation du territoire russe

Plus vaste État du monde à cheval sur deux continents, la Russie s'est construite autour d'un noyau de terres rassemblées par les princes de Moscou à partir du XVIe siècle. Son expansion débute par la conquête des khanats musulmans de la Volga, puis de l'Est sibérien avant de s'élargir vers le Sud, en Ukraine, dans le Caucase et l'Ouest.

Un territoire vulnérable

Agrandi au fils de conquêtes successives, le territoire russe dispose de peu de barrières naturelles. La topographie de l'Empire russe se caractérise en effet par un paysage de plaines qui s'étendent à l'infini, et les montagnes peu élevées comme l'Oural se franchissent aisément. La présence de plusieurs fleuves bien reliés aux mers a facilité très tôt les déplacements des hommes et des marchandises.

Mais si cette géographie a représenté un atout favorable à l'expansion russe, elle est aussi à l'origine d'un sentiment profond de vulnérabilité, en l'absence de barrières naturelles, pour protéger les territoires conquis.

En conséquence, les invasions se sont succédées, venues de l'est comme de l'ouest. Celle des Mongols au XIIIe siècle place la Russie dans une fragilité persistante jusqu'à la fin du XVIIIe siècle face à la menace des raids tatars, bachkirs, kalmouks ou kazakhs. Malgré les guerres et le maillage territorial aux niveaux bureaucratique et militaire réalisés sous Catherine II, la vulnérabilité reste réelle aux cours des XIXe et XXe siècles, en témoignent l'invasion napoléonienne de 1812, la guerre de Crimée, puis les Première et Seconde Guerres mondiales, marquées par d'importantes pertes territoriales (1914-1922) et une profonde pénétration de son territoire en 1941.

Un sentiment d'insécurité

Selon le diplomate et historien George Kennan, ce « sentiment d'insécurité russe, vieux de plusieurs siècles », allié à la crainte du système occidental perçu comme une menace à l'idéologie marxiste-léniniste explique la constitution du bloc soviétique en Europe après 1945, véritable glacis de protection face à l'Europe de l'Ouest.

Cette représentation perdure jusqu'à aujourd'hui, et on la retrouve à travers le comportement des dirigeants russes, notamment face à l'expansion de l'OTAN à l'est de 1999 et 2004, face à la potentielle adhésion de la

Les villes et la frontière occidentale

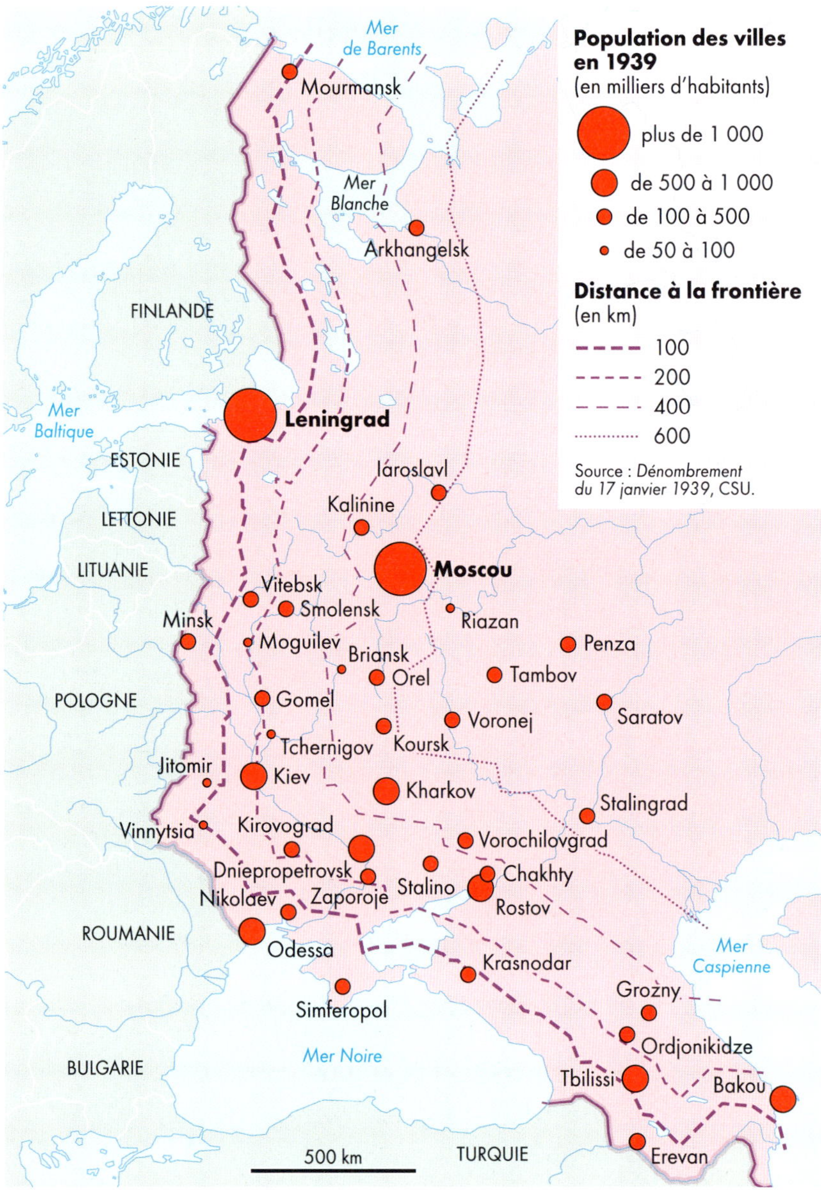

Géorgie et de l'Ukraine en 2008 et dans le déclenchement de la guerre en Ukraine.

Mis à part quelques différends territoriaux (Sakhaline et Kouriles avec le Japon), les frontières orientales sont moins conflictuelles. Ce sont bien ses frontières occidentales qui concentrent toute l'attention de la Russie.

> **« Les dirigeants russes ont toujours craint la pénétration étrangère, craint le contact direct entre le monde occidental et le leur [...]. Et ils ont appris à rechercher la sécurité dans un combat, patient mais mortel, menant à la destruction totale de la puissance rivale, mais jamais par le rapprochement ou le compromis avec elle. »**
>
> **George Kennan,**
> *The Long Telegram*, **1946.**

Attaques extérieures

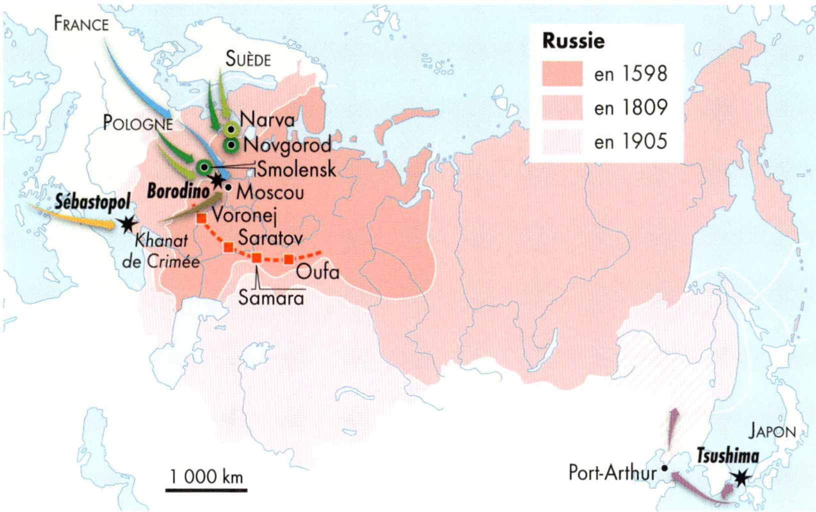

Attaques extérieures, fin XVIe-début XXe s.

- 1571, Devlet Ghirey, khan de Crimée, prend et incendie Moscou
- 1578, Pologne et Suède envahissent la Russie
- 1591, les Russes établissent des forts pour résister aux envahisseurs venus du sud et de l'est
- 1611, les Polonais prennent Smolensk, les Suédois s'emparent de Novgorod
- 1812, campagne napoléonienne
- 1853-1855, guerre avec l'Empire ottoman, appuyée par la France et l'Angleterre
- 1904-1905, guerre russo-japonaise

Expansion du territoire

Russie en	Expansion jusqu'en	
1551-1552		(au début du règne d'Ivan le Terrible – 1547-1584)
	1613	(début de la dynastie des Romanov, Michel Ier – 1613-1645)
	1689	(armistice d'Androussovo, 1667 et traité de Nertchinsk, 1689)
	1725	(à la mort de Pierre le Grand, peu de changements jusqu'au début du règne de Catherine II)
1762		(début du règne de Catherine II)
	1796	(à la mort de Catherine II)
	1855	(à la fin du règne de Nicolas Ier)
	1905	(guerre avec le Japon)
1914		

Sources : G. Hosking, *Russia, People and Empire, 1552-1917*, Harvard University Press, 1997 ; A. F. Chew, *An Atlas of Russian History*, Yale University Press, 1967.

La puissance par le pétrole

Durant la décennie 2000, la Russie a profité de la hausse des prix des hydrocarbures pour recouvrir la croissance économique et assainir ses finances publiques. Pilier de ses exportations et source majeure de ses recettes fiscales pour le budget d'État, les hydrocarbures sont devenus le nerf de la guerre en Ukraine.

Ressources naturelles

Sources : *Courrier international* ; *Le Monde diplomatique* ; P. Marchand, *Atlas géopolitique de la Russie*, Autrement, 2020.

Troisième producteur mondial de pétrole

Avec 12,1 % de la production mondiale en 2020 pour seulement 6,2 % des réserves, la Russie est l'un des deux principaux exportateurs de pétrole du monde avec l'Arabie saoudite (12,5 % de la production pour 17,2 %). Ce poids lui confère un rôle majeur dans la fixation et le maintien des prix, depuis l'accord informel qu'elle a passé en 2016 avec les pays de l'OPEP.

Ses gisements de Bakou II et Bakou III, exploités depuis l'époque soviétique assurent l'essentiel de la production russe. Les prospections ont mis au jour des groupes de gisements importants, dans le Grand Nord européen, au nord du lac Baïkal, et au large de Sakhaline, mais aucun n'est capable d'assurer le relais.

Le pétrole brut étant facile à conditionner et à transporter, des groupes d'employés, des « hommes d'affaires » locaux, des autorités régionales, ont profité de l'effondrement de l'État soviétique à partir de 1990 pour s'approprier des gisements et amasser des fortunes en vendant en dollars sur les marchés internationaux la production d'installations d›extraction pour lesquelles ils n'avaient pas déboursé un rouble. En 2000, le pays comptait ainsi 132 compagnies pétrolières (dont 110 produisaient moins d'un million de tonnes par an). L'État n'est parvenu qu'à conserver la gestion des

Poids des hydrocarbures dans les exportations

	2000		2013		2014		2015		2016		2017		2018	
Exportations russes (en milliards de dollars)	**103**		**527**		**497**		**344**		**286**		**358**		**450**	
dont gaz	**17**	*17 %*	**67**	*12,7 %*	**55**	*11,1 %*	**42**	*11,2 %*	**31**	*10,8 %*	**38**	*10,6 %*	**49**	
dont pétrole	**36**	*35 %*	**283**	*53,7 %*	**270**	*54,3 %*	**157**	*45,6 %*	**120**	*46 %*	**152**	*42,5 %*	**207**	*46 %*
dont brut	25		174		154		90		74		94		...	
dont produits raffinés	11		109		113		67		46		58		...	

Sources : *Rossiiskii Statistitcheskii Ejegodnik*, différentes années ; *Rossia v tsifrakh*, 2019.

réseaux d'oléoducs et les chemins de fer, Transneft et RJD. Pendant la décennie 2000, la plupart des entreprises pétrolières se sont bornées à une activité prédatrice : extraire le brut et l'exporter, sans mener de recherches pour découvrir de nouveaux gisements.

Aujourd'hui, 84 % de l'extraction est réalisée par neuf grands groupes, dont les trois principaux sont le groupe d'État Rosneft (35 % de la production) et les groupes privés Loukoil (14 %) et Sourgoutnieft (12 %).

Premières réserves de gaz

Quant au gaz, la Russie dispose des premières réserves mondiales (presque 20 %), loin devant l'Iran (17,1 %) et le Qatar (13,1 %). À la différence du pétrole, l'État russe a gardé le quasi-monopole de la production après la dissolution soviétique, en raison de la dépendance pour son transport au réseau de gazoducs géré par le ministère du Gaz. Ainsi, en 1989, le ministre du Gaz, Viktor Tchernomyrdine, a transformé son ministère en une « société par actions », Gazprom, dans laquelle l'État russe détient aujourd'hui 50,2 % des parts. Un seul groupe indépendant, Novatek, contrôlé à 81 % par des intérêts privés et à 19 % par Gazprom, a réussi à émerger, mais il ne fournit que 10 % de la production de gaz russe. Le gisement de Bakou III produit l'essentiel du gaz russe (87 %). Toutefois, à la différence du pétrole, d'énormes bassins gaziers connus dès l'époque soviétique assurent la relève de Bakou III : ceux de la presqu'île de Yamal entrés en production en 2013 et celui de la mer de Kara. La mise en valeur de ceux de la mer de Barents (dont Chtokman) a en revanche été reportée : ils visaient le marché d'Amérique du Nord, or l'extraction du gaz de schistes en Amérique du Nord est venu ruiner les perspectives de vente.

Dépendance étrangère

Pour permettre sa modernisation postsoviétique, le secteur des hydrocarbures dépend de technologies et de partenaires occidentaux. Or les sanctions occidentales prises après l'annexion de la Crimée ont interdit le transfert d'équipements pour l'exploration et la production en eau profonde dans l'off-shore arctique, ainsi que pour le pétrole de schistes. Ainsi, Total, qui était associé à Loukoil, a dû renoncer dès 2014 à l'exploitation du pétrole de schistes du Bajenov. Les sanctions financières fragilisent aussi le refinancement des compagnies russes sur les marchés internationaux.

La guerre en Ukraine a encore renforcé ses sanctions et fragilisé l'accès des compagnies russes aux marchés financiers internationaux.

ENVIRON 45 %

des importations de gaz naturel de l'UE provenaient en 2020 de Russie. Cette dépendance au pétrole, charbon et gaz russe rapporte environ 650 millions d'euros par jour à la Russie.

Tubes vers l'Europe

État des lieux de la puissance militaire russe

Depuis 2008, l'armée russe a fait un retour remarqué sur la scène internationale (Géorgie, Syrie, Crimée et aujourd'hui Ukraine). Appuyé sur un arsenal nucléaire modernisé, la puissance militaire russe cherche à concilier les meilleures réponses stratégiques, y compris asymétriques, à un environnement qu'elle considère dégradé, avec des faiblesses comme le montre la guerre en Ukraine.

Une armée modernisée

Depuis 2008, la Russie a entrepris une véritable réhabilitation de ses outils militaires. Le sous-financement chronique de son armée de la fin de l'Union soviétique à 2005 s'était manifesté par des performances médiocres lors de la guerre éclair de 2008 en Géorgie. Pour Vladimir Poutine, la crédibilité de la puissance militaire est une condition du prestige de la Russie sur la scène internationale. Compte tenu de l'opacité des données et d'autres difficultés méthodologiques, il est difficile d'établir, selon Isabelle Facon de la Fondation pour la recherche stratégique (FRS), les dimensions réelles du budget de défense russe, mais l'on sait que la part de son PIB allouée à ce secteur correspond à près de 4 % par an en moyenne sur la période 2010-2020, ce qui reste toutefois insuffisant, en raison du faible poids du PIB russe. Cet effort a en particulier permis un rééquipement massif des forces armées, premier poste dans les dépenses militaires depuis plusieurs années. L'utilisation des moyens financiers consacrés à la défense semble faire l'objet d'un contrôle plus rigoureux que par le passé, améliorant l'efficacité de la défense.

Une armée restructurée

Tandis que la modernisation de l'arsenal nucléaire s'est accélérée, les forces conventionnelles héritées de l'URSS ont connu une restructuration profonde: rationalisées, partiellement professionnalisées (plus de 50 % des personnels sous contrat), elles sont également beaucoup mieux entraînées du fait de la multiplication des exercices militaires, y compris des inspections surprises.

Les opérations en Syrie, tout en servant de terrain d'essai en conditions réelles pour de nombreux nouveaux équipements, ont aussi offert à bon nombre d'officiers russes de renforcer leur expérience opérationnelle.

Deux des objectifs majeurs de la réforme lancée en 2008 ont été atteints dix ans plus tard : d'une part,

Présence militaire russe à l'étranger

Organisation militaire du territoire russe

la Russie est en possession des capacités voulues pour faire face efficacement à divers types de crises dans son voisinage immédiat (ex-URSS) où est concentrée la majeure partie des forces russes déployées à l'étranger, et où elle cherche à obtenir des bases complémentaires (Belarus, Kirghizstan) ; d'autre part, les manifestations régulières de la puissance militaire sur la scène internationale ont contribué à rehausser sa visibilité mondiale. Cela se manifeste par une présence de la marine russe redevenue permanente en Méditerranée, par les démonstrations de force aux frontières de l'espace naval et aérien de l'OTAN, en passant par les manœuvres annuelles avec la marine chinoise depuis 2012, ou l'établissement rapide de nouvelles installations militaires dans le Grand Nord.

Des faiblesses qui perdurent

Au sud, la Russie s'est attachée à consolider ses partenariats avec les pays d'Asie centrale, au sein de l'Organisation du traité de sécurité collective, et avec la Chine, qui a participé pour la première fois en 2018 à l'exercice annuel Vostok, dans la partie orientale de la Russie.

Consciente d'un rapport de forces défavorables avec l'OTAN, la Russie joue toutefois de l'asymétrie sur le front de l'Ouest. Cela comprend la constitution de bastions sur les zones stratégiques incluant des éléments d'interdiction d'accès en Crimée (mer Noire), Kaliningrad (Baltique) ou dans le Grand Nord, ainsi que la recréation de formations de niveau division, des investissements dans des technologies visant à obérer le fonctionnement des systèmes adverses (guerre électronique) ou à compenser les limites de sa capacité de projection de force (missiles longue portée utilisables à partir de différents types de plateformes) et l'entretien du doute sur ses capacités et intentions par une action politique cherchant à diviser l'OTAN.

Malgré ses efforts, l'armée russe continue de rencontrer des faiblesses durables, qui se sont traduites par l'échec de la guerre éclair en Ukraine. Si celle-ci devait finalement durer, c'est notamment, pour l'instant, par manque de ressources humaines, qui sont sous contrat et coûtent plus chères, et en raison de la résistance d'une armée ukrainienne, efficace, motivée et bien renseignée. Mais la bataille pour le Donbass engagée en juin 2022 pourrait marquer le pas.

Forces armées russe

Effectifs forces armées russes
(2018, estimation)

Armée de terre	280 000
Marine	150 000
Forces aérospatiales	165 000
Troupes de missiles stratégiques	50 000
Troupes aéroportées	45 000
Opérations spéciales	1 000
Troupes du train	29 000
Commandement, soutien	180 000
TOTAL	**900 000**

Source : IISS, *Military Balance 2018*.

> **« La guerre en Ukraine expose la réalité d'une armée russe toujours en cours de réorganisation et qui a, cette fois-ci, mal calibré son engagement. »**
>
> **Isabelle Facon**, de la FRS, in *Le Monde*, 17 mars 2022.

L'Ukraine envahie par la Russie

En envahissant l'Ukraine, la Russie reproduit en Europe, pour la première fois depuis 1945, le type d'agression que la charte des Nations unies a cherché à bannir à tout jamais. Si les causes du conflit sont multiples, elles sont aussi liées à la position de carrefour du pays, à la jonction de l'Union européenne à l'est et de la Russie à l'ouest, qui selon le diplomate américain Zbigniew Brzezinski (in *Le grand échiquier*) en fait un pivot géopolitique.

Les origines du conflit

Même si la région de Kiev a vu naître le premier État slave en 882 – connu sous le nom de Rous –, l'Ukraine n'a jamais été un État indépendant avant le XXe siècle. Le mot Ukraine est dérivé du mot russe *Украйна*, qui signifie « la marche », les « confins ». Et de fait, l'Ukraine est depuis le XIVe siècle, une zone de confins entre Polonais et Mongols, puis entre la Pologne et les Empires ottoman et russe à partir des conquêtes de Pierre le Grand.

Aussi, lorsque l'Ukraine devient indépendante à l'issue de l'éclatement de l'Union soviétique en 1991, c'est presque la première fois, en dehors du court intermède de 1918 à 1922. Sa volonté de s'émanciper de la tutelle de la Russie qui l'a dominée pendant près de trois siècles, en se rapprochant de l'Union européenne et l'OTAN (et donc indirectement avec les États-Unis), seules aptes à garantir son indépendance et sa stabilité, va donc se heurter aux intérêts russes.

De fait, pour la Russie, l'indépendance de l'Ukraine signifie la fin de l'empire, la perte d'une région historique – considérée comme le berceau de sa nation et couramment dénommée « Petite Russie » –, et stratégique. C'est en Crimée, région offerte à l'Ukraine par Khrouchtchev en 1954 et peuplée aux deux tiers de Russes, que se situe la base de Sébastopol. Et c'est par l'Ukraine que transite le réseau d'oléoducs et de gazoducs qui permet d'exporter gaz et pétrole russes vers l'Europe occidentale. En outre, le pays est alors peuplé de presque un quart de Russes (aujourd'hui 17 % de la population), qui vivent majoritairement dans l'est et le sud du pays, et de 30 % de russophones, dont de nombreux Ukrainiens, y compris le président Zelenski. De son côté, l'Ukraine dépend fortement de la Russie aux niveaux économique et énergétique.

Toutefois, l'Ukraine, le plus grand pays d'Europe après la Russie (avec ses 603 000 km^2) pour une population estimée à 44 millions d'habitants, décide de se rapprocher de l'Union européenne et de l'OTAN notamment dans la perspective de l'élargissement des deux structures occidentales à l'Est européen au cours des années 2000. Ce positionnement a tendance à crisper la Russie, qui, de son côté, ambitionne de créer une union douanière entre anciennes Républiques soviétiques. Après la Révolution orange qui marque la prise de pouvoir en Ukraine par un gouvernement pro-européen en 2004, les tensions vont croissantes entre Russie et Ukraine.

Ukraine, zone tampon des empires

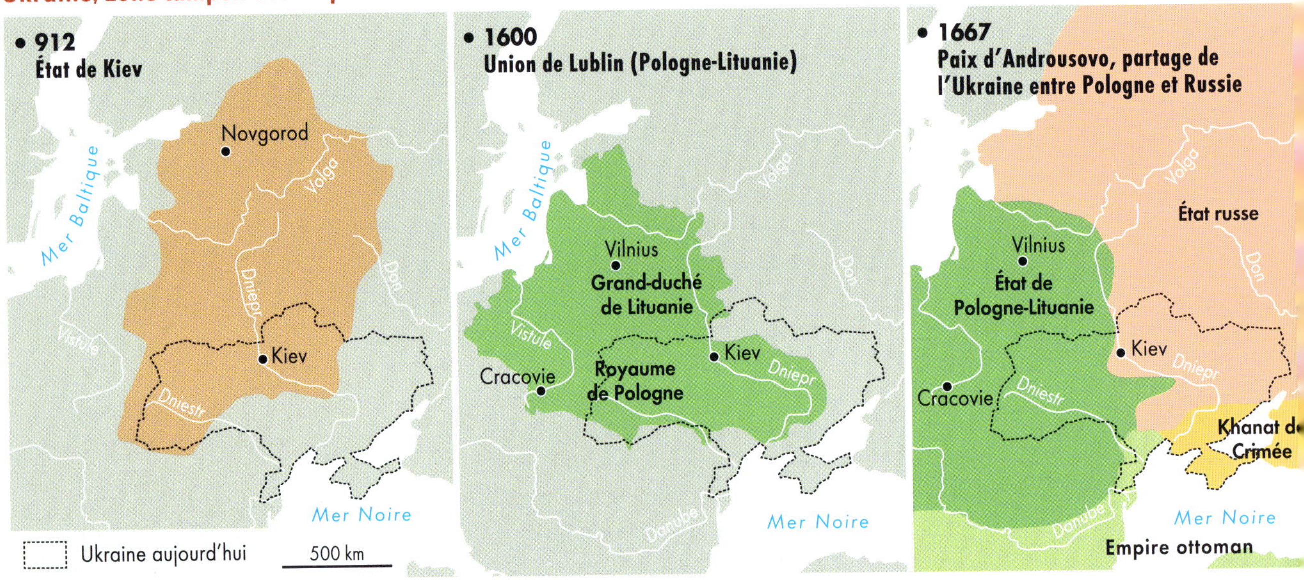

Le choix de l'Occident et de la démocratie...

Ces tensions culminent en 2013, quand la Russie somme Kiev de faire un choix exclusif et de rejeter l'accord d'association proposé par l'Union européenne qui visait à faire du pays une partie de l'espace économique européen et du marché unique. Or l'annonce du gouvernement ukrainien (pro-russe) de ne pas signer cet accord déclenche une vague de manifestations pro-européennes sur la place Maïdan à Kiev, qui s'étend progressivement dans la partie occidentale du pays favorable à l'intégration européenne.

En février 2014, cette situation conduit à une crise politique, alors que des heurts entre manifestants et forces de l'ordre font une centaine de morts, puis à la destitution par le parlement du président pro-russe, Viktor. Ianoukovitch, qui s'enfuit vers la Russie. L'est du pays majoritairement russophone, notamment à Lougansk, Donetsk et en Crimée, s'embrase. La Russie qui dénonce un coup d'État, le 4 mars, après l'annonce d'une élection présidentielle anticipée, lance une opération militaire en Crimée, avant d'organiser un référendum d'autodétermination qui conduit à l'annexion du territoire russophone à la Fédération de Russie.

Les accords de Minsk signés en février 2015 entre la Russie et l'Ukraine ne permettent pas de restaurer l'intégrité territoriale, et l'est du pays contrôlé par des rebelles pro-russes et soutenus par la Russie continuent de connaître des combats sporadiques et causent plusieurs milliers de morts et blessés.

L'Ukraine aujourd'hui

Divisions et influence russe
- Limite occidentale du territoire intégré à l'empire tsariste après 1795
- Zone où les locuteurs russes sont majoritaires
- Pays allié de la Russie
- Présence de mouvements pro-russes avant la guerre

Zones de guerre
- Crimée, annexée par la Russie en mars 2014
- Zone de combat entre séparatistes (soutenus par la Russie) et forces ukrainiennes depuis mai 2014
- Zone maximale d'opérations russes en territoire ukrainien, fin mars 2022
- Présence de l'armée russe, juin 2022

Sources : P. Marchand, *Atlas géopolitique de la Russie*, Autrement, 2020 ; P. R. Magosci, *Historical Atlas of Central Europe*, Univ. of Washington Press, 2002 ; *Le Monde*, « La carte de la guerre en Ukraine, jour après jour », juin 2022.

...une ligne rouge pour Moscou

L'élection du comédien Volodymyr Zelenskiy à la tête de l'État ukrainien en avril 2019 marque un renouveau de la classe politique ukrainienne et la poursuite du processus de démocratisation et de réformes économiques engagé depuis 2014. En septembre 2020, le président ukrainien approuve la nouvelle stratégie de sécurité nationale de l'Ukraine, qui prévoit le développement du partenariat spécifique OTAN-Ukraine en vue d'une adhésion du pays à l'Alliance. Tout en se rapprochant de l'UE et de l'OTAN, le Président Zelensky cherche une issue au conflit dans l'est du pays. En vain, car le président russe, Vladimir Poutine, voit dans la volonté de l'Ukraine d'adhérer à l'OTAN une ligne rouge inacceptable. Après plusieurs mois de tensions et de mouvements de troupes à ses frontières, la Russie lance une opération militaire contre l'Ukraine, le 24 février 2022, conduisant à l'occupation de presque 20 % de son territoire le long de la mer d'Azov. Un moyen pour la Russie de relier la région de Donetsk, sous contrôle russe, à la Crimée, et un gain territorial dans l'attente de négociations pour mettre fin au conflit.

4 266

C'est le nombre de civils morts en Ukraine, au 8 juin, après plus de 100 jours de guerre, selon l'ONU.

Le chiffre réel pourrait être considérablement plus élevé, des dizaines de millions de personnes étant en « danger de mort potentiel ».

La Biélorussie, alliée ou vassale de la Russie ?

La guerre en Ukraine semble avoir contribué à un rapprochement sans précédent entre la Biélorussie et la Russie, amorcé durant l'été 2020 lors de la répression du mouvement de contestation consécutive à la réélection d'Alexandre Loukachenko au pouvoir depuis 1994. Cette alliance pourrait pousser un peu plus la Biélorussie dans le giron russe.

Réseau routier et centres urbains

Sources : citypopulation.de ; *Le Monde*.

La dernière dictature d'Europe

Devenue indépendante en 1990, la Biélorussie – ou Bélarus – est un pays enclavé de 207 000 km^2 et composé de 10 millions d'habitants, dont la majorité sont des slaves orientaux. République fondatrice de l'URSS avec la Révolution d'octobre 1917, elle est dirigée depuis 1994 par Alexandre Loukachenko. Élu démocratiquement malgré un scrutin empreint d'irrégularité, il fait modifier la Constitution en 1996 pour pouvoir se faire réélire sans discontinuer. Le régime devient alors un État autoritaire, permettant sa réélection dans un climat de terreur en 2001, 2006, 2010, 2015 et 2020.

C'est que la politique de Loukachenko se construit, malgré l'indépendance, dans l'étroite lignée de la politique soviétique. Ancien chef d'un sovkhoze, les fermes d'État créées par Staline après 1929, la nostalgie de la période soviétique structure l'ensemble de la propagande d'État, à commencer par son drapeau. Alors qu'en 1990, le drapeau choisi – blanc et rouge – fut celui de l'éphémère République de 1918 à 1919, le dictateur réintroduit dès sa prise de pouvoir le drapeau soviétique, composé de vert et de rouge, supprimant seulement la faucille et le marteau. La nostalgie ne se réduit pas aux symboles. Elle structure en réalité l'ensemble des rapports économiques et sociaux. Contrairement aux anciennes démocraties populaires, le régime a ainsi fait le choix de conserver une économie très dirigiste, avec des industries d'État, ce qui permet de maintenir un haut niveau d'emploi avec des salaires plus élevés qu'ailleurs. De même, la politique de contrôle des populations et le refus des libertés démocratiques et des droits de l'Homme emprunte à la dialectique marxiste : Loukachenko n'hésite pas à s'afficher fusil à la main, faisant peser la menace d'un spectre révolutionnaire venu de l'étranger ou des citoyens corrompus. Le pluralisme est quasi-inexistant en raison de l'emprisonnement des opposants, de la répression des manifestations démocratiques et de l'encadrement de la population soumise à la surveillance du KGB. Les plus jeunes sont d'ailleurs embrigadés dans des organisations telle l'Union de la jeunesse républicaine biélorusse, créée pour promouvoir l'identité biélorusse et souvent qualifiée de « Loukamol » par ses détracteurs, en référence à l'organisation du Komsomol soviétique.

Allié de la Russie

Au plan international, et malgré une rhétorique visant à glorifier l'indépendance, le pays reste étroitement lié à la Russie. Il faut dire que les industries, vieillissantes, souvent peu rentables, restent largement subventionnées par l'État (on estime que 7 % de son PIB sert à renflouer ces usines) et ne fonctionnent encore que parce qu'elles sont alimentées par le pétrole et le gaz russe à des prix défiant toute concurrence. Ce sont ces sources d'énergie peu coûteuses qui permettent au régime de chauffer et nourrir la population, et par conséquent qui permettent de faire accepter un compromis : la sécurité en échange des libertés politiques. Si la Fédération de Russie consent à pratiquer cette politique, c'est aussi qu'elle en tire un avantage géopolitique : la Biélorussie forme un glacis protecteur face à l'Union européenne et à l'OTAN.

Depuis les élections présidentielles d'août 2020, la Russie est son principal allié et soutien européen et international, à l'exception de la Chine. Mis en faiblesse par la candidate pro-démocratie, Svetlana Tikhanoskaïa, lors des élections présidentielles, Loukachenko a dû affronter un important mouvement de contestation, qu'il a violemment réprimé par des arrestations massives et la liquidation des médias et ONG, avec l'appui de la Russie. Il n'a pas hésité à détourner un avion de ligne, le 23 mai 2021, pour arrêter un opposant, le journaliste Roman Protassevitch. Le 18 mai 2022, le régime a élargi la peine de mort à « la tentative d'acte de terrorisme », alors que s'ouvrait le procès de douze militants de l'opposition. Tikhanoskaïa bénéficie du soutien d'une grande partie de la communauté internationale ; des dissidents ont trouvé refuge dans des pays de l'UE, ou déposé plainte depuis l'Allemagne pour crime contre l'humanité.

Poutine, le modèle ?

Ce rapprochement avec la Russie s'est encore accentué avec l'invasion de l'Ukraine, puisque le pays s'est immédiatement positionné en faveur du Kremlin et a servi de voie d'acheminement des troupes russes vers le théâtre de guerre. Coïncidence du calendrier, le régime biélorusse a organisé un référendum constitutionnel, quelques jours après le déclenchement de la guerre. Le Oui l'a emporté sans surprise (65,16 % des suffrages) et permet le renforcement des pouvoirs présidentiels. Sur le modèle de son mentor russe, il rend possible le maintien de Loukachenko jusqu'en 2035 et lui octroie une immunité judiciaire à vie. Ce référendum ouvre aussi la voie au déploiement, jusqu'alors exclu, d'armes nucléaires sur son territoire, le pays s'étant proclamé État neutre sans nucléaire après la dissolution de l'URSS. Ce revirement suscite l'inquiétude des Américains et des Européens alors que le pays est frontalier de l'Ukraine et de l'OTAN, mais souligne l'alignement sur le Kremlin, au risque de perdre son indépendance.

La proximité de la Biélorussie avec l'enclave russe de Kaliningrad, distante de 65 km à travers le corridor de Suwalki, accroît les inquiétudes occidentales, alors que l'application des sanctions européennes par la Lituanie suscite des frictions avec la Russie. Celle-ci considère en effet qu'elles remettent en cause l'accord de transit, facilité par le territoire lituanien, des marchandises à destination de Kaliningrad, et dénonce « un blocus ».

PRIX MONDIAL POUR LA LIBERTÉ DE LA PRESSE

Il a été remis le 3 juin 2022 à **l'Association biélorusse des journalistes.**

Intégration dans la sphère russe

La Russie, retour au Moyen-Orient

Solidement appuyée sur ses alliés laïcs (Syrie, Irak, Égypte) pendant la guerre froide, Moscou avait presque disparu de la scène moyen-orientale pendant les années 1990. Elle y fait un retour en force, notamment à la faveur des erreurs des puissances occidentales, en intervenant en Syrie.

Soutien à la stabilité

Si le Moyen-Orient ne fait pas partie de la sphère des intérêts privilégiés de Moscou, il fait partie de celle dans laquelle ses actions ont pour objet de rehausser son prestige international. Un principe général guide son action dans cette région : le soutien aux systèmes étatiques en place, considérés comme le seul garant fiable de l'ordre intérieur et donc de la stabilité régionale.

Moscou n'a donc pas soutenu les « printemps arabes » qui ont déstabilisé plusieurs régimes après 2010. Là où les Occidentaux ont cru voir l'avènement de la démocratie, Moscou a craint par-dessus tout l'avènement du chaos. Autre principe directeur, Moscou ne se présente plus en promoteur de la laïcité progressiste. Au contraire, il met en avant l'exemple russe où les religions coexistent pacifiquement. En conséquence, la Russie est actuellement la seule puissance extérieure du Moyen-Orient capable de parler avec tous les acteurs régionaux, pourtant engagés entre eux dans des luttes impitoyables.

Médiation et modération

En tant que métropole orthodoxe, Moscou se présente comme le chef spirituel des chrétiens d'Orient, très présents dans les cercles dirigeants de la région. Cette politique devrait encore être renforcée, puisque l'Église orthodoxe russe ne reconnaît plus aucune prééminence du patriarcat de Constantinople.

Internationalement, la Russie soutient la position palestinienne. Mais il y a en Israël un million de russophones, émigrés de l'URSS depuis 1990, qui ont toujours des liens avec la Russie et qui constituent un parti politique essentiel dans les coalitions au pouvoir. Entre 2015 et 2018, Vladimir Poutine et Benyamin Netanyahou ont tenu neuf sommets, soit un nombre record, alors que Russes et Israéliens se retrouvent de fait face à face en Syrie. Moscou aurait une action de modération des actions israéliennes contre la Syrie, les forces du Hezbollah ou celles de l'Iran, et inversement, contribuant ainsi jusqu'à présent à éviter un embrasement généralisé. Ce positionnement explique sans doute la discrétion d'Israël sur la question de la Crimée. Mais les tensions croissantes entre Israël et l'Iran au cours de l'année 2022 ont conduit Israël à mener des centaines de frappes aériennes en Syrie, au risque de perdre son soutien russe.

La Russie est le soutien militaire essentiel de l'axe chiite Iran-Irak-Syrie alaouite-Hezbollah libanais. Pourtant, elle entretient aussi de bonnes relations avec les pétromonarchies et les autres grands États sunnites de la région, comme la Jordanie et l'Égypte. La coopération militaire avec ce dernier est même en train de se rapprocher de ce qu'elle était sous Nasser.

Depuis 2016, avec la baisse des cours du pétrole, la Russie intervient dans les discussions de l'OPEP, dont elle n'est pas membre, et coordonne avec l'Arabie saoudite sa production. Ce rapprochement avec Riyad, pourtant ennemi juré de son allié iranien, conduit à des ventes d'armements russes et des investissements saoudiens en Russie.

De la même façon, Moscou a aussi noué des relations de plus en plus étroites avec la Turquie, pourtant engagée contre l'axe chiite en Syrie et l'influence iranienne en général.

Combler un vide

Pour développer son influence, la Russie a bénéficié du véritable vide stratégique laissé par les Occidentaux au Moyen-Orient. Les États-Unis, devenus la puissance occidentale dominante au Moyen-Orient à la faveur de la guerre froide, ont perdu popularité et crédibilité auprès des populations, après leur intervention de 2003 contre l'Irak, au prétexte d'armes de destruction massive qui n'existaient pas. D'autant que leur politique, ignorante de la réalité politique irakienne, a conduit le pays au chaos et à l'émergence de Daech.

C'est aussi les errements des présidents Obama et Hollande sur les armes chimiques syriennes en septembre 2013 qui ont conduit Moscou à intervenir en Syrie.

Le cas d'école syrien

Puisque les armes chimiques s'avéraient contreproductives à l'emploi, autant apparaître comme celui qui est capable de les proscrire. Moscou a donc proposé la destruction des ADM syriennes, ce qui ne lui a rien coûté. L'intervention russe en Syrie en octobre 2015, en dehors de sa sphère d'intérêts privilégiés, a cependant surpris, car contraire à la doctrine russe. C'est que le régime était sur le point de s'effondrer. Une passivité de Moscou aurait entraîné une lourde perte de crédibilité internationale et

Le Proche et le Moyen-Orient vus de Moscou

un changement de régime au profit des islamistes. La Syrie n'est en outre qu'à 600 km de la frontière russe du Caucase, région dans laquelle s'activent des mouvements djihadistes.

Pragmatique, le Kremlin a essayé de limiter son intervention et d'en maximiser les effets. La première action médiatisée de son aviation a été de frapper la noria de camions qui acheminait le pétrole de Daech vers le marché mondial via la Turquie. Le Kremlin a aussi effectué quelques démonstrations militaires à usage plus général, notamment l'emploi de missiles mer-sol tirés depuis la mer Caspienne, pour montrer à l'OTAN sa capacité à tirer de missiles de croisière à 2 500 km à partir de ses eaux intérieures.

Le volume de ses forces a été réduit dès 2016, mais la Russie a aménagé ses bases de Tartous (navale) et Hmeimim (aérienne). Elle y déploie des troupes au sol, des hélicoptères de combat, des avions d'attaque, qui participent au combat. Elles sont protégées par les missiles antiaériens les plus performants du marché (S-400), ce qui signifie que le ciel syrien est, sauf accord de Moscou, interdit à quelque aviation que ce soit, sauf à attaquer et détruire les bases russes. Ce déploiement actuel, hors de sa sphère privilégiée, est un précédent historique.

HMEIMIM

Base aérienne russe située dans l'ouest de la Syrie, elle est devenue, selon le quotidien syrien *Al-Watan* « **un fer de lance militaire dans le bassin (oriental) de la Méditerranée et le conflit international russo-occidental**. »

La Russie, puissance asiatique ?

Ouverte sur le Pacifique et disposant d'une frontière longue de 4 500 km avec la Chine, la Russie, comme l'aigle à deux têtes de ses armoiries nationales, regarde vers l'Orient à la recherche de nouveaux partenaires. En Asie centrale, qu'elle a longtemps dominée, elle conserve nombre d'intérêts.

Pacifique et Extrême-Orient

« Attraper le vent chinois »

En Asie, la Russie cherche à tirer parti de sa position géographique, au carrefour des voies commerciales entre Europe et Asie, en développant des liens avant tout économiques avec la Chine. Selon l'expression de Poutine (2012) il s'agit d'« attraper le vent chinois dans les voiles de l'économie russe » et favoriser ainsi le développement de l'Extrême-Orient russe.

Depuis la fin de l'URSS, les deux pays ont d'abord réglé les contentieux frontaliers, notamment le long du fleuve Oussouri. Pour stabiliser l'Asie centrale, Moscou et Pékin ont créé en 1996 l'Organisation de coopération de Shanghai (OCS), avec les États de la région. L'idée est d'assurer la sécurité de leurs frontières et éviter la propagation de mouvements islamistes et d'écarter les risques sécessionnistes dans le Caucase russe à majorité musulmane, et le Xinjiang chinois où vivent des minorités turcophones musulmanes (Ouïghours et Kazakhs). Avec l'entrée de l'Inde et du Pakistan en 2017, l'OCS est devenue une organisation globale, rassemblant plus de la moitié de la population mondiale, avec l'objectif de faire contrepoids à l'influence et aux intérêts américains dans la zone.

Depuis 2014 et l'annexion de la Crimée, Moscou a encore cherché à renforcer sa relation avec Pékin. Cela passe par la vente d'armes à l'armée chinoise (systèmes antiaériens et antimissiles S-400 et des chasseurs Su-35), et la construction du gazoduc « Force de Sibérie » pour alimenter la Chine en gaz russe.

Cette relation bilatérale repose sur une même vision : celle de la non-ingérence dans les affaires de l'autre (la Chine ne s'est ainsi pas prononcée sur la Crimée, ni ne prend vraiment parti sur l'Ukraine) et de la même méfiance vis-à-vis de pays tiers auxquels ils prêtent l'intention de les déstabiliser, avec au premier rang les États-Unis. Ce contexte a conduit Moscou à participer à des exercices navals communs en mer de Chine méridionale en 2016, puis à la Chine à une opération commune en Baltique en 2017 et à l'exercice militaire Vostok en 2018. Cette participation chinoise à cet exercice de grande ampleur sur le théâtre asiatique est un signal très fort en direction des États-Unis.

La complicité de la Russie et de la Chine ne doit pas toutefois faire oublier l'asymétrie de leur relation tant au niveau politique qu'économique : la Chine représente environ 18 % du PIB mondial, la Russie seulement 3 %, et si elle est devenue le premier partenaire commercial de la Russie, celle-ci n'est que le 12e chinois. Elles ne sont donc pas alliées.

Préserver ses intérêts

Dans les quatre républiques d'Asie centrale, devenues indépendantes en 1991, l'influence de Moscou reste forte et le russe fait office de *lingua franca*. Dans cette zone d'intérêts économiques prioritaires, notamment énergétiques, la Russie y garantit la sécurité depuis 2002 avec l'Organisation du traité de sécurité collective (OTSC) et au niveau économique, elle a établi l'Union économique eurasiatique (UEE) entrée en vigueur en 2015 avec deux pays de la région. Le plus fidèle allié de Moscou en Asie centrale reste le Kazakhstan. En janvier 2022, elle n'a pas hésité à intervenir militairement pour porter assistance au régime confronté à une vague de contestation sans précédent depuis l'indépendance, en raison de la hausse des prix des hydrocarbures. Mais la guerre en Ukraine semble engager une rupture entre les deux États.

> **« Le Kazakhstan respecte l'intégrité territoriale de l'Ukraine. Nous n'avons pas reconnu et ne reconnaîtrons pas la situation de la Crimée, ni celle du Donbass, car les Nations unies ne les reconnaissent pas. »**
>
> **Timur Suleimanov,**
> conseiller à la présidence kazakh.

L'Asie centrale ex-soviétique

La Russie, puissance arctique ?

70 % du territoire russe est soumis à des conditions climatiques extrêmes (-5,5 °C de température moyenne annuelle), et les terres au-delà du cercle polaire arctique restent quasiment inexplorées avant l'avènement de l'Union soviétique. Si les ressources en sont le principal enjeu, les effets du réchauffement climatique ouvrent de nouvelles opportunités, qui aiguisent les rivalités des pays riverains de l'océan Glacial arctique.

Affirmer sa souveraineté maritime

En Arctique, la délimitation des zones économiques exclusives (ZEE) permise par le droit de la mer en vigueur depuis 1994 a suscité des litiges, en raison de la présence de richesses naturelles. Si une ZEE s'étend légalement sur 200 milles nautiques (370 km) à partir du trait de côte, un pays peut l'étendre jusqu'à 350 milles (648 km) s'il peut démontrer devant la Commission des limites du plateau continental de l'ONU que l'espace concerné constitue le prolongement géologique de son plateau continental.

Selon la Russie, la dorsale de Lomonossov prolonge géologiquement son plateau continental sibérien, lui permettant d'étendre sa ZEE sur 1,2 million de km² potentiellement riches en hydrocarbures. Afin d'affirmer symboliquement cette revendication, la Russie a lancé une expédition durant l'été 2017 pour recueillir des échantillons de roche au fond de la mer et a aussi planté un drapeau russe par 4 261 mètres de fond à l'emplacement du pôle Nord. Or cette dorsale court sur 1 800 km de la Nouvelle-Sibérie à la terre d'Ellesmere, au Canada. Ottawa voit donc en elle le prolongement de son propre plateau continental. Le Danemark l'étudie aussi pour prouver qu'elle prolonge son plateau du Groenland. Washington affirme que la dorsale Lomonossov est une ride volcanique d'origine océanique, qui ne prolonge aucun plateau continental et ne confère donc aucun droit.

En mer de Barents, Oslo et Moscou se sont disputés jusqu'en 2010 la souveraineté d'une zone riche en gisements de gaz et ressources halieutiques de 175 000 km², avant d'aboutir à un accord de partage qui en permet l'exploitation.

Une voie d'exportation majeure

Avec le réchauffement climatique, la rétraction d'été de la banquise pendant les six mois du « jour » arctique s'accentue. Pendant la « nuit polaire » (21 décembre-21 juin), avec le froid, elle est en revanche toujours présente. La Nouvelle-Zemble constitue une limite de cette variation saisonnière de la banquise. À l'ouest, le recul estival est très accentué et la banquise d'hiver devient de moins en moins épaisse, permettant l'utilisation de routes maritimes polaires. Norilsk évacue ainsi ses minerais vers l'ouest, même si le recours aux brise-glace reste indispensable en hiver. Depuis 2008, un terminal pétrolier off-shore a été ouvert à Varandey.

En revanche, à l'est de la Nouvelle-Zemble et jusqu'au détroit de Béring, sur 5 600 km, une banquise épaisse se forme en janvier et ne disparaît qu'en août. De septembre à décembre, la glace n'est jamais totalement absente : des détroits peuvent rester gelés, des plaques de banquise de plusieurs centaines de mètres dérivent et peuvent obliger les navires à un détour hasardeux, des prises

Variations saisonnières de la banquise

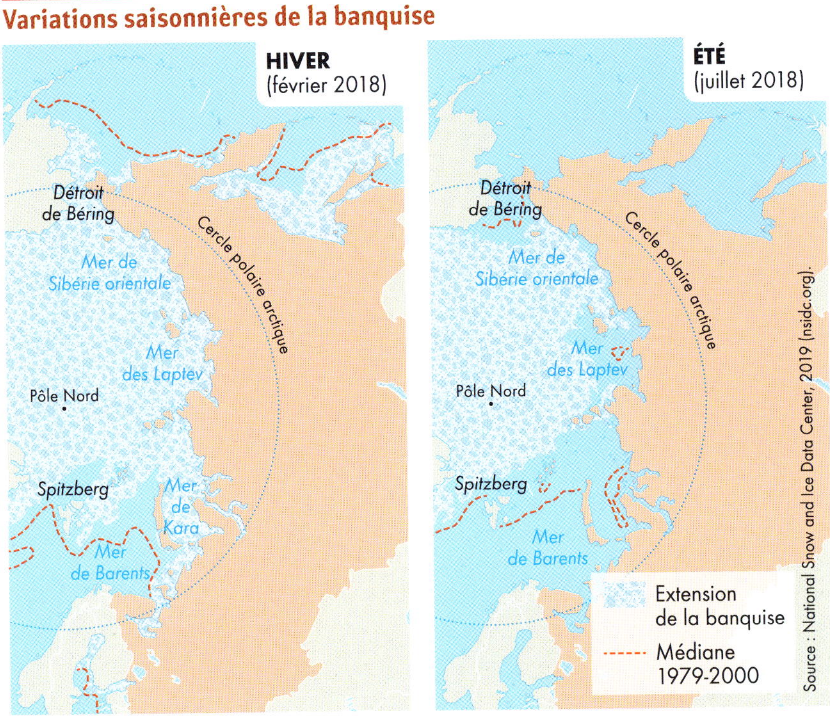

Source : National Snow and Ice Data Center, 2019 (nsidc.org).

en glace peuvent survenir inopinément, notamment dans les ports. Cet espace constitue la route maritime du Nord *stricto sensu*, où l'usage du brise-glace s'impose.

Avec la mise en valeur de l'Arctique russe, le trafic sur cette route a rapidement augmenté. En 2018, il a atteint 20 millions de tonnes et sert essentiellement à l'exportation vers l'Europe du gaz naturel liquéfié de la péninsule de Yamal. L'usine de GNL Yamal du groupe privé Novatek ayant atteint sa pleine capacité de 17 millions de tonnes en 2018, deux nouveaux sites ont été projetés afin d'atteindre une capacité de 70 millions de tonnes en 2035 (soit 90 milliards de m^3 de gaz). Deux ports charbonniers ont été ouverts en 2017 et 2019 pour expédier à terme 18 millions de tonnes de charbon extraites de nouvelles mines arctiques.

Deux ports minéraliers, l'un en Nouvelle-Zemble (zinc et plomb), l'autre en Tchoukotka (cuivre), et un port pétrolier sur l'Ienisseï, sont également en construction afin d'accroître les exportations russes par la route maritime du Nord d'ici à 2035. Or, ne disposant que de cinq brise-glace nucléaires, la Russie a lancé la construction de cinq autres, mais avec les retraits de service prévus, l'effectif restera insuffisant. Surtout que les brise-glace n'ouvrent qu'un chenal de 30 mètres de large et doivent fonctionner en couple devant les gros navires. Pour sa première usine, Novatek a donc choisi des navires eux-mêmes brise-glace. Quinze méthaniers ont été commandés au coréen Daewoo. Le *Christophe de Margerie* est le premier de la série. À partir des ports de l'Ob, ces navires visent à livrer l'Europe de l'Ouest en toute saison. Ils peuvent aussi gagner l'Asie orientale, de septembre à décembre, car la banquise est encore peu formée. Pendant la nuit polaire, la banquise s'épaississant entre l'Ob et le détroit de Béring, la navigation devient plus difficile. Novatek a donc le projet de construire un hub d'une capacité de stockage de 20 millions de tonnes de GNL au Kamtchatka. Rempli en été, il livrera l'Asie orientale en hiver, saison des cours élevés.

Façade arctique de la Russie

Une route stratégique ?

Pour protéger la route du Grand Nord, le réseau de bases aériennes et de stations radars sur le littoral du Grand Nord a été réanimé et renforcé. Pour sécuriser un littoral devenu stratégique pour la Russie, de nouvelles unités terrestres, spécialement équipées, y sont affectées.

Sauf autorisation spéciale, seuls les navires battant pavillon russe et construits en Russie sont autorisés à desservir les ports arctiques de la Russie (le *Christophe de Margerie*, par exemple, bat pavillon chypriote). Daewoo est donc en train de procéder à un transfert de technologie au profit d'un nouveau chantier naval russe à Vladivostok, qui sera spécialisé dans ce type de bâtiments.

PLUS DE 22 000 KM : LA LONGUEUR DU LITTORAL ARCTIQUE.

Les **territoires au nord du cercle polaire** représentent **40 % du territoire national**, pour trois millions d'habitants

Courrier international

Il va nous falloir réapprendre la guerre froide

Avec la guerre en Ukraine, l'Europe et les États-Unis s'opposent de nouveau ouvertement à la Russie. Comment être ennemis alors qu'une guerre nucléaire est impensable ?

—De Groene Amsterdammer *(extraits) Amsterdam*

Jamais la guerre froide ne sera aussi romantique que sur le pont de Glienicke. C'est là, sur ce vieux pont d'acier entre Berlin-Ouest et Potsdam, que les États-Unis et l'Union soviétique avaient pour habitude d'échanger les espions qu'ils avaient faits prisonniers – de préférence par une nuit sombre et brumeuse, dit la légende. Aucun texte n'imposait que ces échanges se fassent sur ce pont : un accord informel, non écrit, entre les deux puissances ennemies en établissait les conditions et en assurait la sécurité.

Ce genre d'accords était légion. Autre objet d'un tel accord, sans doute le plus célèbre d'entre tous, un "téléphone rouge" reliait la Maison-Blanche au Kremlin – en réalité, il s'est agi d'abord d'un télex, puis d'un fax et, dans les derniers temps, d'un ordinateur avec messagerie électronique et instantanée.

Ces contacts et ces accords non écrits ne sont pas nés d'un rapprochement des États-Unis et de l'Union soviétique. Ils ont vu le jour au terme de quinze années de dangereuses guerres régionales, de coups d'État et d'interventions militaires, de tensions extrêmes et de prolifération nucléaire. Ils ne sont pas nés de l'amitié, mais de la conscience du fait qu'ils étaient indispensables à la sécurité de ces deux grands ennemis et de celle du monde.

La situation semble actuellement tout aussi dangereuse qu'aux premiers temps de la guerre froide. En janvier, la revue américaine *Bulletin of Atomic Scientists* a réglé sa célèbre "horloge de la fin du monde" à minuit moins cent secondes – jamais son aiguille n'a été aussi proche de la catastrophe nucléaire [qui correspond à minuit]. Et encore, c'était avant que Poutine ne menace le monde d'une guerre nucléaire, avant que la Biélorussie ne modifie sa Constitution pour autoriser le stationnement d'armes nucléaires (russes) sur son territoire, avant que Poutine n'envahisse l'Ukraine et ne relance une guerre en Europe – la plus importante depuis 1945.

Par les temps qui courent, la plus grande prudence est donc de mise. L'Europe et les États-Unis s'opposent de nouveau

↙ Une affiche de Vladimir Poutine utilisée comme cible, à Zolote, près de Louhansk, en Ukraine, le 21 janvier 2022.
Photo Anatolii Stepanov/AFP

ouvertement à la Russie. Et c'est bien parti pour durer : nous nous trouvons vraisemblablement au début d'une longue période de tension en Europe, alors que la haine envers Moscou et le ressentiment des Russes paraissent encore plus exacerbés que pendant la guerre froide. Aussi les responsables politiques et militaires des deux blocs doivent-ils réapprendre la guerre froide : comment être ennemis alors qu'une guerre entre eux est impensable ? Comment communiquer alors qu'ils ne se parlent pas ?

Et ils doivent apprendre vite, car la Russie reste le plus grand pays d'Europe et que tout porte à penser que, pendant nombre d'années encore, elle fera son possible pour menacer et déstabiliser les pays européens.

Bref, la nouvelle guerre froide a commencé. Et il semble peu réaliste d'espérer une fin rapide. Bien sûr, il n'est pas impossible que Poutine soit écarté du pouvoir. [Mais son] éventuel départ ne garantit pas le moins du monde la fin des hostilités, notamment avec l'émergence de la mouvance pro-Kremlin symbolisée par la lettre Z.

Un nouvel acteur. Que peut donc nous enseigner la guerre froide sur ce qui est en train de se passer aujourd'hui ? En Europe de l'Ouest et aux États-Unis, la guerre froide est considérée comme une période tendue, mais remarquablement pacifique. En réalité, les superpuissances ont alimenté avec de l'argent et des armes toutes sortes de conflits sur l'ensemble de la planète, s'affrontant ainsi dans des espèces de guerres indirectes. Dans la guerre d'Afghanistan aussi, pour ne citer qu'un exemple, l'Union soviétique a envahi un pays voisin et les États-Unis ont aidé la résistance locale et les milliers de volontaires étrangers – entre autres avec les mêmes missiles Stinger que ceux qu'ils livrent à l'Ukraine aujourd'hui.

La Chine, elle, est un nouvel acteur : alors que beaucoup à Washington pensaient que cette nouvelle guerre froide se dirigerait contre les Chinois, ceux-ci, à l'heure actuelle, forment un bloc eurasien avec les Russes (certains parlent d'"axe"). Si cette alliance perdure, la Chine sera le moteur de ce bloc, avec une population et une économie dix fois supérieures à celles de sa petite sœur armée jusqu'aux dents.

En principe, les ambitions de la Russie resteront les mêmes que lors de la première guerre froide : gagner le respect du monde, y compris des États-Unis, et négocier des accords clairs sur sa sphère d'influence. Tel était le vœu de Staline en février 1945, à Yalta, lorsqu'il se partagea le monde avec Roosevelt et Churchill. Le fait que Poutine tient tant à ce que l'Ukraine ne fasse jamais partie de l'Otan ni de l'UE s'inscrit dans cette logique. Churchill y était favorable – il se partagea l'Europe avec Staline sur un coin de table –, mais aucun président américain ne l'a jamais été. La nouvelle guerre froide repose donc cette question : les États-Unis ne devraient-ils pas opter pour cette solution pragmatique, cynique, pour éviter une hostilité sans fin – sans aucune garantie, d'ailleurs, que les Russes se contenteront de l'Ukraine.

Les ambitions de la Russie resteront les mêmes que lors de la première guerre froide : gagner le respect du monde et négocier des accords clairs sur sa sphère d'influence.

Avec l'administration Biden, c'est hors de question. Le vieil homme assis à la Maison-Blanche semble nourrir la même nostalgie malsaine de la guerre froide que son contemporain du Kremlin. Le bras de fer actuel entre l'Est et l'Ouest donne d'ores et déjà lieu à une grande guerre régionale, avec toutes les probabilités d'une escalade. Or les deux blocs ont laissé péricliter certains dispositifs essentiels hérités de la guerre froide. Les échanges d'espions et les manœuvres aériennes planifiées n'étaient que des détails, des détails qui ont permis de rendre la guerre froide moins dangereuse. Les accords entre les États-Unis et l'Union soviétique sur le contrôle des armes ont joué un rôle bien plus important. Hélas, Poutine et ses homologues américains ne les ont pas renouvelés.

George W. Bush est le premier à avoir tourné le dos à un tel accord, en 2002 : il a retiré les États-Unis du traité ABM sur la limitation des systèmes contre les missiles balistiques. Ensuite, en 2007, la Russie de Poutine a annoncé un moratoire sur l'application du traité sur les forces armées conventionnelles en Europe (FCE), puis, en 2015, elle a quitté l'accord du jour au lendemain. En 2019, Donald Trump, à son tour, est sorti du traité sur les forces nucléaires à portée intermédiaire (FNI). Chaque fois, ces chefs d'État invoquent des violations présumées de l'autre camp pour justifier leur décision. Ils font comme si, en signant un tel traité, ils se mettaient à genoux devant l'autre, alors qu'en réalité ces textes servent des intérêts communs.

Heureusement, malgré ce qu'il avait annoncé, Trump n'a pas eu la possibilité de laisser partir à vau-l'eau le plus grand accord nucléaire mondial : le traité New Start sur la réduction des armes stratégiques. Après son investiture, Biden ne disposait que de quelques semaines pour le proroger jusqu'en 2026 ; Poutine et lui-même se sont empressés de le faire. Idem, les accords de la guerre froide encadrant le contrôle des armements ont été dangereusement démantelés. Or le contexte mondial actuel ne semble pour le moins pas propice à la négociation de nouveaux textes. Sur ce plan, on ne peut d'ailleurs guère attendre de la Chine, qui est en train de développer son arsenal tous azimuts.

Le monde de demain ne sera donc pas celui d'hier – nous allons devoir mettre en place un plan climat commun, notamment, et la Russie ne propose pas de modèle idéologique et économique alternatif. Mais certaines choses ne changeront pas. Le sentiment de menace, lui aussi, perdurera.

Ce qui ne changera pas non plus, c'est l'impératif de ne jamais laisser les tensions internationales s'exacerber au point d'en perdre le contrôle. Or cela nécessite d'établir des contacts, de passer des accords et de mettre en place des comportements prévisibles. Mais aussi de reconnaître ceci : les grandes puissances de ce monde exercent les unes sur les autres une emprise qui peut s'avérer fatale. Dans ces pays, les responsables politiques et militaires devront réapprendre la guerre froide – plus que tout, ils devront réapprendre à contenir la guerre froide. On ne fait la paix qu'avec ses ennemis, pas avec ses amis, nous dit Tyrion Lannister – ou Yitzhak Rabin. Quoi qu'il arrive, plus cet apprentissage sera rapide, mieux ce sera.

—Rutger van der Hoeven
Publié le 9 mars 2022

SOURCE

DE GROENE AMSTERDAMMER
Amsterdam, Pays-Bas
Hebdomadaire
groene.nl
Créé en 1877, "L'Amstellodamois vert" est le plus ancien hebdomadaire d'actualités aux Pays-Bas. *De Groene* ne cache pas ses attaches à gauche.

Photographie : © Konstantin Lenkov / Shutterstock.
Moscou, Russie, 27 février 2022. Des policiers arrêtent un homme sur la place Pouchkine le jour d'un rassemblement anti-guerre.

Russie : retour à la case *Pravda* ?

La guerre en Ukraine a entraîné la disparition de la presse indépendante et plus généralement de la critique du pouvoir dans l'espace public russe.

Le 10 décembre 2021, Dmitri Mouratov reçoit le prix Nobel de la paix à Oslo, en compagnie de la journaliste philippine Maria Ressa. Le 28 mars 2022, le rédacteur en chef de *Novaïa Gazeta* prend la décision de saborder son journal. Le dernier grand média d'opposition en Russie préfère cesser de paraître plutôt que continuer à ne pas raconter une guerre qu'on ne peut pas nommer autrement qu'« opération spéciale », et dont il n'est possible de relater que ce qu'en dit le ministère de la Défense.

En quelques semaines, le pouvoir russe a décimé les quelques espaces d'expression libre qu'il tolérait encore. Peu après le début de l'invasion de l'Ukraine, le président russe Vladimir Poutine a promulgué une loi prévoyant jusqu'à quinze ans de prison pour la diffusion intentionnelle de « fausses informations » sur les forces armées russes à propos du conflit. Parallèlement, l'autorité russe des communications a bloqué des dizaines de sites d'information, russes ou étrangers. Seuls subsistent les médias ouvertement pro-gouvernementaux et la télévision publique, relais principal de la propagande du pouvoir.

La société civile a été totalement muselée. Près de 15 000 personnes ont été arrêtées lors de manifestations contre la guerre, d'après l'organisation spécialisée OVD Info. L'ONG de défense des droits de l'homme Memorial a été dissoute. Et les quelques actes de bravoure qui ont été observés, telle la productrice de la télévision Marina Ovsiannikova faisant irruption en direct sur un plateau avec un panneau « Non à la guerre », n'ont pas été suivis d'effet.

Dès le début du mois d'avril 2022, la guerre en Ukraine et ses conséquences ne sont donc plus présentées que sous l'angle imposé par le gouvernement. Ainsi, pour les médias russes, le massacre de Boutcha était « une mise en scène », la ville de Marioupol a été détruite par les « extrémistes » ukrainiens et l'armée russe n'a mené que des « frappes de haute précision » épargnant les civils.

Sylvain Tronchet,
envoyé spécial permanent de Radio France à Moscou

Postface

Les bouleversements que nous venons de connaître sonnent-ils le glas de la mondialisation ? Cette question est au centre de toutes les analyses géostratégiques. Un nouveau monde se dessine, comme si le XXIe siècle commençait avec vingt ans de retard.

La pandémie de Covid-19, la guerre en Ukraine, le dérèglement climatique ont agi comme des accélérateurs de particules. En quelques années à peine, la planète que nous connaissions a changé de visage. Par moments, elle est quasi méconnaissable.

Car tous ceux qui défendaient une globalisation à outrance se sont rendu compte qu'un petit battement d'aile à l'autre bout du monde pouvait bouleverser l'ordre mondial.

Un cliché souvent utilisé, certes, mais qui prend aujourd'hui tout son sens car nous y sommes confrontés dans notre quotidien.

Le tumulte du monde s'invite dans notre salon, nous y sommes confinés, accablés de chaleur ou battus par les tempêtes, assommés par les bruits de botte.

La réponse de nos gouvernants passe par une plus grande souveraineté, une indépendance retrouvée… Doux euphémismes pour ne pas employer le terme de protectionnisme. Car notre dépendance aux autres nous a sauté aux yeux : la pandémie nous a fait prendre conscience que la Chine remplissait notre armoire à pharmacie ; la guerre aux portes de l'Europe nous a rappelé que l'Ukraine était le grenier à blé de l'Europe, et que le gaz russe alimentait nos chaudières.

La situation climatique nous démontre enfin concrètement qu'une forêt détruite au bout du monde dérègle tout un écosystème, jusqu'au pas de notre porte.

Mais un autre danger nous menace : le vol de nos données, la manipulation de l'information, le piratage de nos systèmes.

Le « cloud » où nous stockons aujourd'hui nos bulletins de salaire, notre dossier médical ou tout simplement notre dernier achat en ligne est aujourd'hui géré par des serveurs privés appartenant aux géants américains du net.

Demain, qui pourra nous garantir que toutes ces données ne seront pas utilisées à des fins que nous n'aurons ni décidées ni assumées ?

Il ne s'agit pas ici d'avancer une énième théorie du complot mais de rester vigilants, pour préserver autant que faire se peut notre libre arbitre et notre indépendance privée ou collective.

L'information est au centre de cette menace.

Ces mastodontes nous entraînent dans leur course au monopole. Car pour conserver leur audience, les médias deviennent dépendants des algorithmes des GAFAM, créés à des fins uniquement commerciales et au profit de leurs seuls intérêts.

La France à elle seule n'est plus en capacité de répondre à ces défis, voilà pourquoi elle se tourne vers ses partenaires européens. Voilà pourquoi elle entend créer des synergies entre les grands groupes nationaux de communication.

Mais n'est-ce pas trop tard ? Est-il encore possible de retrouver une indépendance énergétique, sanitaire, alimentaire et numérique ?

Le temps est à l'adaptation.

En tirant les conséquences de la pandémie, nous avons décidé de relocaliser une partie de notre production pharmaceutique.

Avec la guerre en Ukraine, nous pourrons construire, si les Européens s'entendent, une forme d'indépendance stratégique.

Avec la nécessaire transition écologique, nous retrouverons sans doute une partie de notre souveraineté.

Mais pour exister dans le nouvel environnement numérique qui se dessine, nous devons immédiatement prendre le train de l'innovation pour ne pas rester demain sur le quai de la dépendance. Il y a en France et en Europe de nombreux développeurs qui aimeraient mettre leur talent au service du Vieux Continent plutôt qu'ailleurs.

C'est donc une autre mondialisation qui s'annonce. Celle du virtuel et du métavers.

À nous d'en fixer dès à présent les limites et les garde-fous pour ne pas nous plaindre demain des dérives d'aujourd'hui et d'hier.

Jean-Philippe Baille,
directeur de franceinfo

Annexes

SOURCES ET CRÉDITS

Le *Grand Atlas* a été conçu, édité et coordonné par Frank Tétart. Les pages de ce livre sont pour la plupart extraites de la collection « Atlas » des éditions Autrement, dont les données ont été mises à jour et adaptées.

Cartes des rabats
Trame des États souverains : Cyrille Suss
Population 2015 et 2050 : Guillaume Balavoine
Russie : Cyrille Suss

Pages 10-11
Texte : Frank Tétart
Cartes : Cécile Marin, *Grand Atlas 2022* et création, et Aurélie Boissière, *Atlas de l'Amérique latine*

Pages 12-13
Texte : Christian Montès et Pascale Nédelec, *Atlas des États-Unis*
Cartes : Cyrille Suss, *Atlas des États-Unis*

Pages 14-15
Texte : Fabrice Argounès, Sarah Mohamed-Gaillard, Luc Vacher, *Atlas de l'Océanie*
Cartes : Cécile Marin et Mélanie Marie, *Atlas de l'Océanie*

Pages 16-17
Texte : Frank Tétart
Cartes : création Cécile Marin

Pages 18-19
Texte : Frank Tétart
Cartes : Paul Gallet, *Atlas géopolitique du sport* et création Cécile Marin

Pages 20-21
Texte : Frank Tétart et Pierre-Alexandre Mounier, *Atlas de l'Europe*
Cartes : Aurélie Boissière, *Atlas de l'Europe*

Pages 22-23
Texte : Frank Tétart
Cartes : création Cécile Marin

Pages 24-25
Texte : Frank Tétart
Cartes : Aurélie Boissière, *Atlas de l'Amérique latine*

Pages 26-27
Texte : Frank Tétart, *Grand Atlas 2022*
Cartes : Cécile Marin, *Grand Atlas 2022*

Pages 28-29
Texte : Hugo Billard et Frédéric Encel, *Atlas des frontières*
Cartes : Paul Gallet, *Atlas des frontières*

Pages 30-31
Texte : Frank Tétart et Pierre-Alexandre Mounier, *Atlas de l'Europe*
Cartes : Aurélie Boissière, *Atlas de l'Europe*

Pages 38-39
Texte : Pierre Blanc et Jean-Paul Chagnollaud, *Atlas du Moyen-Orient*
Cartes : Claire Levasseur, *Atlas du Moyen-Orient*

Pages 40-41
Texte : Géraud Magrin, Alain Dubresson et Olivier Ninot, *Atlas de l'Afrique*
Cartes : Aurélie Boissière, *Atlas de l'Afrique*

Pages 42-43
Texte : Jean-François Daguzan in Bruno Tertrais (dir.), *Atlas militaire et stratégique*
Cartes : Hugues Piolet, *Atlas militaire et stratégique*

Pages 44-45
Texte : Frank Tétart
Carte : création Cécile Marin et Aurélie Boissière, *Atlas de l'Afrique*

Pages 46-47
Texte : Thierry Sanjuan, *Atlas de la Chine*
Cartes : Madeleine Benoit-Guyod, *Atlas de la Chine*

Pages 48-49
Texte : Olivier Dabène et Frédéric Louault, *Atlas de l'Amérique latine*
Cartes : Aurélie Boissière, *Atlas de l'Amérique latine*

Pages 50-51
Texte : Bernadette Mérenne-Schoumaker, *Atlas des matières premières*
Cartes : Aurélie Boissière, *Atlas de l'eau* et Claire Levasseur, *Atlas des matières premières*

Pages 52-53
Texte : Joël Boulier et Laurent Simon, *Atlas des forêts*
Cartes : Xemartin Laborde, *Atlas des forêts*

Pages 60-61
Texte : Yvette Veyret et Paul Arnould, *Atlas du développement durable*
Cartes : Claire Levasseur, *Atlas du développement durable*

Pages 62-63
Texte : Bernadette Mérenne-Schoumaker, *Atlas des matières premières*
Cartes : Claire Levasseur, *Atlas des matières premières*

Pages 64-65
Texte : Christian Montès et Pascale Nédelec, *Atlas des États-Unis*
Cartes : Cyrille Suss, *Atlas des États-Unis*

Pages 66-67
Texte : Bernadette Mérenne-Schoumaker, *Atlas des matières premières*
Cartes : Claire Levasseur, *Atlas du développement durable* et création Cécile Marin

Pages 68-69
Texte : Bernadette Mérenne-Schoumaker, *Atlas des matières premières*
Cartes : Claire Levasseur, *Atlas des matières premières* et Hugues Piolet, *Atlas du climat*

Pages 76-77
Texte : Manon-Nour Tanous in Bruno Tertrais (dir.), *Atlas militaire et stratégique* et Frank Tétart, *Grand Atlas 2021*
Carte : Cécile Marin, *Grand Atlas 2021*

Pages 78-79
Texte : Pascal Marchand, *Atlas géopolitique de la Russie*
Carte : Cyrille Suss, *Atlas géopolitique de la Russie*

Pages 80-81
Texte : Frank Tétart, *Grand Atlas 2019*
Carte : Cécile Marin, *Grand Atlas 2019*

Pages 82-83
Texte : Frank Tétart, *Grand Atlas 2018*
Carte : Aurélie Boissière, *Grand Atlas 2016*

Pages 84-85
Texte : Frank Tétart, *Grand Atlas 2016*
Carte : Aurélie Boissière, *Grand Atlas 2016* et Claire Levasseur, *Grand Atlas 2014*

Pages 86-87
Texte : Catherine Wihtol de Wenden, *Atlas des migrations*
Carte : Madeleine Benoit-Guyod, *Atlas des migrations*

Pages 88-89
Texte : François-Marie Bréon et Gilles Luneau, *Atlas du climat* et Frank Tétart, *Grand Atlas 2017*
Carte : Hugues Piolet, *Atlas du climat*

Pages 90-91
Texte : Frank Tétart, *Grand Atlas 2020*
Cartes : Aurélie Boissière, *Atlas de la mondialisation* et création Cécile Marin

Pages 92-93
Texte : Frank Tétart et Pierre-Alexandre Mounier, *Atlas de l'Europe*
Carte : Aurélie Boissière, *Atlas de l'Europe*

Pages 94-95
Texte : Frank Tétart, *Grand Atlas 2021*
Carte : création Cécile Marin

Pages 98-99
Texte : Yvette Veyret et Paul Arnould, *Atlas du développement durable*
Cartes : Claire Levasseur, *Atlas du développement durable*

Pages 100-101
Texte : Yvette Veyret et Paul Arnould, *Atlas du développement durable* et Bernadette Mérenne-Schoumaker, *Atlas des matières premières*
Cartes : Claire Levasseur, *Atlas du développement durable* et *Atlas des matières premières*

Pages 102-103
Texte : François-Marie Bréon et Gilles Luneau, *Atlas du climat*
Cartes : Hugues Piolet, *Atlas du climat*

Pages 104-105
Texte : François-Marie Bréon et Gilles Luneau, *Atlas du climat*
Cartes : Hugues Piolet, *Atlas du climat*

Pages 106-107
Texte : Charlotte Ruggeri (dir.), *Atlas des villes mondiales*
Cartes : Aurélie Boissière, *Atlas des villes mondiales*

Pages 108-109
Texte : François-Marie Bréon et Gilles Luneau, *Atlas du climat*
Cartes : Hugues Piolet, *Atlas du climat*

Pages 110-111
Texte : Joël Boulier et Laurent Simon, *Atlas des forêts*
Cartes : Xemartin Laborde, *Atlas des forêts*

Pages 118-119
Texte : Frank Tétart
Cartes : Cyrille Suss, *Atlas géopolitique de la Russie*

Pages 120-121
Texte : Marie-Pierre Rey et François-Xavier Nérard, *Atlas historique de la Russie*
Cartes : Cyrille Suss, *Atlas historique de la Russie*

Pages 122-123
Texte : Pascal Marchand, *Atlas géopolitique de la Russie*
Cartes : Aurélie Boissière, *Atlas de l'Europe* et Cyrille Suss, *Atlas géopolitique de la Russie*

Pages 124-125
Texte : Isabelle Facon in Bruno Tertrais (dir.), *Atlas militaire et stratégique*
Cartes : Hugues Piolet, *Atlas militaire et stratégique*

Pages 126-127
Texte : Frank Tétart et Pierre-Alexandre Mounier, *Atlas de l'Europe*
Cartes : Aurélie Boissière, *Atlas de l'Europe* et création Cécile Marin

Pages 128-129
Texte : Frank Tétart et Pierre-Alexandre Mounier, *Atlas de l'Europe*
Cartes : Aurélie Boissière, *Atlas de l'Europe*

Pages 130-131
Texte : Pascal Marchand, *Atlas géopolitique de la Russie*
Carte : Cyrille Suss, *Atlas géopolitique de la Russie*

Pages 132-133
Texte : Pascal Marchand, *Atlas géopolitique de la Russie*
Cartes : Cyrille Suss, *Atlas géopolitique de la Russie*

Pages 134-135
Texte : Pascal Marchand, *Atlas géopolitique de la Russie*
Cartes : Cyrille Suss, *Atlas géopolitique de la Russie*